真实世界的脉络

平行宇宙及其寓意

（第2版）

【英】戴维·多伊奇（David Deutsch） 著
梁焰 黄雄 译

人民邮电出版社
北京

图书在版编目（CIP）数据

真实世界的脉络 ： 平行宇宙及其寓意 ： 第2版 / (英) 多伊奇 (Deutsch,D.) 著 ； 梁焰，黄雄译. -- 北京 ： 人民邮电出版社，2016.2
（科学新经典文丛）
ISBN 978-7-115-41144-0

Ⅰ. ①真… Ⅱ. ①多… ②梁… ③黄… Ⅲ. ①科学哲学—研究 Ⅳ. ①N02

中国版本图书馆CIP数据核字(2015)第310802号

版权声明

The Fabric of Reality: The Science of Parallel Universes-and Its Implications by David Deutsch
Copyright: © David Deutsch,1997
This Edition Arranged With Dinah Wiener Limited
Through Big Apple Agency, Inc., Labuan, Malaysia.
Simplified Chinese Edition Copyright:
2016 POSTS & TELECOM PRESS
All Rights Reserved.

◆ 著　[英] 戴维·多伊奇（David Deutsch）
译　梁 焰 黄 雄
责任编辑　刘 朋
责任印制　彭志环
◆ 人民邮电出版社出版发行　北京市丰台区成寿寺路 11 号
邮编 100164　电子邮件 315@ptpress.com.cn
网址 http://www.ptpress.com.cn
固安县铭成印刷有限公司印刷
◆ 开本：880×1230 1/32
印张：12.5　2016 年 2 月第 1 版
字数：265 千字　2024 年 12 月河北第 31 次印刷
著作权合同登记号　图字：01-2015-3961 号

定价：49.00 元

读者服务热线：(010)81055410　印装质量热线：(010)81055316
反盗版热线：(010)81055315
广告经营许可证：京东市监广登字20170147号

内容提要

宇宙、生命、时间……这些最基本而又最复杂的问题，如果用目前最深刻的理论——量子物理学、计算机科学、进化论和认识论——去解释，那将会编织成一幅什么样的图景呢？作者戴维·多伊奇在这里提出了一种思维模式，顺着这一思维模式，我们的新世界观将日趋明朗。

科学的目的是从问题出发寻求解释还是从观察出发寻求预言？令人匪夷所思的“影子”是否揭示了多重宇宙的存在？虚拟现实描绘的东西是不是真的？真实性的判断标准是什么？是不是只有我们的感觉、听觉或实验装置探测到的东西才是真实的？数学的本质是抽象的还是物理的？人类的知识是怎样产生发展的？时间是均匀流逝的还是量子的？人的活动是否能反作用于宇宙演化的进程？对这些“大”问题，本书将给您一些启迪。

将本书献给卡尔·波普尔、休·埃弗里特、阿兰·图灵以及理查德·道金斯。本书认真地考虑了他们的思想。

致谢

在本书的创作过程中，很多灵感得益于与以下人士的讨论：布莱斯・德威特、阿图尔・艾科特、迈克尔・洛克伍德、恩里克・罗德里格、丹尼斯・西亚玛、弗兰克・梯普勒、约翰・惠勒和科尔雅・沃尔夫。

感谢我的朋友和同事鲁斯・常、阿图尔・艾科特、戴维・约翰逊-戴维斯、迈克尔・洛克伍德、恩里克・罗德里格和科尔雅・沃尔夫；感谢我的母亲特瓦・多伊奇；感谢我的编辑卡洛琳・奈特、拉维・米尔查达尼（企鹅图书）以及约翰・伍德拉夫，尤其感谢莎拉・劳伦斯，他们从头至尾批评性地阅读了本书最初的几稿，提出了修改和改进的建议。我也非常感谢以下这些读过部分手稿并提出过意见的朋友，包括哈维・布朗、史蒂夫・格雷厄姆、罗塞拉・卢帕基尼、思维恩・奥拉夫・尼伯格、奥利弗、哈里特・斯特里姆佩尔，尤其是理查德・道金斯和弗兰克・梯普勒。

译者序

阅读本书，会给你一种耳目一新的感觉。作者戴维·多伊奇是量子物理学和量子计算理论领域的顶尖科学家，他以独特的视角为我们描绘了一幅奇特的世界观。

多伊奇认为，目前人类有4个最好的理论，它们分别从不同侧面对现实世界进行了描绘。第一个当然是量子理论，第二个是达尔文的生物进化论，第三个是波普尔的认识论（关于知识是怎样产生和发展的理论），第四个是计算理论（关于计算机能做什么和不能做什么的理论）。多伊奇问，假设这些理论是对的，假如用这些理论去解释现实世界，那么我们能得出什么结论？

和爱因斯坦一样，多伊奇认为真实世界是和谐统一的，因此一定存在关于这个世界万事万物的理论——万有之理。多伊奇认为，上述四大理论一定有内在的本质的必然的联系，把它们结合起来就构成了第一个万有之理，而且根据波普尔的知识进化观点，将来一定会有第二个、第三个越来越好的万有之理。这个万有之理解释了真实世界是怎样组织起来的。

解释，是本书的主题。多伊奇认为，科学活动的目的是为了更好地理解世界，是从问题出发寻求解释，而不是如归纳主义和实用主义所认为的那样，从观察出发寻求预言。量子现象是20世纪最重大的发现之一，但怎样解释它，物理学家们经常莫衷一是。“哥本哈根学派”的解释并不能令作者满意。另外一种解释理论，也就是多伊奇支持的多重宇宙理论，认为宇宙不止一个，许许多多平行宇宙和我们的宇宙同在，它们一般不和我们的宇宙发生相互作用，只有在非常罕见的情形下才和我们的宇宙发生干涉。在第 2 章“影子”里，多伊奇描绘了一些朴素的光学投影实验，从而得出平行宇宙存在的结论。

虚拟现实，是我们很熟悉的话题。但多伊奇提出的问题是虚拟现实的最终极限是什么？物理定律对虚拟现实的全部本领施加了哪些限制？怎样定义虚拟现实描绘的准确度？而且更重要的是，虚拟现实描绘的环境是不是真实的？怎样判断一个事物是真实的？多伊奇指出，感觉并不能作为真实性的判断标准。在第 4 章中，多伊奇给出了真实性的判断标准——复杂性和自主性，把真实性和计算的复杂性联系起来。

喜爱科学思辨的朋友可以看出，多伊奇是一位辩论高手。在第 7 章“关于证明的对话”里，多伊奇就“归纳问题”——一个古老的哲学问题——展开了讨论。讨论的方法很奇特，他把自己分成两个人，一个持有归纳主义观点，另一个同意波普尔的问题求解观点，两个人展开激烈的辩论。站在反对派的角度，用反对派的语言，得出矛盾的结论，这是多伊奇的论证技巧。在第 4 章中，多伊奇反驳唯我主义观点时用的也是这种方法。

总之，这本书不仅对物理学、计算机科学等领域的专家会有多方位的启迪，而且对普通读者，对于想了解科学家和想了解科学家的世界观的人来说，也是一本很好的读物。但是，正如物理学家德威特说的，这本书需要慢慢地读，细细地品味，许多地方需要读两遍、三遍，才会有收获。因为毕竟它讨论的是现实世界的抽象的深层的结构，读懂它需要运用我们的理性推理，而不能依靠直觉，甚至不能轻信看似有理实则谬误的常识。

当然，翻译此书并不表示书中的每一个观点都是正确的，也不代表我们完全赞同作者的世界观。事实上，到目前为止，“万有之理”对于我们人类文明来说还是一个相当遥远的目标。但是，本书给我们展示了一位严谨的、训练有素的科学家是怎样通过思辨和逻辑不断求索真理的。书中所表现出来的严谨细致的科学思维方法是值得许多人学习的，尤其是在当今这个“浮躁”的时代。

在翻译本书过程中，多伊奇教授很耐心地为我们解答了所有疑问，在此深表感谢！

梁焰　黄雄

2002 年 3 月 3 日于美国新泽西

第2版译者序

经过十多年，本书能出中文第二版，令人欣慰。时间将证明，这是一部非常重要的书，它将成为经典。

多伊奇是牛津大学物理学家，量子计算领域的领军科学家之一。他第一个形式化定义了通用量子计算机，详细说明了在量子计算机上运行的一个算法。他也是量子力学理论的多重宇宙解说的倡导者和推动者。然而在本书中，他的视野并不局限于量子理论，而是投射到整个宇宙，试图回答人类的基本问题：真实世界到底是怎样构造的？

他认为，量子理论、进化论、计算理论和波普尔的认识论从不同侧面为我们打开了认识宇宙真理的大门。但我们却由于各种原因拒绝承认，不愿接受，总是把这些理论仅仅当作各自专业领域里预言实验结果的工具，不把它们当作对真实结构的正确描述，不愿意直接了当地承认这些理论的隐含寓意，以至于我们迟迟不能登堂入室，窥见物理实在的真实面目。

例如，在光子的双缝干涉实验中，主流观点一直用波粒二象性和波函数坍缩来解释。然而多伊奇运用缜密的逻辑，毫不犹豫地指出：这是多重宇宙的存在证据！

相信很多读者在情感上都难以接受，除了我们的宇宙之外，平行存在着大量不可见宇宙，它们遵循着同样的物理规律。用他自己的话说："我们这个宇宙的一切，包括你、我、每一个原子、每一个星系，都在其他宇宙中有一个对应的你、我、原子和星系。"这怎么可能？我一点儿没有感觉到啊？但是正如多重宇宙的发现者埃弗里特所指出的："你感觉到地球在动吗？"

今天是互联网云计算时代，我们都知道在计算机上可以运行各种不同的程序，完成各种不同的任务。这一切都是因为有图灵原理作保障，即存在通用计算机，它能够模拟任何物理过程。多伊奇认为图灵原理是基本物理原理之一，它本质上保障了一小块物理实体可以模拟宇宙间的任何物理过程。这种自相似性恰恰解释了大脑为什么能够认识世界，正如多伊奇指出的："物理定律成全了自己的可理解性。"

不仅如此，图灵原理还保证了宇宙间生命的出现。在多伊奇看来，生命其实是知识的物理化身，是大自然在图灵原理的作用下，天然形成的对宇宙的虚拟现实实现。因此，生命的出现不是偶然的，她是基本物理定律作用的结果，所以生命是宇宙的基本现象之一。这与我们在课堂上所学到的完全不同：主流观点认为生命过程可以还原为一系列化学过程，而化学过程又还原为一系列物理过程，所以生命只是物理规律派生出来的非基本现象。

不止于此，更离经叛道的是，他指出：生命不仅由宇宙孕育，而且会反作用于宇宙，最终可以控制宇宙的进程！这怎么可能？想想现在，我们人类连地球都控制不好，在太阳系里只能算沧海一粟，更遑论整个宇宙！但是多伊奇却认为，未来智慧生命不仅能控制太阳的进程，而且最终能驾驭整个宇宙，而这一切都是由图灵原理这一基本物理定律决定的！

为什么多伊奇教授会有这么多与众不同的思想呢？这是因为他在科学理论的认识上就与传统观念不同。传统的归纳主义认为：科学研究就是收集观察数据，总结出符合数据的规律，然后形成理论，因此，科学理论的目的就是预言未来的观察结果。这种观点容易导致对科学理论的实用主义态度：只要理论能正确预言实验结果即可，不管它的解释有多么荒谬。然而多伊奇认为归纳主义科学观是错误的！他坚持科学活动的目的是为了理解，预言只是其副产品，因此，科学研究的过程是寻求解释的过程，是问题求解过程。由此，他把上述四大理论认真地当作对宇宙的解释来看待，而不仅仅是工具。

那么，当我们真正地把四大理论当作对世界的解释时，为什么会导致这么多与直觉截然相反、与传统观念格格不入的结论呢？是理论本身有错，还是我们被传统观念束缚呢？

让我们跟着作者一起去漫游多伊奇仙境吧！

梁焰　黄雄

2015年12月于美国新泽西

前　　言

本书阐明了一种世界观。如果这样做存在一个动机的话，那么主要是由于一连串非凡的科学发现，我们现在对于真实世界结构拥有了一些非常深刻的理论。如果我们不满足于对世界的理解仅仅流于表面，那么就必须通过这些理论和推理来理解，而不是通过先入之见、标准看法，甚至轻信常识。我们最好的理论不仅比常识更加真实，而且远远比常识更有道理。我们必须认真对待它们，不仅把它们看作是各自领域的实用基础，而且把它们看作对世界的解释。我认为，如果把它们结合在一起看，而不是孤立地看，那么我们会得到最深刻的理解，因为它们本来就是难解难分的。

我们应该基于最好的、最基础的理论，形成合理的、有条理的世界观，如果这个建议会是新颖的或有争议的，那才奇怪呢。然而实际情况恰恰如此。原因之一是，如果我们认真地对待这些理论，那么它们中的每一个理论都有非常违背直觉的推断。结果是，人们想方设法回避这些推断，对这些理论做些特别修正或重新解释，或武断地缩小它们的应用领域，或者仅仅在实际中使用它们，而不从中引出更广泛的结论。我将批评其中的一些做法（我认为这些做法没有一个是可取的），但是只有当这种批评恰好便于解释这些理论本身时才这么做。因为本书主要不是为这些理论辩护，而是探讨如果这些理论是正确的话，那么真实世界的脉络应该是什么样。

目　录

第1章　万有之理

我记得在小时候，有人告诉我，一个博学之士能够知道已知的一切知识，这在古代还是可能的。我还被告知，现在人类的知识如此丰富，以至于不能想象有人能够学到全部知识的哪怕一小部分，即使他学了一辈子。这后一句话令我吃惊，也令我失望。实际上我拒绝相信它。我不知道怎样证明自己的怀疑。但是我知道，我不情愿事情如此不堪，我羡慕那些古代的学者。

并不是我想记住列在世界百科全书里的所有事实，恰恰相反，我讨厌记忆事实。我所说的知道已知一切的方式，不是指的这个意思。要是有人告诉我，现在每天的新出版物比一个人一辈子能读的还要多，或者有600000种已知的甲虫，这都不会令我失望。我压根不想跟踪每一只麻雀的踪迹，我也并不认为古代所谓“无所不知”的学者会连这种事情都知道。我的脑子里对什么才算是知道有更加清楚的概念。我所谓的“知道”是指理解。

一个人可能理解前人已经理解的一切，这看起来仍然难以置信，但比起一个人记住已知的所有事实，这已经好多了。例如，即使在行星运动这样狭窄的领域里，也没有人能背得下来所有已知的观测数据，但是很多天文学家能够在现代已知范围内充分理解行星的运动。这是因为理解并不依赖于知道大量事实，而是依赖于正确的概念、解释和理论。一个相对简单而可理解的理论可以覆盖无穷多的难以消化的事实。目前关于行星运动的最好理论是爱因斯坦的广义相对论，它于20世纪早期取代了牛顿的引力和运动理论。广义相对论不仅在理论上正确预言了所有行星运动，而且正确预言了引力的所有其他效应，经受住了最严格的测量精度的检验。一个理论“在理论上”可以预言某件事，意思是说该预言可以从这理论中按照逻辑导出，即使实际上推导出其中某些预言所需要的计算量太大，以至于技术上不可行，甚至像我们发现的，有的计算量太大，以至于在物理上都不可能在我们的宇宙中算出结果。

然而，能够预言或描述事物，不论多么精确，也和理解完全不是一回事。在物理学上，预言和描述常常表达为数学公式。假设我记住了一个公式，只要我有时间和兴趣，就可以据此算出所有记载于天文档案中的任一行星的位置。那跟直接记住那些档案数据相比，究竟有何不同？当然公式更容易记住，但从档案中查到一个数字可能比从公式中计算更容易呢！公式的真正好处是，它可以应用到档案数据以外的无穷无尽的情况中，例如预言未来的观测结果。公式也能更准确地导出行星在历史上的位置，因为档案数据含有观测误差。然而，即使公式比档案归纳了无穷无尽更多的事实，知道公式也并不等于理解行星运动。仅仅把事实总结为公式，并不能算是理解，这比把它们罗列在纸上或者记忆在脑子里强不了一星半点。只有通过解释才能理解事实。幸运的是，我们最好的理论同时包含了深刻的理解和准确的预言。例如，广义相对论通过全新的弯曲时空的四维几何语言解释了引力，它精确地解释了这种几何是如何与物质相互作用的。解释是它的全部内容，关于行星运动的预言仅仅是我们从这一解释导出的若干结果。

广义相对论的重要性并不在于它能比牛顿理论更准确一点儿预言行星运动，而在于它揭示并解释了过去不为人知的真实世界的某些侧面，例如空间和时间的弯曲。典型的科学解释就是这样。科学理论用不能被直接感觉到的深层的实在来解释我们感觉到的事物和现象。但是理论最宝贵的性质不是它能解释我们所感觉到的事物，而是它能够解释真实世界本身的构造。我们将看到，人类思想中最宝贵、最重要、也是最有用的属性之一是它有能力揭示并解释真实世界的脉络。

但是有些哲学家，甚至有些科学家蔑视解释在科学中的作用。对他们来讲，科学理论的基本目的不是解释任何事情，而是预言实验结果，即科学的全部内容就在于它的预言公式。他们认为只要理论的预言结果是对的，任何一致的解释都是一样的，没什么好坏之分，甚至有没有解释都无所谓。这种观点被称作*工具主义*（因为它认为理论只不过是进行预言的“工具”）。对工具主义者来说，“科学能使我们理解深层的真实世界，从而解释我们的观察结果”这种想法是谬误和自大。他们认为，除了预言实验结果以外，科学理论所说的其他一切都是空话。特别地，他们把解释仅仅看作是心理支柱，即我们加入理论中的某种虚构的东西，为的是让理论更易记、更有趣。诺贝尔奖得主、物理学家斯蒂文•温伯格曾以工具主义者的心态就爱因斯坦对引力的解释做过以下离奇的评述：

“重要的是能对天文学家的摄影底片上的图像、光谱频率等做出准确预言，至于这些预言是归因于引力场对行星和光子运动的物理效应（爱因斯坦之前的物理学解释）还是归因于时空的弯曲，那并不重要。”（见《引力和宇宙论》，147 页）

温伯格和其他工具主义者的观点是错误的。天文学家的摄影底片上的图像到底是怎么造成的，这非常重要，且不仅仅是对像我这样的理论物理学家重要，我们研究并形成理论的真正动机恰恰是渴望更好地理解世界。（我确信这也是温伯格的动机：驱动他的并非真的仅是预言图像和光谱！）即使在纯粹的实际应用领域中，理论的解释能力也是首要的，其预言能力仅仅是附属的。如果你对此感到惊讶，假想有一个外星科学家光顾地球，带给我们一个超高技术“神谕”，它可以预言任何可能的实验结果，但不做任何解释。对工具主义者来讲，有了这个神谕就足够了，科学理论除了让人自娱自乐以外不再有用处。但真是这样吗？神谕在实际中怎么用呢？在某种意义上，神谕含有建造星际宇宙飞船所必需的知识。但这又怎样帮助我们造一艘飞船呢？或怎样造一个同样的神谕呢？或做一个更好的捕鼠器？神谕仅仅预言实验结果。所以，为了利用它，我们必须首先知道需要问它哪些实验。如果我们给出一个宇宙飞船的设计方案，以及试验飞行的详细设计，神谕可以告诉我们飞船在试飞中会如何表现。但是它首先不会为我们设计好飞船。即使它预言我们设计的飞船将会在起飞时爆炸，它也不会告诉我们如何避免这种爆炸，仍然需要我们自己想出办法。在我们找出解决办法之前，甚至在我们能够开始改进设计之前，先不说别的，我们首先必须理解宇宙飞船应该怎样正确工作。只有这时我们才有机会发现起飞时爆炸的原因。

预言，即使最完美、普适的预言，也不能代替解释。

类似地，在科学研究中，神谕不能给我们提供任何新的理论。直到我们有了一个自己的理论，并构想出一个实验来验证这一理论，我们才可能向神谕发问：用这个实验检验这个理论会发生什么结果？因此，神谕完全不能代替理论本身，它可以代替实验，节省实验室开销和运转粒子加速器的费用。不需要建造原型太空飞船，无需让试飞员去冒生命危险，我们可以在地面上完成一切实验，让宇航员坐在飞行模拟器里，由神谕的预言来控制模拟器的行为。

神谕在许多情况下会非常有用，但是它的用场总是取决于人们解决科学问题的能力，与人们现在所做的毫无二致，即设计解释性理论。神谕甚至不能代替所有实验，因为在实践中，它预言一个具体实验结果的能力，取决于描述实验的难易程度，如果不能向它准确描述实验，它就不能给出有用的答案，还不如做一个真实的实验。毕竟，神谕必须得有某种“用户接口”，也许非得用某种标准语言输入实验描述。用那种语言，有些实验比另一些实验更难描述。在实践中，许多实验的详细说明太复杂，难以输入。因此，神谕像其他任何实验数据来源一样有其优缺点，只有当咨询神谕恰好比采用其他资源更方便的时候，它才有用。换个角度说，已经有了一个这样的神谕，叫作物理世界。只要我们用正确的语言问它（也就是做实验），它就会告诉我们任何可能的实验结果，尽管有时让我们用要求的形式（即制造并操纵实验仪器）来“输入实验描述”很不现实。但是这个神谕不会给出任何解释。

在某些应用场合，如天气预报，我们也许会觉得纯粹给出预言的神谕几乎如解释性理论一样令人满意了，但前提是神谕天气预报必须是完美无缺的。在实际中，天气预报是不会完美无缺的。为了弥补这一缺陷，天气预报包含了关于预报结果的解释。有了解释，我们就可以判断预报的可靠性，并推测出与我们的位置和需求相关的进一步的预报。例如，如果今天的天气预报预测明天有风，那么其依据是预测附近区域将出现高压还是预测更远处将出现飓风，这对我来说就很不一样，如果是后者，我就会更加小心。气象学家自己也需要关于天气的解释性理论，这样他们才可以估计，在天气的计算机模拟中，哪些近似是可以放心采纳的，还需要补充哪些观测使预报更加准确及时，等等。

我们用想象的神谕概括了工具主义者的理想，即剥除了解释内容的科学理论，证明它的用处是非常有限的。幸好真正的科学理论并不像工具主义者的理想，而且现实中的科学家也并不是以这种理想为目标而工作的。

工具主义的一种极端形式称为*实证主义*（或逻辑实证主义），它认为除了描述和预言观察结果的陈述以外，所有其他陈述都不仅是多余的，而且是毫无意义的。尽管按照它自己的判断标准，这一学说本身就是无意义的，但是这种观点竟然曾是20世纪前半叶风靡一时的关于科学知识的理论！即使在今天，工具主义和实证主义思想仍然有市场。这种思想貌似合理的原因之一在于，尽管预言不是科学的目的，却是科学的特征*方法*的一部分。科学方法包括构想一个新理论来解释某一类现象，然后完成一个*决定性实验检验*，对这一实验，旧理论预言一个可观测的结果，而新理论预言不同的结果，人们便抛弃那个与实验结果不符的理论。因此，用决定性实验检验的结果来判定如何取舍两个理论，的确取决于哪个理论的预言更准确，而不直接取决于理论的解释。“科学理论除了预言之外没有别的内容”这一错误观念就是这样形成的。但是实验检验绝不是科学知识增长的唯一方式，绝大多数理论被抛弃是因为它们包含的解释太拙劣，而并不是因为它们没能通过实验检验，它们甚至未经检验就被抛弃了。比如有这么个理论，说吃 1 千克草可以治感冒。这个理论的预言是可以用实验检验的：如果人们尝试了草疗法，发现无效，那么就证明理论是错的。但是从来没有人做过这个实验，可能永远不会有人做这种实验，因为这一理论不包含任何解释——既没有说明治疗的原理，也没有说任何别的。我们当然会认为这个理论是荒谬的。总会有无数多类似这样的理论，它们与现有观测结果相吻合，而且有新的预言，我们没有时间和资源将它们一一验证。只有那些看起来有希望比现在流行的理论解释得更好的新理论，我们才会做实验验证。

认为科学理论的目的是预言，这混淆了手段和目的，就好像说宇宙飞船的目的是烧掉燃料一样。实际上，烧掉燃料仅仅是宇宙飞船为了完成其真正目的而不得不做的许多事情之一，而真正目的是将载物从太空中的一个地方运送到另一个地方。通过实验的检验仅仅是一个理论不得不做的许多事情之一，其真正的科学目的是解释世界。

正如我曾经说过的，构造解释必然会借助于一些我们不能直接观察到的东西：原子和力、恒星的内部结构和星系的旋转、过去和未来、自然法则。解释越深，需要涉及的实体离我们的直接经验就越远。但这些实体并不是虚构的，相反，它们恰是真实世界结构的一部分。

解释经常会产生预言，至少在理论上如此。的确，如果某事物在理论上是可预言的，那么充分完整的解释在理论上就一定能给出完整的预言（以及其他东西）。但许多本质上不可预言的事情也可以被解释、被理解。例如，在公平的（即无偏倚的）轮盘赌上，你不可能预言下面将出现哪些数字。但如果你理解了在轮盘赌的设计和操作中什么因素导致公平，那么就能解释为什么预言数字是不可能的。当然，仅仅知道轮盘赌是公平的，这和理解是什么因素使之公平还不是一回事。

我在讨论的是理解，而不是仅仅知道（或描述，或预言）。因为理解来自解释性理论，而且因为这样的理论所能具有的一般性，所以记录在案的事实的数量增长不一定使得理解一切变得更加困难。但是大多数人会说——正如我回忆的小时候大人告诉我的那些话——不仅仅记录在案的事实在以惊人的速度增加，而且我们赖以理解世界的理论的数目和复杂性也在以惊人的速度增长。因此（他们说），不论以前是否可能有人理解过当时人类理解的一切，现在这一定是不可能的，而且随着知识的增加，可能性越来越小。似乎每当某个学科发现了新解释或新技术时，这一学科就加入了一个新理论，任何想了解该学科的人就必须学习这一理论。而当这个学科中这样的理论太多时，专业就开始细分。例如，从物理学分出来天体物理学、热动力学、粒子物理学、量子场论以及许多其他分支。每一分支的理论框架都至少如100年前的整个物理学内容一样丰富，而且许多分支已经分出子分支。似乎我们发现得越多，就越来越不可逆转地被迫向专业化方向推进，距离古代那种无所不知、无所不晓之士的境界就越来越遥远。

面对人类理论库存大幅度地迅速增长，人们有理由怀疑：一个人再也不能像过去那样一辈子尝遍人世间所有的美味佳肴了。然而解释是一道很奇怪的菜——它越大不一定越难吞咽。一个理论可以被新理论所取代，新理论解释面更宽、更准确，却更容易理解，这样旧理论就成为多余的了。我们得到更多的理解，但需要学的东西却比以前更少了。例如哥白尼的日心说取代复杂的把地球作为宇宙中心的托勒密体系就属于这样的情况。有时新理论可以是旧理论的简化，例如阿拉伯（十进制）计数法取代罗马数字（这时理论是隐含的。每一种计数法都提供了有关数字的一些运算、陈述和思想，比其他计数法简单，因此它反映了一种理论，认为数之间的哪些关系是有用和有意义的）。有时新理论可以是两个旧理论的统一，比同时使用两个旧理论给我们提供更多的理解。法拉第和麦克斯韦将电理论和磁理论统一为电磁理论就是这样。更加间接地，任何一个学科的更好的解释将会改进我们理解其他学科时所使用的技术、概念和语言，从而我们的知识体系作为一个整体，虽然在不断增加，结构上却更加容易理解了。

诚然，即使旧理论被纳入到新理论中去，旧理论也常常不会被完全遗忘。在今天的有些场合下，罗马数字仍然在使用。虽然 XIX 乘以 XVII 等于 CCCXXIII 这样笨拙的方法不会再认真使用了，但毫无疑问仍然会有人（例如数学史学家）知道并且理解它们。这是否意味着，不知道罗马数字及其神秘的算术，一个人就不能理解“人类理解的一切”？并不是这样。一个现代数学家，虽然出于某种原因从没听说过罗马数字，但仍然已经完全掌握了与罗马数字有关的那部分数学。通过学习罗马数字，他并没有获得任何新的认识，仅仅获知了新的事实——一些历史事实，以及一些人为定义的符号的性质，而不是关于数本身的新知识。这就像动物学家学习将物种的名称翻译成外语，或者天体物理学家学习不同文化如何将恒星集合成星座一样。

至于为了理解历史是否有必要知道罗马数字的算术，这是另一个问题。设想有个历史理论——某个解释——依赖于古罗马人的特定乘法技术。（而不是像人们猜测的那样，古罗马人特定的自来水管道技术使用含铅的管道，污染了饮用水，导致了罗马帝国的衰败。）这时我们必须懂得这些技术才可能理解历史，从而才有可能懂得前人懂得的一切。但是实际情况是，目前的历史解释都不需要涉及乘法技术。因此在我们的记录中，这些技术仅仅是事实的陈述，不需要记住这些事实就能理解一切。必要的时候，例如当我们需要解读涉及这些罗马数字的古文献时，总可以像查字典一样查到。

在强调要把理解和“纯粹”知道区分开时，我并不是想低估记录下来的非解释性信息的价值。这部分信息当然是非常关键的，无论是对微生物的繁殖（其DNA分子就含有这样的信息）还是对最抽象的人类思维来讲，都是非常关键的。那么理解和纯粹的知道到底有什么区别？跟纯粹的事实陈述（如正确的描述或预言）相比，解释到底有什么不同？在实际中，我们通常能很容易地把这两者区分开。我们知道自己并不理解某些事，即使能准确描述和预测它（例如，已知某病的发展过程，却不知道病因），我们知道解释能帮助我们更好地理解。但要为“解释”和“理解”给出一个准确定义却很难。粗浅地说，它们是回答“为什么”，而不是回答“是什么”；它们是关于事物的内在机理的；是关于事物到底是什么，而不是表面上看像什么；是关于一定是怎么回事，而不是碰巧是怎么回事；是关于自然规律而不是经验之谈的。它们还是关于内在一致性、优雅性和简单性的，与任意性和复杂性水火不容，虽然这些个“性”同样不容易定义，但有一点是肯定的，理解是人类心智和大脑的高级功能之一，而且是最独特的。许多其他物理系统，例如动物的大脑、计算机及其他机器，可以吸收事实并按照事实来行动，但到目前为止，无一能够“理解”解释或首先想要一个解释，只有人脑例外。每发现一个新解释，每掌握一个现有解释，都依赖于创造性思维这个人类独有的本领。

想一想罗马数字是如何从解释性理论“降格”为纯粹事实描述的过程。这种“降格”随着知识的增长不断在发生。起初，罗马数字体系的确形成了概念和理论框架,人们借助它理解世界。但是现在，用那种方式获得的理解，只是博大精深的现代数学理论的一个微不足道的侧面，并隐含在现代计数法中。

这说明了“理解”的另一个属性。可能有些事情人们还没有意识到自己已经理解了，甚至还没有听说过就已经理解了。这听起来似乎自相矛盾，但是全面深入的解释的全部精要，当然就在于它既能覆盖已知情形又能覆盖未知情形。如果你是一位现代数学家，首次遇到罗马数字，你可能不会马上意识到你已经理解了罗马数字。你首先必须学习有关罗马数字的事实，然后根据你现有的对数学的理解来思考这些事实。但做完这些之后，回顾一下你就会说：“在罗马数字体系里，对我来说并没有什么新鲜的，只是纯粹的事实罢了。”罗马数字作为解释性角色已经完全过时了，说的就是这个意思。

类似地，当我说我理解时空的弯曲是怎样影响行星运动的，甚至是我从没听说过的其他太阳系里的行星的运动时，我不是声称我能不假思索地回想出关于任何行星运动轨迹的每个环路、每个摇摆的细节的解释。我的意思其实是，我理解包含所有这些解释的理论。因此，只要给定某个行星的某些事实，我就能及时地给出解释。完成之后，回顾一下我就能说："是的，我看不出那个星球的运动除了纯粹的事实以外，还有什么没有被包含在广义相对论的解释之中。"我们是通过理解解释世界的理论来理解真实世界的脉络的。因为理论解释的比我们知道的东西更多，所以我们实际理解的比我们知道自己理解的东西要多。

我并没有说，理解了一个理论，就必然理解了这个理论所能解释的一切。对一个很深奥的理论来讲，认识到它能解释某个现象，这本身就可以是一项重大发现，需要独立解释。例如，类星体是位于某些星系中心的强烈光源，长久以来是天体物理学中的一个神秘现象。人们曾经认为需要新的物理学理论才能解释这类现象，但是现在我们认为，用广义相对论和其他早在发现类星体现象之前就有的理论就能解释这一现象。现在认为类星体是由正在滑向黑洞的热物质构成的。（黑洞是坍缩的恒星，其引力之大以致任何东西都无法从中逃逸。）但是得出这一结论需要多年的观察和理论研究。现在我们相信对类星体已经有了一定程度的理解，但我们不认为以前就拥有这种理解。虽然是通过旧有理论来解释类星体，但是我们仍然得到了真正新颖的理解。正如很难定义什么是解释一样，很难定义什么时候辅助解释应该算作理解的独立成分，什么时候应该被看作包含在更深刻的理论之中。虽然很难下定义，但是并不难识别：正如一般的解释一样，实际中给我们一个解释，我们就能知道是不是新解释。这种差别和创造性有关。在已经理解了关于引力的一般解释的情况下，解释某个具体行星的运动轨迹就是一项机械活动了，虽然过程可能很复杂。但利用已知理论解释类星体现象，却需要创造性思维。因此，要理解今天天体物理学的一切，就必须明确地掌握类星体理论，但并不必须知道所有具体行星的运行轨迹。

虽然我们已知的理论像滚雪球一样越积越多，正如记录在案的事实一样，但理论整体架构并不一定比过去更难理解。虽然具体理论越来越多，越来越细致，但是它们也在不断地被“降格”，因为它们所包含的理解不断地被更深刻、更一般性的理论所取代，而后者变得更少。这里“更一般”的意思是说，相对于过去若干彼此无关的旧理论，每一个新理论的内容更多，适用范围更广。“更深刻”的意思是说，相对于那些旧理论的总和，每一个新理论解释得更多，体现出更多的理解。

几个世纪以前，如果你想盖一座大型建筑，如桥梁或者教堂，你就得雇一位总建筑师。他必须有这样的知识：怎样以最少的开销和工作量使建筑结构具有足够的强度和稳定性。他不需要像今天这样借助数学和物理语言来表达这些知识，而主要依赖于一连串直觉、习惯和经验的复杂组合。这是他在当徒弟时从师傅那里学来的，可能后来又补充以猜测和长期经验。即使这样，这些直觉、习惯和经验之谈，无论是明确表达的还是隐含的，在效果上和理论一样，包含有我们今天称为工程学和建筑学的真正知识。那位总建筑师因为拥有这些理论中的知识，你才愿意雇他，虽然和我们今天的知识相比，他的知识不准确，应用面也很窄。在赞美有几百年历史的建筑时，人们常常会忘记眼前所见的建筑仅仅是幸存下来的。绝大多数中世纪及更早期的建筑早就倒塌了，常常刚盖好不久就倒了，那些有创意的建筑更是如此。当然了，创新肯定会冒灾难性的风险，建筑师们很少会偏离行之有效的、久经考验的设计和技术路线。今天情况完全不同了，任何建筑很少因为设计上的失误而倒塌，即使是以前从未出现过的建筑。古代建筑师能盖的任何建筑，现代建筑师也能盖，而且盖得更好更省劲。现代建筑师还能盖古代建筑师做梦都没想过的建筑，如摩天大楼和太空站；所用材料也是古代建筑师从没听说过的，如玻璃纤维、钢筋混凝土。即使把这些材料给古代建筑师，他也不知道怎么用，因为他对材料功能的理解非常匮乏，很不准确。

要取得我们当前的知识体系的进步，靠积累更多的古建筑师所知的那种理论是不行的。现在人类的知识，不论是明确表达的还是隐含的，不仅比古人的更广博，而且结构也大不相同。正如我曾经说过的，现代理论更少、更一般、更深刻。古建筑师在建造他的能力范围以内的建筑时，对于所面临的每一种情况，比如在决定承重墙的厚度时，他都有相当具体的直觉或经验，但是如果应用于新的情况，则可能会给出完全错误的答案。而今天人们根据理论推导出解决方案，这个理论充分适用于任何材料砌的墙，适用于各种环境：不管是在月球上、在水下还是在任何其他地方。为什么现代理论这么一般化？那是因为它是基于材料和结构功能的深层次解释。要计算出用陌生材料砌成的墙的正确厚度，所采用的理论跟其他任何墙毫无二致，只是假设不同的事实开始计算，各个参数代入不同的数值。人们必须查出这些事实，如材料的张力强度和弹性系数，但不需要额外的理解。

因此，尽管现代建筑师比古建筑师懂得更多，但并不需要更加长期艰苦的训练。当代学生的课程表上的一个典型理论可能比任何古建筑师的经验之谈更难理解，但现代理论数量少得多，而且其解释能力使它们具有另外的性质，如美、内在逻辑以及它们和其他学科的联系，这使得它们更容易学习。古人的经验之谈在今天看来有些是错误的，有些是正确的或者接近于真理，而且我们知道为何如此。少数经验还在使用中，但人们已经不再根据这些经验来理解建筑物矗立起来的原因了。

我当然不否认许多学科知识正在膨胀，呈现不断专业化的趋势，包括建筑学。但这并非单向过程，因为专业同时也在消失：轮子不再由车匠设计制造，犁耙不再由犁匠设计制造，信也不再由书记员写了。但是很明显，我在前面描述的深化、统一的趋势并不是唯一的趋势：向宽度扩展的趋势同时也在发生，即新概念不仅仅代替、简化或统一了旧概念，同时也将人类理解延伸到以前从来没有涉足过的领域，或从没想到过其存在的领域。新概念可以开创新的机会，提出新的问题，产生新专业甚至新学科。这时为了理解全貌，我们发现自己必须要学更多的知识（至少是暂时地）。

医学也许是最经常举的例子。医学知识不断增长，新药和新疗法不断涌现，一个又一个的疾病被攻克，医学专业划分不可避免地越来越细。但即使在医学领域，相反的趋势，即统一的趋势仍然存在，而且与日俱增。诚然，对于很多人体机能、疾病机理，人类至今了解甚微。因此，医学知识的某些领域仍然主要由一大堆记录在案的事实组成，加上对某些疾病和疗法有经验的医生的技巧和直觉，这些技巧和直觉一代又一代地传下去。也就是说，医学领域的很多内容仍然停留在经验主义时代，当发现新的经验时，就有更强烈的专业化趋势。但随着医学和生物化学研究对人体疾病过程（以及健康过程）有了更深的解释，理解也在增加。随着人体不同部位的不同疾病被发现有同样的内在分子机理，更普遍的概念逐渐代替了更具体的概念。一旦对某种疾病的理解可以纳入更普遍的框架，专家的作用就消失了。医生遇到自己不熟悉的疾病或罕见的并发症时，可以越来越多地依赖于解释性理论。他们可以查阅已知事实，然后将一般性理论应用于具体问题，研究出治疗方案，尽管以前从没用过这一方案，但仍然可以预料方案的成效。

所以，理解前人已经理解的一切，这件事究竟是更容易还是更难了，这取决于知识增长的两个对立效果之间的总体平衡：理论的日益宽广和日益深入。广度使之更难，深度使之容易。本书的一个主题是深度最终能战胜广度，虽然缓慢，但是无疑的。换言之，我小时候不愿意接受的那个命题的确是错误的。而实际上，其反面才是正确的。我们正在向一个人可以理解前人理解的一切的方向挺进，而不是远离这个方向。

这并不是说我们很快就能理解一切，那完全是另一个问题。我不相信我们现在或将来就能逼近理解存在的一切。我现在讨论的是理解前人理解的一切的可能性问题。这更多地取决于知识的结构，而不是知识的内容。当然，我们的知识结构——不论能否用理论表达并组合成为一个可理解的整体——的确取决于真实世界结构作为一个整体是个什么样子。如果知识的增长永无止境，而我们仍然能够向着一人通晓前人理解的一切的境界趋近，那么我们的理论深度的增长就必须足够快，使之成为可能。只有当真实世界结构本身是高度统一的，从而随着知识的增加，我们对世界的理解越来越多时，这种情况才会发生。如果发生这种情况，那么最终我们的理论将会非常普遍，非常深入，彼此紧密结合，最终成为关于统一的真实世界结构的单一理论。这一理论仍然不能解释现实的所有方面，那是不可能的。但它可以包容所有已知解释，在其理解范围内，应用于现实的整体结构。过去的理论都是有关具体学科的，而这一新理论将是关于所有学科的，即*万有之理*。

当然这仅仅是第一个，而不是最后一个这样的理论。科学上认为即使最好的理论也注定在某些方面是不完美的，有毛病的，希望将来能被更深刻、更准确的理论所取代。这一进程不会因为我们发现了普适理论而停止。例如，牛顿给予我们第一个关于引力的普适理论，统一了天上力学和地上力学（及其他贡献）。但牛顿理论又被爱因斯坦的广义相对论所取代，后者还将几何学（过去被认为是数学的分支）纳入物理学，如此给出的解释就更深刻、更准确了。第一个完全统一的理论，我称之为万有之理，将和它前后的所有理论一样，既不会无懈可击，也不会深不可测，最终仍然会被取代。但它并不会通过和其他学科理论相结合而被取代，因为它已经是关于一切学科的理论了。历史上，一些伟大科学进步是通过理论的大统一而实现的，另一些则是通过理解某一学科的方式发生结构调整而实现的，例如我们不再认为地球是宇宙的中心。有了第一个“万有之理”之后，将不会再有大统一。随后的伟大发现都将导致我们对世界的整体看法的改变，即世界观的转变。成就“万有之理”将是最后的大统一，同时也是迈向新世界观的第一次全盘的转变。我认为这样的大统一和大转变正在进行中，与其相关的世界观就是本书的主题。

这里我必须强调，我所指的并不仅仅是某些粒子物理学家所希望很快发现的“大统一理论”。他们的“大统一理论”是指将物理学已知的所有基本力——引力、电磁力和核力——统一为一个理论，这一理论还将描述各种存在的亚原子粒子，它们的质量、自旋、电荷及其他性质，以及它们的相互作用方式。任何一个孤立物理系统，只要初始状态能够被充分准确地描述，原则上这一理论就能预期系统未来的状态。当系统的准确状态本质上不可预期时，它能描述所有可能的状态，并预期它们发生的概率。在实际中，所关注的系统的初始状态往往不能完全准确地确定，而且计算预言也太复杂，以至于除了几种最简单的情况之外，其他情况都不可能计算出结果。尽管如此，这样的粒子和力的统一理论，加上宇宙在大爆炸（宇宙起源那一瞬间的巨大爆炸）时初始状态的严格描述，原则上包含了所有必要的信息，足以预言一切可以预言的事物（见图 1-1）。

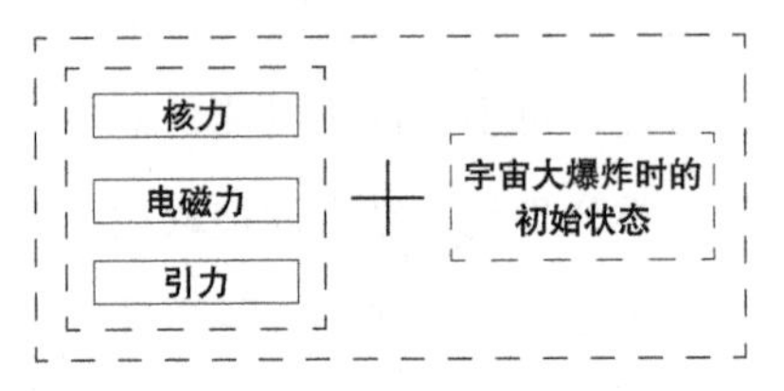

图1–1　关于“万有之理”的不充分构想

但预言并不等于解释。物理学家所希望的“大统一理论”，即使加上了初始状态理论，也最多能给出真正的万有之理的一个很小的侧面。它也许（原则上）能预言一切，但不能指望它比现有理论解释得更多，除了由亚原子相互作用所支配的少数几个现象，如粒子加速器中的碰撞，以及宇宙大爆炸中稍纵即逝的粒子嬗变历史。是什么促成把“大统一理论”这个词用于这样狭隘的（虽然是迷人的）知识领域？我觉得原因在于对科学的本质存在另一个错误的观点，即科学本质上是*还原主义*，许多科学评论家对此持否定观点，而许多科学家却持赞成观点（不可思议）。就是说，科学被认为是通过将事物分解为部分而还原式地解释事物的。例如，穿透或者推倒一堵墙所遇到的阻力可以这样解释：把墙看成相互作用的分子的巨大聚积体。这些分子的性质又可以用更小的组成成分——原子及原子间相互作用来解释，这样一层层分解下去，直到最小粒子和最基本的力。还原论者认为，所有的科学解释，也许所有充分深刻的解释，都采用这种形式。

还原主义者的观念自然导致学科和理论按照层级划分，根据它们距离已知的“最底层”的预言性理论的远近来进行分类。在这一层次结构中，逻辑和数学形成一个稳固的基础，科学大厦构筑于其上。基石是还原的“大统一理论”，即关于粒子、力、空间和时间的普适理论，加上关于宇宙初始状态的理论。物理学的其他部分形成最低的几层，天体物理学和化学在其上一层，地质学处于更高层，等等。科学大厦分支出一节高出一节的塔，形成层级越来越高的学科，如生物化学、生物学、遗传学；在高耸如云的顶端摇摇晃晃的是进化论、经济学、心理学和计算机科学一类的学科。在这样的图景下，这些学科的诞生几乎不可思议。

目前，我们只有还原的“大统一理论”的近似理论，它们已经可以相当准确地预言个别亚原子粒子的运动规律。根据这些规律，只要给定初始状态，目前的计算机就能够比较详细地计算出由少量相互作用的粒子组成的孤立的粒子群的运动。但是肉眼可见的最小块物质也含有数万亿个原子，每个原子都由许多亚原子组成，而且还在不断和外部世界相互作用。因此，逐个地预言粒子的行为很不现实。通过用各种近似方案对准确的运动规律加以补充，我们可以预言某些相当大尺度物体的总体行为的某些方面，例如化合物的熔点和沸点。许多基础化学就这样被还原成为物理。但对更高层的科学来讲，还原主义者的纲领仅仅是一个理论而已。没有人真正想将生物学、心理学或政治学的原理从物理学原理中演绎出来。高层级学科之所以能够被研究，就是因为在特殊情况下，大量粒子的复杂行为本身会归结为一定程度的简单性和可理解性。这一性质称为涌现性（emergence）：高层级的简单性从低层级的复杂性中“涌现”出来。某些高层级现象的容易理解的事实不能简单地从低层级理论推导出来，这种高层级现象称为涌现现象。例如，一堵墙必须结实，因为修建者害怕敌人试图冲破这堵墙打进来。这是关于这堵墙强度的高层级解释，它不能从上文提到的低层级解释中推导出来（虽然和低层级解释是相容的）。“修建者”“敌人”“害怕”和“试图”全是涌现现象。高层级科学的目标是使我们理解涌现现象，其中最重要的是生命、思维以及计算，后面我们将逐个讨论到。

顺便指出，作为还原主义的对立面，整体主义——认为只有用高层级系统的概念陈述的解释才是合理的——是比还原主义还要错误的观点。整体主义者希望我们怎么样呢？停止在分子层面上研究病因吗？否认人类是由亚原子粒子组成的吗？如果存在还原主义解释，那么这种解释和其他解释一样值得期待；如果整个科学可以还原为低层级科学，那么我们作为科学家同样有义不容辞的责任去寻找那种还原，正如我们有责任发现其他任何知识一样。

还原主义者认为，科学就是把事物分解为组成部分。工具主义者认为，科学就是预言事物。对这两者来说，高层级科学的存在仅仅是为了方便性。我们无法根据基础物理学对高层级现象进行预言是因为其复杂性。跟对预言的瞎猜瞎撞相比，涌现性给了我们成功预言的机会——想必这就是高层级科学的作用。所以，对于忽视科学知识的真实结构和真实目的的还原主义者和工具主义者来说，预言性的物理学层次结构的基础部分，根据定义，就是“万有之理”。但对其他人来说，科学知识由解释组成，科学解释的结构并不反映还原主义的层级结构。每一层级都有自己的解释。许多解释都是自主的，仅仅引用本层级的概念（例如，熊把蜂蜜吃了，因为它饿了）。许多解释涉及的推导与还原论的解释方向恰恰相反，即不是将事物分解成更小、更简单的事物来解释，而是将它们看成某个更大、更复杂事物的组成部分。对后者我们却有解释性理论。例如，伦敦议会广场有一尊丘吉尔铜像，我们来考虑其鼻尖上的那一个铜原子，下面让我来试着解释为什么这个铜原子会在那儿。因为丘吉尔曾经是广场附近的英国国会下议院的首相，他的思想和领袖作用对第二次世界大战盟军的胜利有很大贡献；人们通常会用建造雕像的方式对这样的人物表示敬意；青铜是建造雕像的传统材料，而青铜是由铜原子组成的，等等。这样我们就用思想、领袖、战争和传统这样一些涌现现象语言陈述的高层级理论解释了一个低层级的物理现象——铜原子为什么出现在某个具体位置上。

对于那个铜原子的出现，即使在理论上也没有理由存在一种比我刚才给出的解释更低层级的解释。假设有一个还原论的“万有之理”，在给定（例如）太阳系某一早期的状态以后，能够从理论上对这尊铜像存在的概率做出低层级的预言，它也能够在理论上描述该铜像是怎样到达那里的。然而这样的描述和预测（当然是根本办不到的）什么也解释不了。它们仅仅描述了每一个铜原子从铜矿到熔炉，再到雕刻家的工作室等的轨迹，它们也能描述那些轨迹怎样受到周围原子（例如那些矿工和雕刻家躯体里的原子）施加的力的影响，从而预言该铜像的存在性和形状。实际上，这样的预言将不得不涉及遍布地球各处的原子，这些原子卷入巨复杂的运动，其中有我们的第二次世界大战。但是即使你拥有超人的能力，真的能弄明白关于铜原子为什么出现在那里的这个冗长的预言，你仍然不能说：“啊，是的，现在我理解了为什么这个原子会在那里了。”你仅仅知道，给定所有原子的初始状态和物理定律，它以那样的方式到达那里是必然的（或者可能的，或者什么别的）。如果你想要理解为什么，则你除了进一步探索以外，别无选择。你不得不搞清楚那些原子的分布和那些轨迹都是什么样，是什么使它们倾向于把一个铜原子放在这个位置上。进行这些调查将是一项创造性的任务，正如发现新的解释一样。你必须去发现，一定的原子分布导致某类涌现现象（如领袖和战争），它们的彼此关系通过高层级的理论来解释。只有当你知道那些理论之后，你才完全理解为什么那个铜原子偏偏在那里。

在还原主义者的世界观中，支配亚原子粒子之间相互作用的定律是最为重要的，因为它们是整个知识层次结构的基础。但是在科学知识的真实结构中，以及在我们的一般性知识的结构中，这种定律的地位谦卑得多。

那种地位是什么呢？在我看来，现在已经提出的作为“大统一理论”的候选理论中，没有一个是在解释方式上有重大创新的。也许从解释的角度最有希望创新的是*超弦理论*。在这一理论中，物质的最基本构件是“弦”，这是一种细长的东西，而不是圆点状的粒子。但没有一种方法给出完全新颖的解释，像爱因斯坦用弯曲的时空解释万有引力那样新颖的解释。实际上，“万有之理”的全部解释结构——它的物理概念、语言、数学公式以及解释形式——都是从现有的电磁理论、核力理论和引力理论中继承下来的。因此，我们可以从现有理论中已知的这个基础结构出发，去寻找基础物理学对我们总体理解的贡献。

物理学中有两个理论比其他理论深刻得多。一个是广义相对论，如前文中提到的，它是关于空间、时间和引力的最好的理论。另一个是*量子理论*，它甚至更为深刻。在这二者之间，这两个理论（而不是任何已有的或目前构想中的亚原子粒子理论）提供了细致的解释和形式化框架，所有其他现代物理理论都在这一框架中表达，而且这两个理论包含所有其他理论都必须遵循的贯穿一切的物理原则。是否能找到一个统一理论——*量子引力理论*——将这两个理论合而为一？几十年来理论物理学家们一直孜孜以求之。如果成功了，那么它必然会成为“万有之理”的组成部分，不论是狭义的还是广义的。在下一章我们将会看到，量子理论同相对论一样给出了关于物理实在的革命性的、新颖的解释。为什么量子理论在这二者中更为深刻？原因并不在物理学内部，而是在物理学外部。因为它的枝丫影响异常宽广，已经远远伸展到物理学以外，甚至伸展到通常意义下的自然科学以外。我们目前关于真实世界结构的理解是由*四大理论*组成的，量子理论就是其中之一。

在讲另外三大理论之前，我必须提到还原论者对科学知识结构的另一个错误描绘。还原论者不仅认为解释就是将系统分解成为更小、更简单的组成部分，而且还认为所有解释总是用前面发生的事件说明后面发生的事件，换言之，解释某事件的唯一方式是陈述它的原因。这意味着，我们在解释事物时利用的事件越早越好，因此最终最好的解释就是用宇宙的初始状态。

“万有之理”如果不包含对宇宙的初始状态的说明，那它就不是对物理实在的一个完备的描述，因为它只提供了运动定律，而仅靠运动定律只能做出有条件预言。也就是说，它们从不无条件地讲发生了什么，而只会说如果在某个时刻发生了什么，那么在另一时刻会发生什么。只有当给出初始状态的完整描述时，理论上才能推导出完备的物理实在描述。目前的宇宙论不能给出初始状态的完整描述，即使在理论上也不行，但是它的确告诉我们，宇宙最初非常小，非常热，结构非常均匀。我们也知道宇宙不可能是完全均匀的，因为根据理论，那会与我们今天观察到的天空中星系的分布状况不相容。初始的密度不均、“成团”会被引力簇生效应大为放大（即相对稠密的区域会吸引更多物质，变得更加稠密），因此仅需要非常小的初始密度差异。但尽管密度差异非常小，在还原主义者的现实描述中却是至关重要的，因为几乎我们周围发生的一切，从天空中恒星和星系的分布到地球上出现一尊铜像，从基础物理学角度看来，都是这些不均匀引起的。如果还原论者想要对已观察到的宇宙的面貌描述得不太粗略，那就需要一个理论指明这些至关重要的初始不均。

让我试着从非还原论者的角度重新陈述这一要求。任何物理系统的运动定律只能做有条件的预言，因此与该系统的许多可能的历史都相容。（这个问题和量子理论所揭示的关于可预言性的局限性无关，我将在下一章中讨论它。）例如，支配从炮管里发射的炮弹的运动规律与许多可能的弹道轨迹都相容，炮弹发射时，炮管指向的每一个可能的方向和仰角都会对应一个弹道轨迹（见图 1-2）。数学上运动定律可以表达为一组方程，即*运动方程组*。这组方程有许多解，每一个解都描述一个可能轨迹。为了确定哪一个解描述了实际的弹道轨迹，我们必须给出*补充数据*——关于实际情况的数据。其中一个办法是给出初始状态，本例中就是给出炮管所指的方向，但也有其他方法。例如，我们也可以指明终结状态——炮弹落地时的落点和运动方向，或者也可以指定弹道最高点的位置。只要能让运动方程组的解唯一确定，给定什么补充数据是无关紧要的。这组补充数据和运动定律一起相当于一个理论，描述了炮弹从发射到落地间所发生的一切。

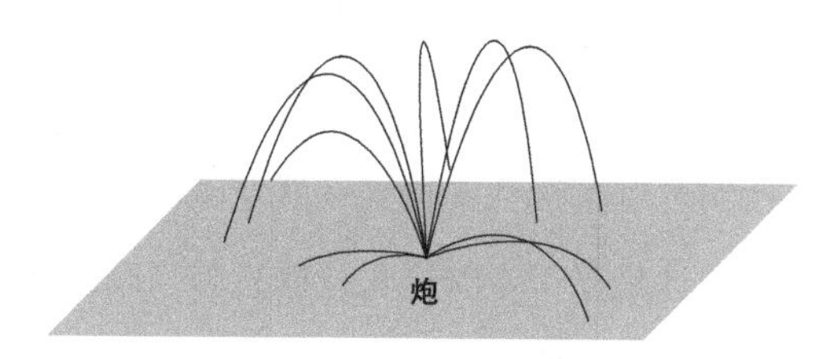

图1-2　炮弹射出后的一些可能的弹道轨迹。每一条轨迹都符合运动定律，但在具体情况下只有一条是真实的弹道轨迹

类似地，物理实在作为一个整体的运动定律也有许多解，每个解对应着一个不同的历史轨迹。为了完整地描述，我们必须给出充分的补充数据，从运动方程组的多个解中得出一个解，才能确定哪一个历史才是真正发生的历史。至少在简单的宇宙学模型中，给出

这种数据的一个办法是指定宇宙的初始状态。但另一个办法是指定宇宙的终结状态，或者任一其他时刻的状态。或者也可以指定初始状态的一部分信息，加上终结状态的一部分信息，再加上中间状态的一部分信息。一般来讲，任一种充分的补充数据加上运动定律，在理论上就相当于对物理实在的完整描述。

就炮弹来讲，一旦给定了终结状态，就可以直接了当地算出初始状态了，反之亦然。因此，指定哪种补充数据实际上没有什么区别。但就宇宙来讲，大多数这样的计算是非常难解的。正如前面所说，我们是通过观察现在宇宙的“成团”状态推知宇宙初始时的“成团”状态的，但这只是例外。关于补充数据的绝大部分知识——关于真实情况的知识——都是以涌现现象的高层次理论形式描述的，因此按照定义，实际上不可表达成关于初始状态的陈述形式。例如，在运动方程的大多数解中，宇宙的初始状态并没有适合于生命演化的性质。因此，“生命已经进化出来”这一知识是一个重要的补充数据。我们也许永远不知道这一限制条件对宇宙大爆炸的详细结构到底意味着什么，但我们可以直接从中得出一些结论。例如，关于地球年龄的最早的准确估计是基于生物进化论的，与当时最好的物理学估计不符。只有还原主义者的偏见才会使我们认为这是不太有效的推理形式，或者认为关于初始状态的理论一般会比关于现实涌现特征的理论更为“基本”。

即使在基础物理学领域，那种认为初始状态理论才是最深刻的知识的想法也是一个严重的错误概念。原因之一，它从逻辑上排除了解释初始状态本身的可能性——为什么初始状态会是那个样子，但实际上，我们对初始状态的许多方面都有解释。更一般地，任何时间理论都不可能用“更早”发生的事情解释时间，然而按照广义相对论，甚至更多地依据量子理论，我们对时间的本质的确有深刻的解释。

因此，我们对真实世界的许多描述、预言以及解释，其特征与还原论者描绘的“初始状态加运动定律”的图景大相径庭。没有理由认为高层理论是“二等公民”。我们的亚原子物理理论甚至量子理论或相对论，相对于关于涌现性的理论，并不享有优越地位。这些知识领域中没有一个能吸纳所有其他领域，其中每一个领域都对其他领域有逻辑含义，但并不是所有含义都是可陈述的，因为它们是其他理论领域的涌现性。事实上，“高层级”和“低层级”本身就属用词不当。比如说，生物学定律是高层级的，是物理定律的涌现结果。但在逻辑上，一些物理定律也是生物学定律的“涌现”结果。甚至有可能在这二者之间，支配生物及其他涌现现象的规律会完全决定基本物理学定律。无论如何，当两套理论逻辑相关时，逻辑并不规定我们应该把哪一个看作整体地或部分地决定另一个，这取决于理论之间的解释关系。真正有特殊地位的理论与其讨论问题的尺度大小或复杂程度没有关系，也和该理论在预言性层次结构中处于哪一个层次无关。真正有特殊地位的理论是那个包含最深刻解释的理论。真实世界的结构中不仅包含还原主义的成分，如空间、时间、亚原子粒子等，而且包含生命、思维、计算以及那些解释所涉及的其他要素。使得一个理论更为基本而非派生的要素，不是它与假想的预言性物理学基础有多么接近，而是它与我们最深刻的解释性理论有多么接近。

如前所述，量子理论就是这样的理论。而我们借助来理解真实世界结构的另外三大解释，从量子物理角度看来都是“高层级”理论。

它们是进化论（主要是生物有机体的进化）、认识论（关于知识的理论）和计算理论（关于计算机以及理论上什么可计算、什么不可计算的理论）。在本书中我将指出，这4个表面看来完全无关的学科，其基本原理之间却有着非常深刻多样的联系，以至于要想最充分地理解其中任何一个理论，都必须理解其他3个理论。这四大理论共同形成一个紧密一致的解释结构，其影响如此深远，如此广泛地涵盖我们对这个世界的理解，以至于在我看来，已经完全可以称之为第一个真正的"万有之理"了。这样，我们已经来到了思想史上一个意义重大的历史时刻——我们的理解范围开始充分达到普遍性的时刻。到现在为止，我们所有的理解都是仅仅关于现实世界的某一方面，不代表整体。未来，我们的理解将是关于现实世界的一个统一的概念：所有解释都将在普遍性的背景下得到理解，每一个新思想都不仅仅照亮某个具体学科，而是将自动地照亮所有学科（虽然程度不同）。从这最后的伟大统一中，我们最终将喜获理解大丰收，其收获将远远超过以前任何理论所给予的理解。因为我们将看到，这里不仅仅物理学得到统一的解释，也不仅仅限于科学，而且其潜在影响长驱直入到哲学、逻辑、数学、伦理学、政治学、美学，以及一切我们目前理解的，甚至还不理解的东西中去。

那么现在，面对小时候的我，那个拒绝承认知识的增长使得这个世界越来越难以理解的小孩，我能告诉他什么结论呢？我会同意他，尽管我现在认为，重要的其实不在于我们人类这一物种所理解的一切是否能被其中的一个成员所理解。重要的在于真实世界结构本身是否真的是统一的和可理解的。我们有很多理由相信确实是这样的。小时候的我仅仅知道这一点，而现在我可以解释这一点。

术　语

认识论：研究知识的本质及其创造过程的学科。

解释：（粗略地）关于事物的本质和原因的陈述。

工具主义：认为科学理论的目的就是预言实验结果。

实证主义：工具主义的一种极端形式，认为除了描述和预言观察结果的陈述以外，所有其他陈述都是没有意义的。（按照其自身的标准，这种观点本身就是无意义的。）

还原：还原的解释方法是将事物分解成低层次的组成成分。

还原主义：认为科学解释本质上是还原的。

整体主义：还原主义的对立面，认为只有通过高层系统的解释才是合理的解释。

涌现：涌现现象（如生命、思维、计算）是这样一类现象，即它们有可理解的事实或解释，这些解释不能简单地从低层级理论中推导出来，但是可以由直接涉及这一现象的高层级理论来说明或预言。

小　结

和一切人类知识一样，科学知识主要由解释组成。纯粹的事实可以像查字典一样查到，而预言仅仅当多个科学理论都有较好的解释，需要通过关键性实验一争高低时才是重要的。随着新理论不断取代旧理论，我们的知识逐渐广博（因为新学科的创立），更为深刻（因为基础理论解释得更多，变得更普遍化），深度终将战胜广度。因此，我们并没有偏离一人理解前人所知的一切的境界，而是正在趋近于这个境界。那些最深刻的理论之间的联系越来越紧密，以至于只能将它们联合起来，作为描述统一的真实世界结构的一个完整的理论来理解。这一“万有之理”比基本粒子物理学家所寻求的“大统一理论”的覆盖范围广泛得多，因为真实世界结构中不仅有还原论者的要素，如空间、时间、亚原子粒子等，而且还有诸如生命、思维、计算这些要素。以下就是可以构成第一个万有之理的四大理论。

量子物理学：第 2 章，第 9 章，第 11 章，第 12 章，第 13 章，第 14 章。

认识论：第 3 章，第 4 章，第 7 章，第 10 章，第 13 章，第 14 章。

计算理论：第 5 章，第 6 章，第 9 章，第 10 章，第 13 章，第 14 章。

进化论：第 8 章，第 13 章，第 14 章。

下一章是关于这四大理论的第一个和最重要的理论——量子物理学的。

第2章　影子

研究自然哲学最好、最宽敞的入口是考察蜡烛的物理现象。

——迈克尔·法拉第（关于蜡烛化学史的六次讲座）

迈克尔·法拉第在皇家研究所科学通俗讲座中经常鼓励听众通过考察蜡烛燃烧现象来了解世界，而我这里将考察手电筒。这非常相称，因为手电筒的许多技术都基于法拉第的发现。

我将描述一些实验，这些实验演示了量子物理的核心现象。这类实验经过许多演变和细化，多年来已经成为量子光学的看家本领。关于实验结果没有任何争议，然而直到现在某些结果仍然令人难以置信。基本实验非常朴素，既不需要专门的科学仪器，也不需要多少数学和物理知识，实际上只是在投射影子。但是普通手电筒所投射的光和影的图案是非常奇怪的，仔细观察会发现其中有奇特的分叉。解释它们不仅需要新的物理学定律，而且描述和解释需要达到新的层次，超出了过去所认为的科学范围。但首先，它揭示了平行宇宙的存在性。这怎么可能？什么样的影子图案可能蕴含这样的结论？

想象在一间漆黑的房间里拧亮手电筒，光从灯泡的灯丝中发射出来，形成一个锥形。为了不因反射光的影响而使实验复杂化，房间的墙壁应是完全吸光的，漆黑无光泽。或者，由于我们只是想象实验，可以设想房间非常非常大，以至于光在实验结束前不可能射到墙壁上并被反射回来。图 2-1 画出了这种情况。但这张图有点使人误解：如果我们从边上观察，就应该看不见手电筒，当然也看不见它射出的光。不可见性是光的许多显然特性之一。只有当光进入了眼睛，我们才能看见它（虽然我们平常说在视线内看见了物体，那是因该物体影响了光）。

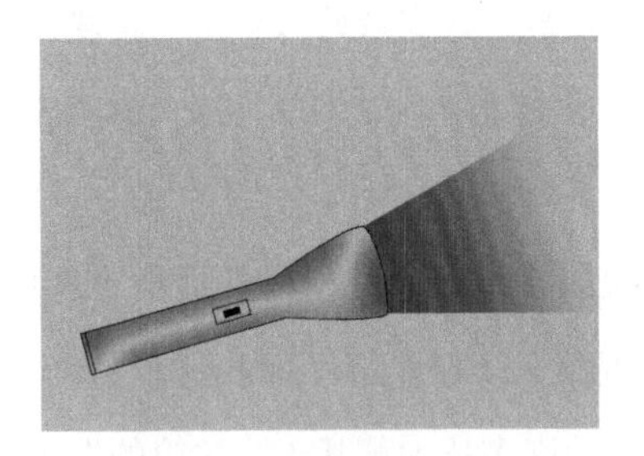

图2–1　手电筒射出的光

我们看不见从眼前经过的光。假如在光束里有反射光的物体，甚至一点散光的尘埃或水滴，我们就能够看见光在哪了。但是图中的光束里什么也没有，我们又是在光束以外进行观察，因此没有光射向我们。我们所见景象的准确表示应当是全黑的一幅图。如果存在另一个光源，就有可能看见手电筒，但是仍然看不见它射出的光。光束，哪怕是我们能产生的最强烈的光束（激光）都能够彼此自由穿行，仿佛别的光束都不存在一样。

图 2-1 确实表示出光在靠近手电筒的地方最亮，随着光束扩散开，

照亮更大的区域，光变暗。对于一个处在光束中的观察者来说，当他一步一步远离手电筒时，反光镜会显得越来越小，而且越来越暗，只要还能看见一个亮点。真会这样吗？光真的会无限制地越传越弱吗？答案是否定的。在距离手电筒大约 1 万千米的地方，光会非常微弱，人眼已经无法感知了，观察者什么也看不见，即人什么也看不见，但是视觉更加敏锐的动物会怎么样呢？青蛙的眼睛比人眼要敏锐好几倍，足以使实验结果产生显著的差异。如果观察者是一只青蛙，继续远离手电筒，那么它永远不会完全看不到手电筒。青蛙会发现手电筒开始忽隐忽现，而且闪烁的时间间隔没有规律。随着青蛙远离手电筒，闪烁的间隔会越来越长，但是每一次闪烁的亮度不会降低。在距离手电筒 1 亿千米的地方，青蛙平均每天只看见一次闪光，但是闪光的亮度与在其他位置上观察到的完全一样。

青蛙不能把它所看见的告诉我们。在真实实验中，我们使用光电倍增管（一种比青蛙的眼睛更加敏锐的光探测器），我们也不用站在 1 亿千米外观察，而是让光穿过黑色滤光器变弱，但原理是一样的。实验结果是：既没有出现完全漆黑一团，光也没有持续衰弱，而是出现闪光，不论使用多黑的滤光器，每次闪光的亮度都是相同的。闪光现象表明：光均匀传播时，其亮度的衰减是有一个底限的。借用金匠的话说，光不是无限“可延展的”。像金子一样，少量的光可以均匀传播到很大的区域中，但最后，如果还要它传播得更远，光就会变得不均匀了。即使能够设法让金原子不扎堆，也会存在一个极限，使得金原子不能再细分，否则金子就不成其为金子了。所以，让仅为一个原子那么厚的金片更薄的唯一办法是进一步把原子间隔开，让彼此间留有空隙。当原子充分间隔开以后，就不能认为它们仍是连续的一整片了。例如，如果平均每个金原子离它最毗邻的金原子的距离有几厘米，那么人手就可以穿过这一“金片”而不碰触任何一点金子。类似地，光也有基本的颗粒或称“原子”，即光子。青蛙看见的每一次闪光都是一个光子打在其视网膜上的结果。光束变暗的原因不是光子本身变暗，而是光子散开得更远，彼此间空隙更大（见图 2-2）。当光束非常微弱时，就不能称为一“束”了，因为它已经不连续了。在青蛙没有看见光的时候，不是因为射入青蛙眼睛的光弱得不能影响其视网膜，而是因为根本没有光进入它的眼睛。

图2-2　青蛙能看见一个个的光子

这种仅以不连续的颗粒状出现的性质称为量子化。每一个颗粒（如光子）称为量子。量子理论即得名于这种性质，并且所有可测量的物理量都有这种性质，而不仅仅局限于光的量或黄金的质量等这些物理量。这些量的量子化是因为有关实体看起来连续，而实际上是由粒子组成的。即使像距离（比如两个原子之间的距离）这样的物理量，取值范围连续的概念也只是一种理想化。在物理学中不存在连续可测量的物理量。量子物理中有许多新的效应，我们将看到，表面上量子化是最驯服的一个，然而在某种意义上理解它是理解其他所有效应的关键。因为如果一切都是量子化的，那么物理量如何从一个值变到另一个值？在物体移动过程中，如果中间位置不连续，那么物体如何从一个地方移到另一个地方？我将在第 9 章解释这一切，现在暂时把这些问题搁置一边，回来看看我们的手电筒的邻近区域。那里光束看起来像是连续的，这是因为手电筒每秒钟向观察者眼睛里倾泻大约 10^{14} 个光子。

那么明亮与阴暗区域的边缘究竟是有一个明显的界线还是有一片灰色区域？通常有一片相当宽的灰色区域，其原因之一表示在图 2-3 中。这张图上有灯丝发出的光不能射到的黑色区域（称为暗影），也有灯丝发出的所有光都能射到的明亮区域。而且因为灯丝几何上不是一个点，而是有一定长度的，所以，在明亮和黑暗区域之间还有一片半影区域：只有一部分灯丝发出的光可以射到那里，另一部分射不到那里。如果站在半影区域里观察，则只能看见一部分灯丝，亮度也不如完全明亮的区域。

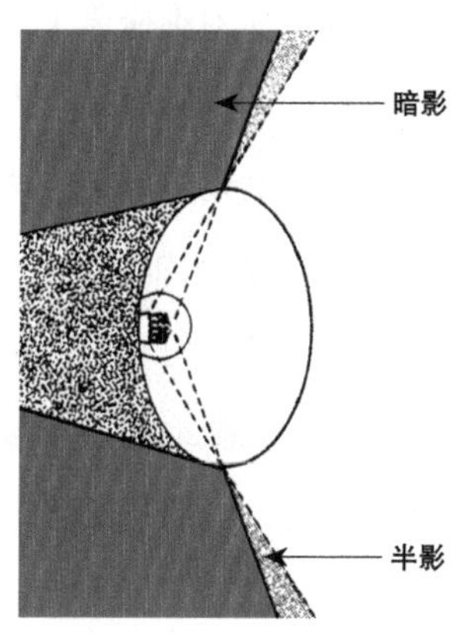

图2-3　影子的暗影和半影

然而，灯丝的长度不是导致实际的手电光投射半影的唯一原因。光还受到其他各种因素的影响：灯泡后的反光镜、手电筒前部的玻璃片、各种接缝和缺陷，等等。可以预料实际的手电筒所投射的光和影子的图案是很复杂的，因为手电筒本身就是很复杂的。但是手电筒的偶然特性不是我们实验的主要意图。在手电光问题背后，存在一个一般性的关于光的更基本的问题：理论上影子边界的明晰程度是否存在一个极限？换句话说，半影区域最窄能有多窄？例如，如果手电筒由全黑（不反光）材料做成，如果采用越来越小的灯丝，那么能使半影区域无限制地越来越窄吗？

从图 2-3 看来这似乎是可能的：如果灯丝没有长度，那么就不会有半影区域。但是在画图 2-3 时，我对光做了一个假定，即光只能以直线传播。这是我们的日常经验知识，因为我们看不见拐角另一边的东西。但是精细的实验表明光并不总是以直线传播的，在某些情况下它会转弯。

只用手电筒很难证明这一点，因为很难把灯丝做得非常非常小，把表面做得非常非常黑。这些实际困难掩盖了这一事实：基本物理规律限制了影子边界的明晰程度。幸运的是，光线的弯曲行为还能以另一种方式得以证明。假设手电光连续穿过两个不透明屏幕上的两个小孔，泄漏的光落在第三块屏幕上，如图 2-4 所示。我们的问题是，如果反复实验让小孔越来越小、第一块和第二块屏幕的间距越来越远，会使得暗影（即全黑区域）无限地靠近连接两个小孔中心的直线吗？在第二和第三块屏幕之间，被照亮的锥形区域能够任意狭小吗？用金匠的术语，我们是在问光的“延展性”如何，即光能够被拉成一根多细的线。金子最细能够被拉成万分之一毫米粗的线。

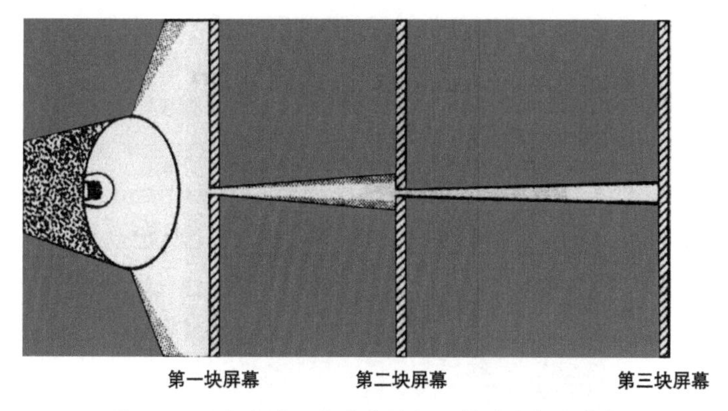

图2-4　让光穿过两个连续的小孔得到狭窄的光束

结果表明，光不如金子那样容易延展！在小孔还远没有达到万分之一毫米那么小以前，实际上甚至当小孔直径大约为 1 毫米那么大时，光就明显开始不听话了。它不再以直线穿过小孔，不愿受约束，在经过每个小孔后就扩散开来。随着光的传播，它开始“逃逸”。孔越小，就有越多的光扩散到它的直线路径以外。出现了光和影的复杂图案。在第三块屏幕上看到的不再只是明亮区域和黑暗区域，其间夹着半影区域，而是看到不同宽度和亮度的同心圆。还出现了彩色光环，因为白光是由不同颜色的光子组成的混合物，每种颜色的光子传播和逃逸的方式略有不同。图 2-5 显示出白光穿过前两个屏幕的小孔后在第三块屏幕上可能形成的典型图案。提醒一句，这里没做别的，只是在投影。图 2-5 就是图 2-4 中的第二块屏幕所投射的影子。如果光只以直线传播，那么就只会有一个小白点儿（比图 2-5 中心的白亮点还要小许多），周围环绕着非常窄的半影区域。其他部分是完全的暗影——完全黑暗的区域。

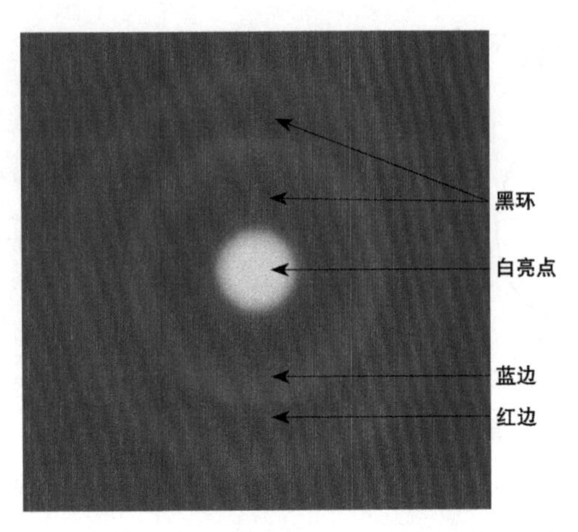

图2-5　白光穿过小圆孔后形成的光和影的图案

光在经过小孔时发生了转弯，这一点可能会令人困惑，但我认为这不会那么令人不安。无论如何，重要的是我们达到了目标——证明光确实弯曲了。这意味着，一般情况下影子的形状和投射它的物体的轮廓不一定相像。而且，这不仅仅是半影造成的边界模糊不清的问题，事实证明带有复杂形状小孔的障碍物能够投射出图案全然不同的影子。

图 2-6 显示的是另一种投影图案的一部分，它大致符合实际尺寸，这是由一块不透光的屏障上两个直的平行裂缝在 3 米远的地方所投射出的影子图案。两条裂缝相距 1/5 毫米，在屏障另一侧激光器发出单纯红色平行光照亮裂缝。为什么采用激光而不是手电光呢？这只是因为影子的准确形状还依赖于投射影子的光的颜色。手电筒发出的白光包含了所有可见的颜色，从而产生彩色边缘的影子。所以，在研究影子的精确形状的实验中，采用单色光更好。可以在手电筒前面放一块有颜色的滤色镜（如一块有色玻璃），使得只有这种颜色

的光才能透过。这会有一定效果,但是滤色镜的过滤能力不是特别好。更好的办法是用激光，因为激光器可以精确调谐，使得我们选什么颜色的光，它就发出什么颜色的光，几乎不掺杂任何别种颜色的光。

图2-6　光透过带有两个直的平行裂缝的屏障时所投射的影子

如果光以直线传播，那么图 2-6 中的图案就应该只是一对相距 1/5 毫米的亮条（相距这么近是区分不开的），其边缘清晰，屏幕的其余部分都是阴暗的。但是实际上光转弯了，产生许多亮条和暗条，根本没有清晰的边缘。如果裂缝移向一侧,只要还在激光束的照射下,那么图案也移动相同的距离。就这一点看，它与普通的大尺寸投影完全一样。现在，如果在屏障上再切两个相同的裂缝，与已有的两条裂缝交错放置，得到 4 条裂缝，间距为 1/10 毫米，那么投射的影子是什么样子呢？我们可能会猜想图案与图 2-6 所示的几乎相同。毕竟第一对裂缝独自投射出了图 2-6 中的影子，如我刚才所讲，第二对裂缝会独自投射相同的图案，只是向一边移动大约 1/10 毫米——几乎还在原地。我们知道，光通常能自由穿行，互不影响。所以，这两对裂缝加在一起，应该再次产生基本相同的图案，只是亮度提高 1 倍，边缘有点儿更模糊。

但是，实际情况并非如此。带有 4 条直的平行裂缝的屏障所产生的真实影子图案显示在图 2-7(a) 中。为了便于比较，我把两条裂缝产生的图案重新画在它的下面［见图 2-7(b)］。很清楚，4 条裂缝产生的影子不是两个位置稍有不同的双缝产生的影子的结合，而是一个新的、更复杂的图案。在该图案中，有些区域，如以X标记的点，在4条裂缝产生的图案中是黑的，而在两条裂缝产生的图案中是亮的。当屏障上有两条裂缝时，这些区域是亮的，但是当我们切开第二对裂缝，让光通过时，这些区域变黑了。切开第二对裂缝使得原先抵达X处的光受到干涉。

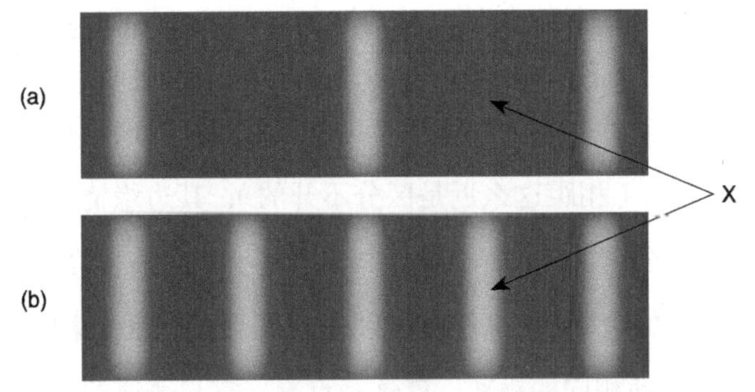

图2-7　带有直的平行裂缝的屏障投射的影子

（a）有四条裂缝，（b）有两条裂缝

所以，增加两处光源使得X点变黑，取消它们又使得X点变亮了。这是怎么回事？可能有人会想象两个光子向X点飞去，然后像台球一样撞在一起，彼此弹开。任何一个光子本来都可以打到X上，但是两个在一起互相干扰，结果两个都射向别处。一会儿我将证明这种解释不成立。不过，基本的想法是不可避免的：一定有某种东西从第二对裂缝中泄漏出来，阻止了来自第一对裂缝的光抵达X。但究竟是什么东西呢？借助于进一步的实验，我们能够找到答案。

首先，图2-7(a)所示的4条裂缝产生的图案，只有在所有4条裂缝都被激光束照亮的情况下才能出现。如果只有两条裂缝被照亮，那么出现的是两条裂缝的图案。如果 3 条裂缝被照亮，那么出现的是 3 条裂缝的图案，而且与前两种图案都不同。所以，引起干涉的原因必定在光束中。如果其中两条裂缝被不透明的东西塞住，那么出现的又是两条裂缝的图案，但是如果是被透明的东西塞住，则就不然了。换句话讲，那个起干涉作用的东西能够被任何阻挡光的物质所阻挡，甚至像雾这样薄弱的物质，但是它又能够穿透任何允许光穿过的物质，甚至像钻石这样难以贯穿（相对物体而言）的物质。在这套装置的任何地方，如果放上由镜子和透镜组成的复杂系统，只要光能够从每一条裂缝射到屏幕上的某一点，那么在该点处所观察到的将是部分的 4 条裂缝的图案。如果只有来自两条裂缝的光能够到达某一点，那么在该点处所观察到的将是部分的两条裂缝的图案，等等。

所以，不论引起干涉的原因是什么，它的表现就像光一样。在光束中的每一处它都出现，而在光束以外它都不出现。它可以被任何反射、传播或阻挡光的物质所反射、传播或阻挡。您可能感到奇怪：为什么我如此费劲地阐明这一点？很显然，它就是光，即干涉每一条裂缝的光子的东西是来自其他裂缝的光子。但是下面的实验——这一系列实验的最后一幕结束以后，您可能会怀疑这看似明显的结论了。

如果一次只用一个光子来做这些实验，你猜会发生什么呢？例如，设想我们把手电筒移得很远，每天只有一个光子落在屏幕上，那么在屏幕处进行观察的青蛙会看见什么呢？如果干涉每一个光子的东西真的是其他光子，那么当光子非常稀疏时，干涉效应难道不会减弱吗？当每一次只有一个光子经过这些装置时，干涉难道不会完全停止吗？我们仍会预料出现半影，因为光子在经过裂缝时可能会改变路线（也许碰上了边缘的毛刺）。但是，我们肯定不会观察到这样的现象：在屏幕的任何地方，例如X处，当两条裂缝开放时，能够收到光子，而当打开另两条裂缝后却变黑了。

然而，这恰恰是我们所观察到的现象。不论光子有多么稀疏，影子图案都不变。即使每次用一个光子来做实验，当4条裂缝都开放时，也观察不到有哪个光子会抵达X处。而要恢复X处的闪光，只需关闭两条裂缝即可。

光子是否有可能分裂为碎片，在经过裂缝以后，改变路线，又重新结合在一起呢？我们也可以排除这种可能性。如果我们再次发射一个光子穿过这些装置，但是用4个探测器，每条裂缝处放一个，那么最多只有一个探测器有记录。因为在这种实验中，我们没有观察到两个探测器同时动作，所以可以下结论说，探测器所探测的实体没有分裂。

这样，如果光子没有分裂为碎片，也不是其他光子使它们偏转的，那么是什么使它们偏转的？当每次一个光子穿过这些装置时，什么东西能够穿过其他裂缝来干涉它？

让我们盘点一下。我们已经发现，当一个光子穿过这一装置时：

它穿过一条裂缝，然后有个东西干涉了它，依赖于其他哪些裂缝是开放的，这个东西以一定的方式使它偏转；

干涉它的东西已经穿过某些其他裂缝；

干涉它的东西的行为方式恰如光子一样……除了它们不可见以外。

现在，我开始把起干涉作用的东西称为“光子”了。它们也确实就是，但是在现阶段，光子似乎有两种，我将暂且称之为有形光子和影子光子。有形光子是我们能看见的，或者用仪器可以检测到的，而影子光子是无形的（不可见的）——只能通过和有形光子发生干涉效应间接检测到。（后面我们将看到，有形光子和影子光子没有本质的区别：在一个宇宙中是有形的，而在所有其他平行宇宙中是无形的——这是后话。）迄今我们所得到的结论仅仅是：每一个有形光子有一批相伴的扈从影子光子，当光子穿过 4 条裂缝之一时，一些影子光子穿过其他 3 条裂缝。当我们在屏幕的其他地方切开裂缝时，只要裂缝还在光束的照射下，那么会出现不同的干涉图案。正因为如此，凡是有形光子能够到达的、屏幕上被照亮的区域，影子光子都能到达。所以，影子光子个数比有形光子多许多。多了多少呢？实验不能告诉我们上限，但是的确告诉我们一个粗略的下限。在实验室中，能够比较方便地用一束激光照亮的最大区域大约是 1 平方米，可控制的最小孔径大约是千分之一毫米。这样，在屏幕上大约可以放 10^{12} 个孔。所以，至少有 10^{12} 个影子光子相伴于每一个有形光子。

我们已经推断出：存在一个沸腾着的、异常复杂的、隐秘的影子光子世界。它们以光速行进，遇到镜子就反射，遇到透镜就折射，能被不透明的障碍物或颜色不匹配的滤色镜阻挡，但是即使最敏感的探测器也不能被它们触发。能够观察到影子光子所影响的宇宙中唯一的事物就是它伴随的有形光子。那就是干涉现象。如果不是这种现象，影子光子就完全不会被发现，正是由于影子的奇怪图案，我们才观察到它的存在。

干涉不是光子独有的特殊性质。量子理论预言，实验也证实，每一种粒子都存在干涉现象。所以，一定存在许多影子中子伴随着每一个有形中子，许多影子电子伴随着每一个有形电子，等等。这些影子粒子只能通过观察它干扰对应的有形粒子的运动行为来间接探测到。

由此可见，真实世界要比它显现的大得多，而且大部分是隐形的。我们以及仪器所能直接观察到的物体和现象仅仅是冰山一角。

现在，有形粒子具有一种性质，使我们可以把它们总称为宇宙。这就是使它们成为有形的决定性质，即相互作用，从而能够被其他有形粒子组成的仪器和感觉器官直接探测到。因为存在干涉现象，所以它们不是完全地与真实世界的其余部分（即影子粒子）隔绝开。若不然，我们就不会发现真实世界中除了有形粒子外还有更多的东西。但是，在一定近似程度上，它们的确很类似于我们在日常生活中所看到的宇宙，以及经典物理（量子物理以前的物理）所指的宇宙。

基于类似的理由，可以考虑把影子粒子的全体称为平行宇宙，因为它们也只能通过干涉现象受到有形粒子的影响。但是我们还可以做得更好，因为实际上影子粒子彼此隔绝，其隔绝方式恰与有形粒子宇宙与它们相隔绝的方式完全一样。换句话讲，它们不是组成一个比有形粒子宇宙大许多的、同质的单个平行宇宙，而是形成许许多多平行宇宙，每一个都与有形宇宙有相似的组成成分，每一个都遵循同样的物理定律，除了一点不同：在每个宇宙中粒子的位置不同。

现在谈谈术语问题。“宇宙”这个词传统意义上是指“物理实在的全体”，在此意义上最多只能有一个宇宙。我们可以坚持这一定义，认为我们习惯上称为“宇宙”的东西，即在我们周围所有可直接感知到的物质和能量，以及周围的空间，并不是宇宙的全部，而只是宇宙的一小部分。这样我们就必须为这有形的一小部分再起一个新的名字。但是大多数物理学家喜欢沿用“宇宙”这个词来表示它原来所指的实体，即使现在该实体被证明不过是物理实在的一小部分而已。为了表示物理实在的全体，已经发明了一个新词——多重宇宙（multiverse）。

前面所述的那样的单粒子干涉实验说明，多重宇宙是存在的，而且包含了有形宇宙中每一个粒子的许多副本粒子。为了得到更进一步的结论，即多重宇宙大致划分为若干平行宇宙，我们必须考察一个以上有形粒子的干涉现象。最简单的办法是用“思想实验”的方法，询问在微观上，当影子光子撞到不透明物体时，会发生什么现象？它们当然会停下来了，因为当不透明障碍物放在影子光子的前进道路上时，干涉现象消失了。但是为什么？是什么阻挡了它们？我们可以排除明显的回答，即它们被吸收了，就像有形光子被障碍物中的有形原子吸收了一样。理由之一，我们知道影子光子不与有形原子相互作用。理由之二，我们可以测量障碍物中的原子（或者更精确地用探测器代替障碍物），验证它们既没有吸收能量，也没有以任何方式改变状态，除非被有形光子撞上了，否则影子光子没有效应。

换一种方式说，影子光子和有形光子在撞上特定的障碍物时受影响的方式相同，但是障碍物本身受这两种光子的影响不同。实际上，就我们所知的来讲，它根本就不会受影子光子影响。这也确实是影子光子的决定性质，因为如果能够观察到有某种材料受到影子光子的影响，那么这种材料就会被用来做成影子光子探测器，整个影子和干涉现象就不会像我所描述的那样了。

因此，在有形障碍物所处的同一位置上，存在某种影子障碍物。不难想象影子障碍物由影子原子组成，我们已知，作为障碍物中有形原子的副本，影子原子必定存在。每个有形原子都有许许多多影子原子。实际上，假如影子原子能够影响光子，那么即使在最稀薄的雾中，影子原子的总密度对于挡住一辆坦克来说都绰绰有余，更不屑说一个光子了。既然我们发现不完全透明的障碍物对于影子光子和有形光子都有同样的透明度，那么在某个影子光子的行进道路上，不是所有的影子原子都能够阻挡它的传播。每一个影子光子与它对应的有形光子一样，碰上同一种障碍物，这种障碍物仅仅由在场的所有影子原子的一小部分组成。

基于同样的理由，障碍物中每一个影子原子只能与其周围的影子原子中的一小部分相互作用，与其相互作用的影子原子组成像有形障碍物一样的障碍物，等等。所有物质与物理过程都具有这一结构。如果有形障碍物是青蛙的视网膜，那么必定存在许多影子视网膜，每个影子视网膜只能阻挡每个光子对应的一个影子光子。每个影子视网膜只能与对应的影子光子、对应的影子青蛙等强烈作用。换句话说，粒子被分放在各个平行宇宙中。在每个宇宙中，粒子相互作用，正如它们在有形宇宙中相互作用一样。从这个意义上讲，它们是“平行”的。但是每个宇宙仅仅通过干涉现象微弱地影响其他宇宙。

这样，我们从形状奇特的影子开始，到平行宇宙为止，沿着推理的链条，得出了最后的结论。每一步骤的方式都是这样的：注意到只有当存在未被观察到物体，而且它们具有一定的性质的时候，我们所观察的物体的行为才能得到解释。推理的核心是：单粒子干涉现象毫不含糊地排除了这种可能，即我们周围的有形宇宙就是存在的所有一切。对于出现这种干涉现象的事实没有任何争论，但是承认存在平行宇宙仍然是物理学家中间的少数派观点。为什么？

很遗憾，答案于大多数人不利。对此我在第 13 章还有论述，但是现在我指出：本章所提供的论证只对那些希望寻求解释的人们有说服力。那些仅仅满足于预测或者不是太想理解预测的实验结果是如何产生的人们，只要愿意，可以干脆否认在我称为“有形”的实体以外还存在任何别的东西。某些人，如工具主义者和实证主义者，把这一点看成哲学原理。我已经讲过我怎样看待这种理论，为什么那样看，其他人只是不想认真考虑它。毕竟这是一个如此大的结论，首次听到时会如此令人不安。但我认为那些人的观点不对。我希望说服宽容我的读者们，理解平行宇宙是我们最好地理解真实世界的前提。这么说绝不是出于狠下决心，不论有多么乏味，都要寻求真理的精神（虽然我希望在需要时我能有这种态度）。相反，是因为所导致的世界观比以前的所有世界观都更完整得多，在许多方面都更有道理，当然比玩世不恭的实用主义更有意义，如今后者经常成为科学家们的世界观的代表。

某些实用主义物理学家会问：“为什么我们不能说光子表现得仿佛它们正在同隐形的实体相互作用一样？为什么我们不能就此打住？为什么非要进一步辩论清楚那些隐形的实体是否真的存在？”还有另一种形式更加奇特但本质上相同的论点如下：“有形光子是真实的；影子光子仅仅代表一种行为方式，真实光子本来可能以这种方式运动，而实际上却没有。所以，量子理论是关于真实世界与可能世界相互作用的理论。”这至少听起来蛮深刻的。但不幸的是，持这些观点的人，包括某些应该更明智的、显赫的科学家，在这一点上总是陷入胡言乱语。让我们保持清醒的头脑，关键的事实是：真实的有形光子的不同行为表现，取决于在仪器的其他地方有哪些路径是开放的，允许实物穿行其中并最终拦截了有形光子。的确有某些东西沿着那些路径传播，拒绝称其为“真实的”仅仅是在玩文字游戏。“可能的事物”不能与真实的事物相互作用：不存在的实体不能使真实的实体偏离轨迹。如果光子偏转了，它一定是受什么东西影响而偏转了，我把这种东西称为“影子光子”。给它起个名字并不会使它真实，但是，实际发生的事件，例如像有形光子的抵达和检测这一类的事件，会起因于虚构的事件，例如像该光子“本来可以怎样”而实际上又没有那样这一类的事件，这不可能是真的。只有真实发生的事件才能引起其他事件真实地发生。在干涉实验中，如果影子光子的复杂运动仅仅是可能而已，实际上并没有发生，那么我们所见的干涉现象实际上就不会出现了。

干涉效应通常非常微弱，难以探测到，其原因在于支配它的量子力学定律。这些定律有两个特殊的结论与我们有关。第一，每一个亚原子粒子在其他宇宙中都有自己的副本，而且只能与那些副本相互干涉。它不会受那些宇宙中其他粒子的直接影响。因此，干涉现象只有在特殊情况下才能观察到，即粒子及其影子副本的传播路径先分离，然后重新汇合（当光子和影子光子朝屏幕上的同一点前进时）。甚至定时都必须准确：如果两条路径之一有所延迟，那么干涉现象就会减弱或者消失。第二，要察觉任何两个宇宙之间的干涉效应，就要求这两个宇宙中位置和其他属性不完全相同的所有粒子之间发生相互作用。实际上，这意味着只有在非常相似的宇宙之间发生的干涉效应才足以被探测到。例如，在前述的所有实验中，发生干涉的两个宇宙只有一个光子的位置有所不同。如果一个光子在行进过程中影响了其他粒子，而且这种情况被某个观察者观察到了，那么这些粒子或这个观察者随后在不同的宇宙中就会变得不同，如果是这样，那么在实际上，该光子随后参与的干涉效应就不会被观测到了，因为在所有受影响的粒子之间都必须发生的相互作用会复杂得乱了套。这里我必须提醒，叙述这一事实的标准说法“观察破坏干涉”在3个方面易使人误解。首先，它使人联想起有意识的“观察者”对基本物理现象的某种意念作用，但是并没有这种作用。其次，干涉效应不是被“破坏”的：它仅仅是更加难以（困难得多！）观测到了，因为这需要精确控制大量粒子的运动。最后，不仅仅是“观测”，而是光子在它行进路线中对周围区域的任何影响都会导致这样的后果。

考虑到一些读者可能已经看过一些量子物理的其他报道，我必须简要地提一下本章的论证同该学科通常采取的论证方式的关系。也许因为争论是从理论物理学家中间开始的，传统的争论起点是量子理论本身。首先尽可能谨慎地陈述该理论，然后试图理解它所告诉我们的关于真实世界的情况。若想理解量子现象的细节，这是可能的唯一途径。但是就真实世界究竟是由一个还是多个宇宙组成这一问题来说，这是过于复杂的途径了。所以，本章没有遵从这条途径，甚至没有陈述量子理论的任何基本假设，而仅仅是描述了一些物理现象，然后导出不可避免的结论。但是如果真的从理论出发，那么每一个人都会赞同以下两点。首先是量子理论在预测实验结果方面表现卓越，甚至可以盲目地使用方程而无须太关心方程的含义。其次是量子理论告诉我们一些关于真实世界本质的新鲜的、奇异的性质。争论仅仅在于这些性质究竟说明了什么。物理学家休·埃弗里特是第一个清楚地理解量子理论描述了多重宇宙的人（于 1957 年，在量子理论成为亚原子物理学的基础大约 30 年后）。从那时起，关于量子理论是否可能有另外的解释（或重新解释、重新表述、修正等），使维持单一宇宙描述不变，而仍能正确预测实验结果，就这一问题人们爆发了激烈的争论。换言之，接受量子理论的预测结果就必须接受平行宇宙的存在性吗？

对我来说，这个问题，以及所有关于这个问题的辩论的流行论调，都似乎是冥顽不化的。诚然，对于像我这样的理论物理学家，应该把大量精力花在理解量子理论的形式结构方面，而不是花在理解真实世界方面以致忽略了自己的主要目标，那才是正当且合乎体统的。即使能够做出量子理论的预测而无须提及多个宇宙，单个的光子仍然会像我所描述的那样投影。即使对量子理论一无所知，您也能看出，这些影子不可能是光子从手电筒行进到观察者眼睛这一单一过程的结果。它们不相容于任何仅仅涉及我们所见的光子、我们所见的屏障或我们所见的宇宙的解释。因此，如果现有最好的物理学理论没有提及平行宇宙，那只能意味着我们需要一个更好的理论，一个确实提及了平行宇宙的理论，来解释所看见的现象。

那么，接受量子理论的预测结果就必须接受平行宇宙的存在性吗？本身并非如此。我们总可以按照工具主义者的思路重新解释任何理论，而不必接受真实世界的任何结论。但是那样就离题了。如刚才所述，无须深入的理论来告诉我们平行宇宙是存在的——单粒子干涉现象就告诉我们了。需要深入理论的地方是为了解释和预言这样的现象：告诉我们其他的宇宙是什么样的，它们遵从什么定律，它们怎样互相影响，以及这一切如何符合其他学科的理论基础。这才是量子理论的任务。平行宇宙的量子理论不是问题，而是解答。它不是出自神秘的理论思考而产生的令人生厌的、随意的说明，而是关于一个非凡的、违反直觉的真实世界的唯一站得住脚的解释。

迄今为止，我一直采用临时性的术语，它暗示了在众多平行宇宙中有一个因为是“有形的”而与众不同。现在是到了与经典的真实世界单一宇宙观彻底脱钩的时候了。回过头去考察那只青蛙。我们已经看到，青蛙一连几天凝视着远处的手电筒，等待着平均每天一次的闪光，这还不是全部，因为在影子宇宙中，与有形青蛙同在的必然还有影子青蛙，它们也在等待光子。假设青蛙受过训练，看见闪光时就跳一下。在实验的开始阶段，有形青蛙会有大批的影子副本，刚开始大家都雷同。但是不久后，它们就不再雷同了。它们每一个未必能马上看见光子。但是在任何一个宇宙中的稀有事件，在整个多重宇宙中就是常见事件了。在任何时刻，在多重宇宙中的某处，必然有几个宇宙，其中的青蛙的视网膜正在被光子撞击而使青蛙跳起来。

究竟为什么影子青蛙会跳？因为它在所处的宇宙中遵循与有形青蛙同样的物理定律，而且它的影子视网膜被那个宇宙中的影子光子撞击了。在它的影子视网膜上，一个光敏的影子分子起了复杂的化学变化，接着影子青蛙的视觉神经做出了响应，它传送一条讯息给影子青蛙的大脑，因此青蛙产生了看见闪光的感觉。

是否该说成“看见闪光的影子感觉”呢？当然不。如果“影子”观察者是真实的，不论是青蛙还是人，则他们的感觉必定也是真实的。当他们观察我们称为影子物体的对象时，他们看到的是有形的物体。之所以会这样，是因为正如同我们说我们所观察的宇宙是“有形的”一样，他们也用同样的方法，根据同样的定义进行观察。有形性是相对于给定的观察者而言的。所以客观地说，不存在两种光子，一种是有形的，另一种是影子的，也不存在两种青蛙或两种宇宙，一种是有形的，另一种是影子的。在我所给出的关于影子的构造或相关现象的描述中，没有任何东西来区分“有形”物体和“影子”物体，只不过是声明其中一份拷贝是“有形的”。当介绍有形光子和影子光子时，很明显，我是通过说我们能够看见前者而看不见后者来区分它们的。但是“我们”是谁？当我正在写作时，许许多多影子戴维[1]也在写作，他们也在区分有形光子和影子光子。但是，他们称为“影子”的光子包括了我称为“有形”的光子，而他们称为“有形”的光子则属于我称为“影子”的光子。

不仅在我所概述的对于影子的解释中，物体的任何副本都不具有特殊的地位，而且在量子理论所提供的全部数学解释中，它们也不具有特殊的地位。我可以主观地认为，自己作为“有形的”一员，在众多我的副本中是与众不同的，因为我能够直接感知自己，而感觉不到别人。但是我必须承认这一事实：所有其他的副本对于他们自己都会有同样的看法。

那些戴维们，许多此刻正在写这些文字，一些戴维在为它们润色，另一些戴维已经喝茶去了。

术　语

光子：光的粒子。

[1] 戴维是本书作者。——译注

有形/影子：仅仅为了在本章中解释方便，称本宇宙中的粒子为有形粒子，其他宇宙中的粒子为影子粒子。

多重宇宙：物理实在的全体，它包含许多平行宇宙。

平行宇宙：在每个宇宙内部，粒子就如同在有形宇宙中一样相互作用，但每个宇宙只能通过干涉现象微弱地影响其他宇宙。在此意义上，它们是“平行”的。

量子理论：多重宇宙的物理学理论。

量子化：拥有离散的（而非连续的）一组可取值的性质。量子理论断言所有可测量的物理量都是量子化的，因而得其名。但是，最重要的量子效应不是量子化，而是干涉效应。

干涉：一个宇宙中的粒子对另一个宇宙中的对应粒子的作用。光子干涉效应能够使投影图案比障碍物的简单轮廓复杂得多。

小　结

在干涉实验中，当投影屏障打开新的缺口时，影子图案的某些区域会变黑。即使用单个粒子做该实验，结果依然如此。基于这一事实，一系列的推理排除这一可能性，即我们周围所见的宇宙就构成了物质实在的全体。实际上，物理实在的整体——多重宇宙——包含大量平行宇宙。

量子物理是四大主要理论之一。下一个是认识论，关于知识的理论。

第3章　问题求解

我不知道哪一个更加不可思议：是影子的奇特行为本身呢，还是仅靠观察几个光和影的图案就居然迫使我们彻底地改变了对真实世界结构的看法这一事实？前一章概述的论证是典型的科学推理，尽管它的结论充满争议。这种推理的特征很值得反思，它本身就是一个自然现象，至少同影子物理现象一样令人惊异、异彩纷呈。

对那些情愿看到现实结构更加平实的人来说，这么重要的结论居然会是根据屏幕上的小光点应该出现在这里而不是那里这样简单的事实得来的，这似乎显得有些比例失衡，甚至不太公平。但事实就是如此，而且科学史上不只一次出现过这种情况。在这方面多重宇宙的发现令人不禁回想起早年天文学家发现其他行星的故事。在我们将太空探测器送到月球和其他星球之前，关于行星的全部信息来自于观察到夜幕上的光点（或其他辐射点）在一个位置而不在另一个位置出现。想一想当初是怎么发现关于行星的那个决定性事实的，即证明它们不是恒星的。观察夜空几个小时，你会发现星星们似乎在围绕着天空中的一个固定点转动，这种转动非常刻板，保持彼此间的相对位置固定不变。传统的解释是，夜空是绕着静止的地球转动的巨大的“天球”，星星要么是天球上的洞口，要么是镶嵌在天球上的闪耀的晶体。然而，在天空中肉眼可见的成千上万的光点中，有少数几个特别亮，经过更长时间的观察，发现它们并非像固定在天球上那样运动，而是用一种更加复杂的运动形式漫步在夜空中。它们被称为“planet”（行星），这个词来源于希腊文，意思是“漫步者”。它们的漫步行为警示人们“天球”的解释是不充分的。

随后相继出现的关于行星运动的解释在科学史上扮演了重要角色。哥白尼的日心说将行星和地球放在以太阳为中心的圆形轨道上，开普勒发现轨道是椭圆形的而不是圆形的，牛顿用他的引力与距离平方成反比定律解释了椭圆形轨道，后人又用牛顿的理论预言行星间的相互引力会让它们稍微偏离椭圆形轨道，观测到这种偏离导致在 1846 年发现了一颗新行星——海王星。海王星的发现连同许多其他发现一起，将牛顿理论推上了王座。然而几十年后，爱因斯坦的广义相对论用弯曲的空间和时间对引力给出了根本不同的解释，从而又一次预言了略微不同的运动轨迹。例如，广义相对论正确地预言了每年水星会从牛顿理论预言的轨道上偏移万分之一度，它还推断在太阳附近穿行的星光会在引力作用下发生弯曲，偏转角度是牛顿理论预言的两倍。1919 年亚瑟·爱丁顿观测到了这一偏转现象，这个发现通常被认为标志着牛顿世界观在理性上不再是站得住脚的了。（令人啼笑皆非的是，现代重新评估爱丁顿实验的精度时发现这可能并不成熟。）后来人们又以更高的精度重复了这个实验，实验涉及测量感光板上光点（日食期间靠近太阳边缘的恒星的像点）的位置。

随着天文预测越来越准确，后来的理论在预言夜空景象方面的差异越来越小，必须建造更强大的望远镜和测量仪才能探测出这种差异。然而这些预言背后的解释却莫衷一是，如前所述，这些解释却出现了一连串革命性的变化。于是观测到的物理效应越小，迫使我们的世界观改变得却越大，似乎我们正在从越来越微弱的证据中推断出越来越重大的结论。什么能够证明这些推断是正确的呢？我们能有把握说仅仅因为恒星在爱丁顿感光板上的位置偏移了一点点就能断定空间和时间一定是弯曲的？或者因为光子探测仪在某个位置上没能记录下微光的一次“撞击”，就断定一定存在平行宇宙？

的确，所有实验证据都有脆弱性和间接性，我刚才对这一点有些轻描淡写。我们不能直接感觉到星星、感光板上的亮点或任何其他外在实体和事件的存在。只有当物体的影像出现在我们的视网膜上时我们才能看见它，而且只有当这些影像引起了神经里的电脉冲且这些脉冲已经被大脑接收并解释时，我们才感觉到这些影像。所以，直接支配我们、使我们采纳一种理论或世界观而摒弃另一种的物理证据，其实是小之又小的：它的尺度在千分之几毫米（视觉神经纤维的间隔）和百分之几伏特（分辨事物的神经电位差）。

然而，我们并没有给所有感觉印象以同等重要的地位。在科学实验中，我们竭尽全力去感知外部世界的这些方面：它们要能有助于我们将正在考虑的彼此竞争的理论区分开。甚至在开始观察之间，我们就已经仔细决定了应该在哪里在何时开始观察，以及观察什么。我们经常使用复杂的、特别制造的仪器，例如望远镜和光电倍增管。然而无论使用的仪器多么复杂，无论造成这些实验读数的外部原因多么真实，我们只能通过自己的感觉器官来感知这些读数。我们无法逃避这一事实：人类是非常渺小的生物，只能通过有限的几个不准确的、不完美的渠道接收来自外部世界的全部信息。我们把这些信息解释为巨大的复杂的外部宇宙（或多重宇宙）的证据。但当权衡这些证据时，我们无非是在沉思流淌过大脑的弱电流的各种模式。

我们怎么知道从这些模式中得到的结论是正确的呢？这当然不是一个逻辑演绎的问题。根本没有办法根据这些观察或其他观察证明存在外部宇宙或多重宇宙，更别提大脑接收的电流会跟宇宙有什么特殊联系了。我们感知的一切都可能是幻觉或者梦境，幻觉和梦境毕竟是非常常见的。唯我主义认为只存在一个心智，看起来像是外部实在的东西其实仅仅是这个心智中出现的梦境。逻辑上并不能证明唯我主义是错的。现实世界可能仅由一个人组成，也许就是你，一辈子都在梦境中度过。或者现实世界仅仅由你和我组成，或仅仅由地球和它的居民组成。如果我们梦见其他人存在的迹象，或其他行星、其他宇宙存在的迹象，那完全不能证明这些东西有多少是真实存在的。

由于唯我主义，以及无数相关理论，逻辑上和所有可能的观察证据都不矛盾，因此在逻辑上也就不可能根据观察证据推导出任何关于真实世界的结论。那么,我怎么能说观察到的阴影的状态“排除”了认为只存在一个宇宙的理论呢？为什么日蚀的观察使得牛顿世界观“在理性上站不住脚”呢？怎么会是这样呢？如果“排除”并不意味着“证伪”，那它又是什么意思呢？为什么仅仅根据在这个意义下“排除”了某种可能性，我们就会被迫改变自己的世界观，或改变自己的意见？这一批评似乎对整个科学——以及所有求助于观察证据来论证外部世界的方法——提出了质疑。如果科学论证不等于从证据出发的逻辑演绎，那它等于什么呢？为什么我们应该接受科学的结论呢？

这就是有名的“归纳问题”。这个名字来源于在大部分科学史上流行的关于科学理论工作原理的理论。这个理论说，存在一种名叫归纳的推理形式，它虽然缺少数学证明，但仍然是有价值的推理形式。一方面，归纳法和演绎法恰成对照，后者被认为是完美的推理形式；另一方面，它和更弱的哲学或直觉的推理形式恰成对照，后者甚至无需观察事实作为支持。在关于科学知识的归纳主义理论中，观察扮演两个角色：第一是发现科学理论，第二是检验科学理论。首先，通过对观察结果的“外推法”或“一般化”发现一个理论，然后，如果大量观察都和这个理论相符，并且没有一个不符合这个理论，就认为这个理论通过了验证，从而更加可信、可能和可靠。图 3-1 展示了这一推理模式。

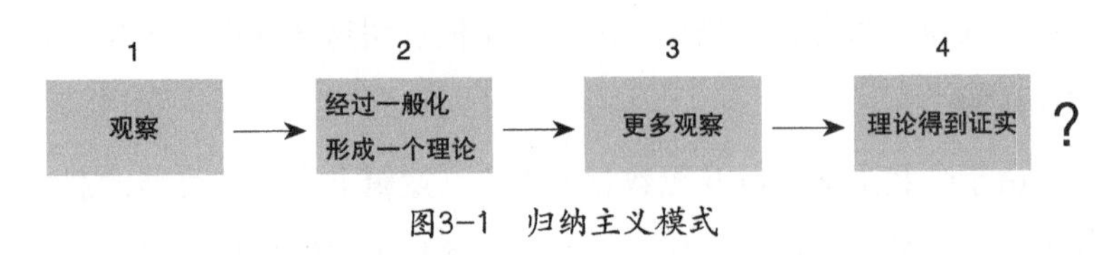

图3-1　归纳主义模式

因此，用归纳主义分析我的关于影子的讨论就会是这样的：“我们首先对影子现象作了一系列的观察，看到干涉现象（阶段 1）。这些结果符合以下理论的预期，即存在以一定方式相互影响的平行宇宙。但开始没人注意到这一点。后来（阶段 2）有人形成一般化结论：干涉现象在一定环境下总是发生，因此归纳出平行宇宙存在的理论。经过进一步观察干涉现象（阶段 3），我们更加确信这个理论的正确性。经过充分多次观察，结果无一和这一理论发生矛盾，我们得出结论（阶段 4）：这个理论是正确的。虽然我们永远不能完全确信，但就实用目的而言，我们是信服的。”

很难说从哪里开始批判归纳主义科学观——这个观念在很多方面都有致命的漏洞。依我之见，最大的漏洞是毫无根据地断定一般化的预言就等价于新理论。正如所有深浅不一的科学理论一样，平行宇宙理论并不是从观察结果中概括出来的。我们难道是先观察到一个宇宙，然后观察到第二个、第三个，最后归纳出存在万亿个宇宙的？对行星在天空中以一种特定轨迹“漫步”加以推广，难道就能够得到行星绕日运行、地球是其中之一的理论？难道反复观察就能使我们更加确信科学理论的真实性？这也不对。如前所述，理论是解释，并不仅是预言。如果某人不接受对一组观察的解释，那么一遍又一遍的重复观察也无济于事，如果我们压根就想不出一个解释，那么它就更不能帮助我们创造出令人满意的解释了。

而且，即使纯粹预言的正确性也不能靠观察证据得到证明，正如罗素在他的小鸡的故事里所阐明的。（为了避免任何可能的误解，我必须强调这是隐喻的、拟人化的小鸡，代表试图理解宇宙规律的人。）这只鸡发现农夫每天都来喂它，它便预言农夫将来会继续每天带吃的给它。归纳主义者认为这只鸡将它的观察“外推”成了一个理论，而每一次喂食都加强了这个理论的正确性。直到有一天农夫来了，拧断了鸡的脖子。罗素鸡的悲惨经历也被其他万亿只鸡经历过。这样我们就归纳地证明了：归纳法并不能证明任何结论！

然而，这样的批评太轻饶归纳主义了。它的确阐明了反复观察不能证明理论这一事实，但在这一过程中完全忽略了（甚至还接受了）一个更基本的错误观念，即通过对观测数据的归纳外推形成新的理论还是可能的。事实上，对一组观测数据是不可能进行外推的，除非事先已经把它们放在一个解释框架中了。例如，为了“归纳出”它的错误预言，罗素鸡的脑子里必须对农夫的行为首先有一个错误的解释，可能它猜农夫对自己抱有慈善之心。假如罗素鸡猜的是另外一种解释，如农夫是要把自己喂肥了吃，那么它就会对农夫的行为“外推”出不同的结果。假如有一天农夫开始给鸡喂比往日更多的食物，根据这一新观察，怎样预言农夫将来的行为呢？这完全取决于采用哪个解释理论。根据慈善农夫论，这是农夫对小鸡更加慈善的证据，因此鸡们就更不用担心自己的命运了。但根据养膘论，这个行为就是不祥之兆——它是末日临头的证据。

在上文所讲的例子中，对于相同的观察数据，由于采纳了不同的解释，可以“外推出”两个完全对立的预言，而且无法证实其中任何一个。这个事实并不偶然地局限于农家小院：在所有场合下的所有观察数据都是这样的。观察不可能承担归纳主义模式赋予的两个任务中的任何一个（即发现科学理论和检验科学理论）：连预言都不行，更不用说真正的解释理论了。诚然，归纳主义是基于常识的知识增长理论，即我们是从经验中学习的。在历史上它是与科学摆脱教义和专制的解放运动联系起来的。但是，如果我们想要理解知识的真正本质以及它在真实世界结构中的位置，就必须正视归纳主义是错误的这一事实，它彻头彻尾是错的。没有一个科学推理，实际上没有任何成功的推理，是符合归纳主义描述的。

那么，科学推理和发现的模式到底是什么呢？我们已经看到归纳主义以及所有其他以预言为中心的知识论都基于一个错误观念。我们需要的是一个以解释为中心的知识论：一个关于解释是怎样产生以及怎样验证的理论，一种我们应该如何、为什么以及何时允许自己的知觉改变世界观的理论。一旦我们有了这种理论，那就不需要另外的预言理论了，因为给定了关于某个观察现象的解释，很自然地就得到了预言。如果解释已经被验证过了，那么从该解释中推导出的任何预言也自动是验证过了。

幸运的是，目前流行的科学知识论的确可以在这个意义上被当作解释理论。这一理论的现代形式主要归功于哲学家卡尔·波普尔（而且它还是我的关于真实世界结构的"四大解释理论"之一）。这个理论把科学看作是问题求解过程。归纳主义把过去的观察记录看成理论的骨架，认为科学无非就是用内插或外推的办法填满这个骨架理论的所有缝隙。问题求解的确开始于一个不完备的理论，但不是那种由过去的观察数据构成的空想的"理论"。它开始于我们现有的最好的理论。当这些理论好像对我们不够用，需要新理论时，就形成了一个问题。因此，与图3-1所示归纳主义模式不同，科学发现不需要从观察证据开始，而总是从一个问题开始。这里"问题"的意思不是指实际中遇到的紧急情况，或使人烦恼的原因，而是指一套看起来不够完备、需要改进的想法。现有的解释可能显得太肤浅或者太笨拙，或者不必要地狭隘，或者不切实际地野心勃勃。人们可能窥见到有些概念可以统一起来，或一个领域内满意的解释与另一个领域同样满意的解释之间似乎显得不协调。也可能有一些令人奇怪的观察数据，例如行星的漫步，现有的理论既不能预言也不能解释。

最后这一类问题和归纳主义模式的阶段1有些类似，但只是表面类似。因为一个意外的观察结果不可能是科学发现的动因，除非问题的种子已经蕴含在现有理论中了。例如，云朵的漫步比行星更多，早在人们发现行星之前，云朵这一不可预测的漫步现象大概就已经为人所熟知。而且，天气预报对农民、海员和战士来讲都是非常有用的，所以对云层运动进行理论分析总是不缺乏刺激因素的。但不是气象学，而是天文学照亮了现代科学之路。气象学得到的观察证据比天文学多得多，但没人太注意，也没人从中归纳出关于冷锋面或反气旋的任何理论。科学史并没有充斥着关于云层及其运动本质的争论、教义、异端、猜测以及精巧的理论。为什么呢？因为在已经建立的天气的解释框架中，完全可以理解云层的运动是不可预言的。常识告诉我们，云随风动。当云飘向其他方向时，有理由推测风向随高度不同而变化，而且相当不可预测，所以很容易下结论说：没有什么可以解释的。毫无疑问，有些人对行星也采取这种看法，认为它们不过是天球上闪烁的物体，被高处的风吹来吹去，或者被天使推来推去，没什么可解释的。但也有人不满足于这种解释，猜想在那漫步的行星背后存在更深刻的解释。于是他们寻觅这一解释，最终找到了它们。在天文学史上，有好几次似乎存在大量不能解释的观察证据，其他时候则只有一丁点，或压根没有。但如果人们是根据积累的观测数据多少来选择对什么现象进行理论化，那么他们应该选择云层而不是行星。然而他们选择了行星，原因是多方面的。有些原因是出自关于宇宙学的偏见，或者是古代哲学家的论述，或者是神秘的算卦，有些是出自当时的物理学，另一些是出自数学或几何学。有些原因被证明具有客观价值，有些则没有。但是所有原因都归于一点，即人们认为现有解释是可以而且应该改进的。

人们解决问题的方法是寻找新理论或者修正旧理论，使它的解释摒弃旧解释的缺点而保留其优点（见图3-2）。这样，问题呈现出来之后（阶段1），下一阶段总是涉及猜想：提出新理论，或修正或重新解释旧理论，希望能够解决这个问题（阶段2）。然后这些猜想受到批评，如果批评是合理的，就开始检验和比较这些猜想，根据问题本身的判断标准，看看哪个猜想给出最好的解释（阶段3）。如果猜想理论不能经受住批评的考验，即它给出的解释看起来比其他的理论更糟糕时，它就被抛弃了。如果我们发现自己抛弃了过去持有的理论，转而支持新提出的理论（阶段4），我们就可以暂且认为自己的问题求解事业取得了进展。我说是“暂且”，是因为后续的问题求解活动有可能改变或替换这些新的、看来比较满意的理论，有时甚至可能重新复活了过去某些似乎不令人满意的理论。所以，不论解决方案有多好，它都不会是故事的终结，而是新一轮问题求解过程的开始（阶段5）。这些说明了归纳主义背后的另一个错误观念。科学活动的目的并不是要寻找一个（几乎）永远正确的理论，而是要寻找一个目前可能得到的最好的理论，而且如果可能的话，要改进所有现有理论。科学论证是要说服人们，这个解释是目前可得到的最好解释。科学论证没有说也不能说，将来如果这个解释遭到新的批评，以及拿来与现在还未知的解释相比较时，该怎么办。好的解释可以对未来做出好的预言，但是有一件事任何解释都无法预言，那就是未来人们会提出什么新的解释，它的内容和质量如何。

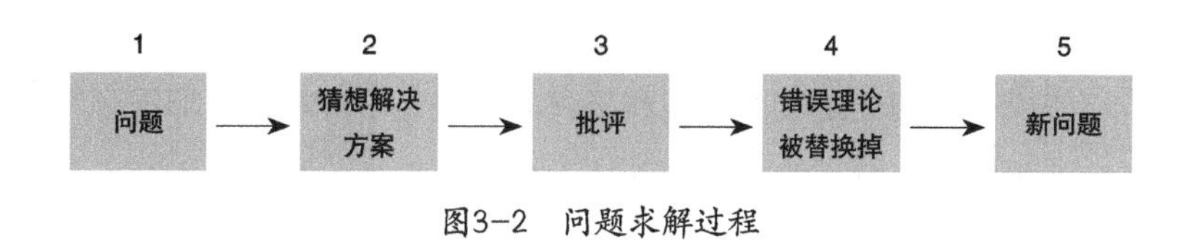

图3–2　问题求解过程

到此为止，我的描述适用于所有问题求解过程，不论所涉及的理性批评的主题和技术是什么。科学问题求解总是包括一个特别的理性批评方法，称为实验验证。当两个或多个竞争理论就某一实验结果做出相互矛盾的预测时，就进行这个实验，做出错误预言的理论被抛弃。构造科学猜想的焦点在于寻找解释，这些解释的预言是实验上可验证的。理想地，我们总是在寻找关键实验验证，其实验结果不论是什么，总是能够证明一个或多个竞争理论是错误的。图 3-3 说明了这一过程。不论在问题提出阶段（阶段 1）是否涉及观察，也不论（阶段 2）参加竞争的理论是否是被特别设计来通过实验检验的，正是在科学发现的这个关键阶段（阶段 3），实验验证起着决定性的特有作用。这个作用就是：指出某些竞争理论的解释导致错误预言，因此这些理论不能令人满意。这里我必须提到一个非对称性，它在哲学和科学方法论中非常重要，即实验证伪和实验证实之间的非对称性。错误的预言自动说明了其背后的解释不能令人满意，然而正确的预言却压根说明不了其解释是否正确。拙劣的解释可能产生正确预言，这太常见了，毫无价值。UFO 狂热者、阴谋论者以及形形色色的伪科学家应该记住这一点（但从未记住过）。

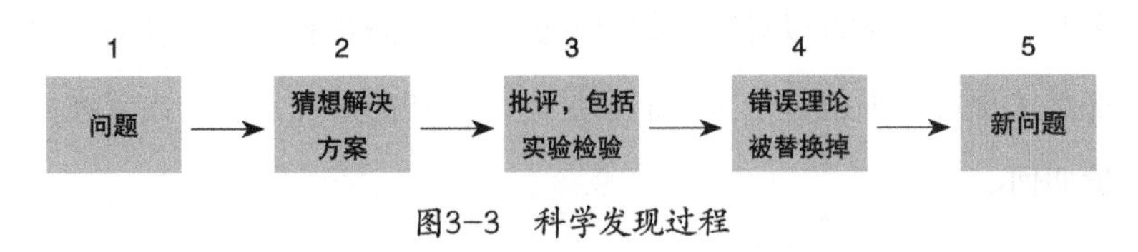

图3-3　科学发现过程

如果一个理论是关于可观察事件的，但是不可验证，即不存在可能的观察排除这一理论，那么这个理论自身就不能解释为什么那些事件以被观察到的那种方式发生，而不是以别的方式发生。例如行星运动的“天使理论”是不可验证的，因为不管行星怎么运动，这个理论都说是天使干的，所以天使理论不能解释我们观察到的具体运动，除非附加一个独立理论说明天使是怎样运动的。因此，科学上有一条方法论准则：一旦某个可实验验证的理论通过了适当的检验，则那些关于同一现象的可验证性较弱的竞争理论立刻就被抛弃了，因为它们的解释一定是低劣的。这个准则经常被用来区分科学和其他类型的知识创造。但如果我们接受科学是关于解释的观点，就可以看出这条准则其实是另一条更广泛准则的特例，后者适用于所有问题求解过程：*那些能够给出更加详细解释的理论自动优先考虑*。原因有二，第一，如果一个理论愿当“出头鸟”，对更多现象解释得更加详细，那么会使自己和其竞争者面对更多形式的批评，因此有更多机会使问题求解进程向前发展；第二，如果这样一个理论经受住了批评的考验，那么它留下的未被解释的问题会更少，而这正是我们的目的。

我说过，甚至在科学中大多数批评也不是由实验验证组成的。这是由于大多数科学批评不是针对理论的预言，而是针对其背后的解释。检验预言仅仅是检验解释的一个间接方法（当可行时当然是一个特别强大的方法）。在第1章中，我举过一个“草疗”的例子，那个理论说吃1千克草能治好感冒。无数这种类型的理论都是可以检验的，但无须做任何实验我们就可以批评并抛弃这类理论，完全就是因为它们并没有比与其矛盾的流行理论解释得更多，反而增加了新的未解释的断言。

图3-3所示科学发现的各个阶段在首次尝试时很少按顺序依次完成，通常需要反复回溯才能完成（或者叫作解决）每一个阶段，因

为每个阶段都可能引起一个问题，解决它本身就需要另一个辅助的问题求解过程的全部 5 个阶段；甚至在阶段 1 也是如此，因为提出问题本身也不是永恒不变的。当我们想不出好的候选解法时，我们可能回到阶段 1，试图对问题重新进行阐述，甚至选择一个不同的问题。的确，我们经常发现需要修改求解的问题，其原因有很多，原始问题明显无解仅是原因之一。一个问题的某些变种确实更有意义，或与其他问题关系更紧密；某些变种形式化得更好；某些看起来有更多潜在成果，或更急迫，或存在其他好处。在很多情况下，问题到底是什么？“好”的解释应该具有什么属性？关于这些问题的批评和猜想，一点儿不少于试验的解法本身。

类似地，如果在阶段 3 的批评没能将竞争的理论区分开，我们会发明新的批评方法。如果这样也不行，可以回到阶段 2，试着加强所提出的解法（和现有理论），从中挖掘更多的解释和预言，从而较容易地找到它们的瑕疵。我们甚至可以回溯到阶段 1，试着寻找解释必须满足的更好的判断标准，等等。

不仅回溯是需要经常不断进行的，而且许多子问题同时保持活跃状态，一有机会随时得到解决。只有当科学发现完成以后，如图 3-3 那样清楚的顺序模式才呈现出来。它起始于问题的最新最好的版本，接着展示出为什么有些理论没能经受住批评的考验而被遗弃，然后阐明最终取胜的理论，指出它为什么能经受住批评的考验，解释没有了那些被摒弃的理论时人们该怎么做，最后指出这一发现过程创造或者考虑到了哪些新问题。

当一个问题尚处在求解过程中时，我们要处理大量的形形色色的想法、理论和准则，以及它们的各种变体，所有这些都参与到竞争中来希望取胜。随着理论被新理论变革或替换，理论不断地推陈出新。因此，所有理论都在经受变异和选择，其所依的判别标准本身也在经受变异和选择。这整个过程酷似生物进化过程。一个问题就像一个生态位[1]，而一个理论就像在这个生态位中有待检验生存能力的一个基因或物种。理论的各种变种就像基因突变一样连续不断地创造出来，不太成功的变种逐渐灭绝，成功的变种取而代之。“成功”是指在这个生态位中经受住一次又一次选择压力，即批评下最终存活下来的能力，而批评的标准部分地取决于这个生态位的物理特性，部分地取决于业已存在的其他基因和物种（即其他思想）的属性。解决问题的理论中可能蕴含的新世界观，就是这个问题的涌现性；相应地，在生态位里取得了统治地位的新物种的独特属性是这个生态位的涌现性。换句话说，寻找解法的过程本质上就是复杂的。即使给出对天球理论的批评和一些附加的观察数据，也没有简单的方法发现行星的真正本质，正如即使知道了桉树的特性，也没有简单的方法设计考拉熊的 DNA 一样[2]。唯一的途径是进化，或试错法，尤其是那种目标明确的试错法，即科学发现。

正是由于以上原因，波普尔称自己的理论为进化认识论，即知识只有通过猜想和反驳才能成长，如图 3-3 所示。这是一个重要的统一的洞察，我们将看到生物进化论和认识论这两大理论在其他方面还有联系。但我不想夸大科学发现和生物进化二者的相似性，因为二者也有重要的区别。其中一个区别是生物变异（基因突变）是随机的，无方向无目的，而在人类问题求解过程中，新猜想的创生

[1] 生态位是指适合某物种生存繁衍的生态环境。——译注

[2] 桉树是考拉熊的栖息地。——译注

本身就是复杂的，是由关注它的人们的意图所驱动的知识密集型过程。更重要的区别可能是，在生物界里没有论证的对应物。所有猜想都必须经过实验检验，这就是为什么生物进化的效率要缓慢千万倍的原因之一。尽管如此，这两种过程的联系远远不只是类比：它们是我解释真实世界结构的密切关联的“主要四大理论”中的两个。

不论是科学进化还是生物进化，进化的成功取决于目标知识的创造和存活，在生物学中称为适应性。也就是说，理论或基因在一个生态位中的生存能力并不是其结构的任意函数，而是取决于是否有足够的真实且有用的生态位信息被隐性或显性地编码在结构中。我将在第 8 章继续讨论这个问题。

我们现在可以看看是什么证明了从观察中得到的推断是正确的。我们不是单单从观察数据中得到推论，但是当观察揭示了某些竞争解释的缺陷时，它们在论证过程中就变得非常重要了。我们之所以选择某个科学理论，是因为它的论证（只有少数依赖于观察）使我们（暂且）觉得满意，其他已知的竞争理论提供的解释都没有它那样真实、那样广博或那样深刻。

现在让我们花一点时间比较一下图 3-1 和图 3-3，看看这两种科学进程观有哪些不同。归纳主义是基于观察和预言的，而实际上科学是基于问题和解释的。归纳主义认为理论是从观察中设法推断或者提炼出来的，或者是由观察证实的，而事实上理论开始于人们脑子里那些未经证实的猜想，通常早于那些排除竞争理论的观察。归纳主义寻求让自己的预言在未来仍然成立，而问题求解学派寻求让自己的解释比当下其他解释更好。归纳主义是危险的，是多种错误反复出现的根源，因为它在表面上看似有理，其实完全不对。

当我们成功地解决了一个问题时，不论是科学问题还是其他问题，我们最终会得到一组理论，这组理论虽然不是没有毛病的，但我们觉得比原先的理论更可取。因此，新理论有哪些优点取决于原来的理论有哪些缺点，即问题在哪里。科学有其独特的方法和问题。占星学家们解决了如何既能更诡秘地算命又无须冒被证伪的风险这一问题，但是他们不可能创造出值得称为科学知识的东西，即使他们使用了真正科学的方法（例如市场调查），而且对自己的解答非常满意。真正的科学问题总是通过寻找尽可能广泛深刻、尽可能真实确切的解释来达到对真实世界结构的某些方面的理解。

当我们认为自己解决了一个问题时，自然会采纳新的理论体系取代旧的理论体系。因此，科学——被看作寻求解释和问题求解的活动——不会产生“归纳问题”。所以，当一个解释是我们所能想到的最好的解释时，我们会感到必须暂时接受它，这毫不奇怪。

术　语

唯我主义：认为只存在一个心智，所谓的外部实在其实仅仅是这个心智的梦境而已。

归纳问题：既然逻辑上科学理论不能用观察数据来证明，那什么才能证明它们的正确性呢？

归纳法：一种虚构的理论产生过程，认为一般理论应该从积累的观察数据中获得和证实。

问题：当某些理论，尤其是它含有的解释显得不充分，需要改进时，就出现了问题。

批评：理性批评是指将竞争理论进行比较，目的是根据问题内在的评判标准，寻找给出最好解释的理论。

科学：科学的目的是通过解释理解现实世界。科学使用的特有的（但不是唯一的）批评方法是实验验证。

实验验证：结果会证伪一个或多个竞争理论的实验。

小　结

在基础科学领域，观察到的物理效应越来越微小，越来越精细，而我们对真实世界的本质得出的结论越来越重大。然而这些结论不能根据观察用纯逻辑推导出。这种结论怎么令人信服呢？这就是“归纳问题”。根据归纳主义，科学理论是通过对观察结果进行外推发现的，当得到更多巩固性观察结果时得以证实。事实上，归纳推理是不正确的，除非对观测数据已经有了一个解释框架，否则不可能对它们进行外推。但对归纳主义的反驳，同时也是归纳问题的真正解决，取决于承认科学并不是从观察中得到预言的过程，而是寻求解释的过程。每当我们遇到一个和现有解释相冲突的问题时，我们就寻求解释，然后我们开始问题求解过程。新的解释性理论开始于未经证实的猜想，这些猜想根据问题内在的评判标准被批评和比较。那些在批评下败下阵来的理论被抛弃，幸存者成为新的流行理论，其中有些本身也有毛病，致使我们再去寻求更好的解释。这整个过程酷似生物进化过程。

这样通过解决问题和寻求更好的解释，我们获得了越来越多关于现实世界的知识。但是毕竟问题和解释存于人的心里，其推理能力由容易出错的大脑负责，信息的供给由容易出错的感官负责。那么，人的心又怎么会有资格从自己纯粹主观的经验和推理中得到关于客观的外部真实世界的结论呢？

第4章　真实性的判断标准

伽利略是伟大的物理学家，也是现代意义上的第一位物理学家（虽有争议），他不仅在物理学本身，而且在科学方法论上都有许多发现。他复兴了以数学形式表达自然界一般理论这一古代思想，通过系统的实验检验来改进理论。我们知道，这正是科学的特征。他把这种检验恰当地称为“考验”。他是第一批用望远镜研究天体的人之一，他收集、分析了日心说的证据，即地球沿着轨道围绕太阳运转，并且绕轴自转。他倡导这一理论，并为此与教会发生激烈冲突，因此而闻名于世。1633 年，罗马天主教宗教法庭因其散布异端学说而审判他，用酷刑威胁他，强迫他跪着大声朗读卑下的长篇悔过书，表示自己“发誓诅咒、憎恨”日心说。（有传闻，也许并不准确，说他站起来时咕哝道：“eppur si muove...”意为“但是它确实在动……”）尽管他悔过了，但仍被定罪，被判软禁，在软禁中度过余生。虽然这一惩罚比较宽大，却堂而皇之地达到了目的。正如雅可布·布洛诺夫斯基所说：

结果是，从那时起，各地天主教科学家们都沉默了。……审

判和关押的结果是使得地中海地区的科学传统完全停止了。(《人之上升》)

关于太阳系布局的争论怎么会导致如此影响深远的结果？为什么参与其中的人们都如此群情激昂？因为争论实际上不是关于太阳系的布局是怎样的，而是关于伽利略天才地提倡以一种崭新而危险的方式来思考真实世界；不是关于真实世界的存在性，因为伽利略和教会都信仰现实主义这一常识观点，即确实存在一个外部的物质宇宙影响我们的感觉，包括被望远镜这样的仪器延伸的感觉。伽利略的不同之处在于他对于这两方面关系的认识，即一方是物理实在，另一方是人类的思想、观察和推理。他相信，宇宙可以通过数学公式表达的普遍规律来认识，如果人们应用他的数学形式化和系统的实验测试方法，那就可以获得关于这些规律的可靠知识。正如他所说的："自然之经书是用数学符号写成的。"这是故意与人们习惯依赖的那本《圣经》作对。

伽利略知道，如果他的方法确实可靠，那么无论把它用到哪里，其结论必定比用其他方法获得的结论更好。因此他坚持认为，科学推理不仅优越于直觉和常识，而且优越于宗教教义和启示。正是这一思想，而不是日心说本身，才被官方视为危险的。(他们没错，因为如果某种思想能够称得上发动了科学革命和启蒙运动，并且长期成为现代文明的基础，那么它就是危险的。)当局禁止把日心说作为夜空景象的解释而"支持或捍卫"它，但是使用、记述日心说，支持它"作为一种数学假定"，或者把它作为一种预测方法而为其辩护，这些都是允许的。这就是伽利略所写的比较日心说和官方的地心说的著作《关于两大世界体系的对话》之所以被教会审查员同意印刷的原因。罗马教皇甚至在伽利略写此书之前就已经默许了（虽然在审判时发表了一份令人误解的文件，宣称完全禁止伽利略讨论这一问题）。

其实，在伽利略那个年代，关于日心说是否比地心说的预测效果更好，这一点还不是无可争议的。这是历史上一个有趣的脚注。那时可获得的观测结果不是很准确，而且人们已经对地心说做了一些专门的修订，以改进其精度。很难衡量这两种对立理论的预测能力孰高孰低，而且在细节方面有几种日心说都不一样。伽利略认为行星以圆周运动，而实际上它们的轨道非常接近椭圆。所以，观测数据也不符合伽利略所捍卫的那种日心说。（当时，使他相信日心说所积累的观测数据也就这么多！）但是面对所有这些，教会丝毫没有介入这场争论。宗教裁判所不关心行星似乎在哪里，他们关心的是真实世界，关心行星实际在哪里，并且想要通过解释来理解行星，正像伽利略一样。工具主义者和实证主义者会说：既然教会完全愿意接受伽利略的观察预测，他们之间进一步的争论就没有意义了，他咕哝的"eppur si muove"也的确没有意义了。但是伽利略所知更多，宗教裁判所也一样。当他们否认科学知识的可靠性时，他们心里所指的恰恰是知识的解释性部分。

教会的世界观是错误的，但并非不合逻辑。诚然，他们相信启示和传统权威，视其为可靠知识的来源。但是他们也有自己的理由来批评伽利略的方法所获得的知识的可靠性。他们可以仅仅指出：没有足够量的观察和论据能够证明对物理现象的一种解释是对的，而另一种解释是错的。他们可以说，上帝能够以无穷多种不同的方式来产生同样的观测效果，所以，仅仅通过人类自己易错的观察和推理就宣称自己知道上帝采用了哪种方式，这纯粹是无意义而傲慢的。

在某种程度上，他们只是要求谦逊的态度，要求承认人类是易犯错误的。如果伽利略声称，日心说在某种归纳意义上，以某种方式得到了证明，或者几乎被证明了，那么他们的批评还算是有道理的。如果伽利略认为他的方法能够赋予任何理论以权威，其权威性可以和教会赋予其教义的权威性相比，那么他们批评他妄自尊大（或者如他们所说的，亵渎神明）是对的。当然了，尽管按照同一标准，他们自己更加妄自尊大。

那么我们怎样能捍卫伽利略，反对宗教裁判所呢？当他宣称科学理论包含真实世界的可靠知识的时候，面对说他过度宣传的指控，伽利略应该如何为自己辩解呢？波普尔主义者把科学作为解决问题和寻求解释的过程，仅靠这种辩护是不够的。因为教会也主要是对解释而非预测感兴趣，他们完全愿意让伽利略选用任何理论来解决问题。症结恰恰在于他们不承认伽利略的答案与外部实在有任何关系（他们说这只是“数学猜想”）。毕竟解决问题是一个完全发生在人心里的过程。伽利略可以把世界看成一本书，其中自然规律是用数学符号表达的，但那仅仅是一种比喻，对于行星的轨道没做任何解释。事实是我们所有的问题和解答都存在于我们心中，是我们自己创造的。在解决科学问题时，我们通过论证得到这样的理论，其解释对我们来说似乎是最好的。所以，宗教裁判所和当代怀疑论者不需要以任何方式否认科学的问题求解是正确和正当的，并且对我们解决问题是有益的，他们就可以合理地问它与真实世界有什么关系。我们可以找到心理上满意的“最好的解释”，发现它们有助于预测。我们当然会感到它们在技术创新的每一个领域都是必不可少的。

所有这些确实证明，继续寻求它们，并且以那些方式利用它们，是正确的。但是为什么我们就必须把它们作为事实呢？宗教裁判所强迫伽利略接受的论点其实是这样的：地球实际上是静止的，太阳和行星围绕它运动；但是，这些天体运动的路径很复杂，如果从地球的优越地位来看，其路径也符合把太阳看作静止、地球和行星看作运动的情况。我把这一理论称为太阳系的“宗教裁判所理论”。如果宗教裁判所理论是对的，那么，即使日心说实际上是错的，我们仍会料想到，日心说能够精确地预测基于地球上的所有天文观测结果。所以，似乎是任何看来支持日心说的观测数据也都同样地支持宗教裁判所理论了。

可以扩充宗教裁判所理论，以解释更详细的支持日心说的观测数据，例如金星相位的观测数据，以及某些恒星相对于天球的微小的额外运动（称为“自行”）。为此，就必须假设更复杂的空间运动，其物理定律与我们认为静止的地球上的物理定律大相径庭。但是，这种差异恰好保证在观测效果上，与把地球看作运动的且天上和地上的物理定律相同时的观测效果相一致。许多这样的理论是可能的。的确，如果我们只想正确地进行预测，我们可以发明理论，对于空间中发生的事情想怎么说都行。例如，仅靠观测永远不能排除这样的理论：认为地球被封闭在一个巨大的天象仪里，它给我们描绘了一个以太阳为中心的太阳系，天象仪以外什么都有，或什么都没有。诚然，为了解释现代的观测，这个天象仪还必须使我们的雷达和激光脉冲改变方向，俘获我们的空间探测器甚至宇航员，让他们发回伪造的消息，让他们带着适当的月亮石标本返回地面，把宇航员的记忆也篡改了，等等。这也许是个荒谬的理论，但要点是它不能被实验排除掉。仅仅因为一个理论是“荒谬的”就把它排除掉是不正确的：宗教裁判所以及伽利略时代的大部分人把地球是运动的观点看作是荒谬的典型。毕竟我们不能感觉到地球在动，是吧？当它确实在动时，例如在地震中，我们能够确确实实地感觉到。据说，伽利略推迟了几年才公开倡导日心说，不是因为害怕宗教裁判所，而只是因为害怕被人嘲笑。

对我们来说，宗教裁判所理论显得不可救药地做作。我们为什么要接受这样一个对天空现象的复杂而别扭的解释？与此同时，朴素的日心说宇宙论同样能够解释而麻烦少得多。我们可以引用奥卡姆剃刀原则：“不要没必要地增加实体。”或者，如我喜欢说的，“不要没必要地使解释复杂化”，若不然，多余的复杂部分本身仍然没有解释。然而，一种解释是否“做作”或“没必要地复杂”依赖于组成人的世界观的所有其他思想和解释。宗教裁判所会辩解说，地球是运动的想法才是没必要地复杂的。它与常识相矛盾，与《圣经》相矛盾，而且（他们会说）存在完美的无需这一想法的解释。

但是有吗？宗教裁判所理论真的提供了另一种解释且无须引入违反直觉的日心系统的“复杂性”吗？让我们更进一步地看看宗教裁判所理论是如何解释事物的。它把地球表面上的平稳状态解释为是静止的。至此一切顺利。表面上，这一解释比伽利略的更好，因为伽利略必须想方设法违反某些力与惯性的常识观念，来解释为什么我们没有感觉到地球在动。但是宗教裁判所理论如何解释行星运动这一更困难的课题呢？

日心说的解释是，我们之所以看见行星沿着横跨天空的复杂环路运动，是因为它们实际上是沿着简单的圆（或椭圆）在空间中运动，但是地球也在运动。宗教裁判所的解释是，我们看见行星沿着复杂的环路运动，是因为它们真的就是沿着复杂的环路在空间中运动，但是（这里，根据宗教裁判所理论，是这一解释的精髓）这种复杂的运动恰好符合一个简单的潜在的法则，即行星的运动方式使得从地球上观察它们时，其轨迹就好像它们和地球都沿着围绕太阳的简单轨道运动一样。

为了依照宗教裁判所理论来理解行星运动，就必须理解这一法则，因为它所附加的约束条件是我们在该理论下所能做的每一个详细解释的基础。例如，如果问为什么在某某日期会发生行星会合，或者为什么某颗行星会沿着某个特定形状的环路由原路返回划过天空，答案总是"因为假如日心说是对的，那么它就会那样"。于是，这里有一种宇宙论——宗教裁判所宇宙论，要理解它只能通过另一种不同的宇宙论——日心宇宙论，前者与后者相矛盾，而又忠实地模拟后者。

如果宗教裁判所认真地按照他们强迫伽利略接受的那个理论来理解世界，他们也会理解其致命的弱点，即它没能解决其声称要解决的问题。它没能做到在"不必引入日心系统的复杂性"的前提下解释行星的运动。相反，为了解释行星运动，它不可避免地采纳日心系统作为它自身理论的一部分。如果不首先理解日心说，就不能通过宗教裁判所理论来理解世界。

因此，我们有理由认为宗教裁判所理论是一种精心炮制的扭曲的日心说，而反之则不成立。我们得到这一结论，并非因为宗教裁判所理论与现代宇宙论相对立，否则那样就是循环论证了；而是坚持认真采纳宗教裁判所理论，按它自己的观点，把它作为对世界的一种解释。我已经提过“草疗”理论，无需实验检验就可以把它排除掉，因为它不包含任何解释。这里也有一个理论，无需实验检验就可以把它排除掉，因为它包含坏的解释——按其自身的观点，这种解释还不如它的竞争对手。

如我已经说过的，宗教裁判所是现实主义者。但是他们的理论却与唯我主义有共同之处：二者都划了一个随意的边界，声称在边界以外是人类理智不可达的，或者至少在边界以外问题求解是无法达到理解的。对于唯我主义者，这一边界紧紧包围着他们自己的大脑，或可能仅仅包围着他们的抽象智慧或精神。对于宗教裁判所，这一边界包围着整个地球。一些现代的神创论者相信类似的边界，不是在空间上，而是在时间上，因为他们相信宇宙仅仅在 6000 年前才被创造，创造出来时就配备了误导人的更早期事件的证据。行为主义认为通过人的内在精神活动来解释人的行为是没有意义的。对于行为主义者来说，唯一合理的心理学是研究人对外部刺激的看得见的反应。因此，他们恰好划了一条与唯我主义者同样的边界，把人类精神与外部实在分离开。唯我主义者否认推断边界以外的事物是有意义的，而行为主义者否认推断边界以内的事物是有意义的。

这里有一大类相关理论，但是我们可以有效地把它们都看作唯我主义的变种。它们的不同之处在于把真实世界的边界（或者真实世界中可以通过问题求解来理解的那一部分的边界）划在哪里，在于是否以及怎样寻求边界以外的知识。但是他们都认为科学理性以及其他问题求解都是无法应用到边界以外的——那仅仅是游戏而已。他们可以退一步，承认这种游戏是令人满意且有用的，但是无论如何这仅仅是游戏，从中不能得到关于边界以外的真实世界的任何有效结论。

他们还有一点相似，即他们根本反对把问题求解作为一种创造知识的方法，认为它没有从任何最初的证明源头出发推出结论。在他们各自选定的边界以内，所有这些理论的信徒们确实依赖问题求解的方法，确信寻求最好的有用的解释也是找到最真实的有用的理论的方法。但是对于边界以外的事实真相，他们的眼光却看在别处，他们都去寻求一种最初的证明之源。对于宗教信徒，神的启示可以扮演这一角色。唯我主义者只相信他们自己思想的直接感受，正如笛卡儿的经典说法“cogito ergo sum”（我思故我在）。

尽管笛卡儿想要把他的哲学建立在这一假定坚实的基础上，但实际上他允许自己做了许多其他的假设，而他当然不是唯我主义者。实际上，在历史上真正的唯我主义者如果有的话，也是非常非常少的。唯我主义通常只是作为一种攻击科学论证的手段，或者作为一种通向它的许多变种之一的踏脚石。出于同样的原因，要捍卫科学，反对各种责难，理解理性与实在之间的真实关系，一个好方法就是考虑反对唯我主义的论点。

有一个标准的哲学笑话，讲的是一位教授为捍卫唯我主义作演讲。演讲很有说服力，以至于刚一结束，几个热心的学生就冲上前去握住教授的手，一个学生诚挚地说：“太精彩了，每句话我都同意。”另一个学生说：“我也一样。”教授说：“对此我非常高兴，很少有机会遇到唯我主义同伴了。”

这个笑话里隐含着一个真正的反驳唯我主义的论据，可以表述如下。故事中的学生所赞同的理论究竟是什么？是不是教授的理论，认为学生本身不存在，因为只有教授存在？为了相信它，学生必须首先设法绕开笛卡儿的“我思故我在”论点。如果他们做到了，那么他们就不是唯我主义者了，因为唯我主义的中心论点就是唯我主义者存在。或者，每一个学生都信服一个与教授的理论相矛盾的理论，这个理论说这个单独的学生是存在的，而教授和其他学生都不存在？这样一来他们倒真的都是唯我主义者了，但是没有一个学生同意教授所捍卫的理论。因此，这两种情况都不能证明学生们已经折服于教授为唯我主义所做的辩护。如果他们采纳了教授的观点，那么他们就不是唯我主义者，而如果他们变成唯我主义者，那么他们就相信教授是错误的。

这一推理试图证明唯我主义是根本站不住脚的，因为接受它的同时就隐含着反对它。而我们的唯我主义教授企图规避这一推理，说什么："我能够始终如一地捍卫唯我主义。不是反对其他人，因为没有其他人存在，而是反对相对立的论点。这些论点引起我的注意乃是通过想象中的人，他们表现得好像是会思维的人一样，这些人的思想经常与我相对立。我的演讲及论点不是用来说服这些想象中的人，而是用来说服我自己——帮助我澄清自己的思想。”

然而，如果存在思想之源，其表现好像是独立于自我的，那么它就必定确实是独立于自我的。因为如果我把“自己”定义为有思想、有感情且其思想感情被我所知的有意识的实体，那么我与之对话的“想象中的人”，依定义，就是不同于这一狭窄定义的自我的某种别的东西。于是，我必须承认在自我以外还存在别的东西。如果我是一个忠实的唯我主义者，我的唯一选择就是把想象中的人看作我的心智的无意识产物，因此也就是在广泛意义上“自我”的一部分。但是这样一来，我就不得不承认“自我”具有十分丰富的结构，其中大部分是独立于有意识的自我的。在这一结构中有一种实体——想象中的人，尽管他们是假定的唯我主义者心智的组成部分，但他们仍然表现得好像是忠实的反唯我主义者一样。于是我就不能把自己全称为唯我主义者，因为只有我的狭窄定义的自我那一部分持唯我主义观点。在我的心智中，许多的、明显是大部分的观点从总体看是反对唯我主义的。我可以研究自我的“外部”区域，发现其似乎遵循一定的规律，并且与想象中的教科书上写的所谓物质宇宙的规律相同。我会发现，外部区域比内部区域的内容多得多，除了包含更多的思想外，其结构更复杂，变化更多样，具有更多可测量的变量，简直比内部区域丰富千万倍。

此外，这外部区域适于用伽利略的方法进行科学研究。因为我现在已经被迫把这一区域定义为自我的一部分，所以唯我主义不再有任何理由反对这种研究的合理性，而现在此种研究被定义为仅仅是一种自省。唯我主义允许（实际上是假定）关于自我的知识可以通过自省来获得。它不能宣称被研究的实体和过程是非真实的，因为自我的实在性是它的基本假定。

于是，我们看到，如果认真地坚持唯我主义——如果假定它是对的，并且全部有效的解释必须完完全全遵从它——它就自毁了。如果认真坚持唯我主义，那么它与其对手、朴素的现实主义究竟有何不同？差别仅仅在于命名方式。唯我主义坚持用同样的名称来指代客观上不同的事物（如外部实在和我的无意识心智，或者自省和科学观测）。但那样一来它就被迫通过引入诸如“自我的外面部分”这样的解释来重新阐明区别。但是如果不坚持这种令人费解的命名方式，那么就不必有这种额外的解释了。唯我主义还必须假定存在一类额外的过程——一种不可见的、令人费解的过程，它给心智一种生活在外部实在世界之中的幻象。唯我主义者相信除了心智以外什么都不存在，但还必须相信心智是比通常想见的要复杂得多的现象，它包括关于其他人的想法、关于行星的想法以及关于物理定律的想法。这些想法都是真实的，其发展方式复杂多样（或自称如此），而且它们有充分的自主权，能够让其他自称为“我”的思想感到惊讶、扫兴、启迪或挫折。于是，唯我主义者对于世界的解释是就相互作用的思想而说的，而不是就相互作用的客体而说的。但是那些思想是真实的，并且其相互作用的规律与现实主义者所说的客体之间相互作用的规律相同。于是，究其本质，唯我主义远非是一种世界观，它实际上就是一种伪装的现实主义，而且背负着不必要的额外假设——仅仅是为了辩解用的无意义的包袱。

通过以上论述，我们可以抛弃唯我主义及其所有相关理论，它们都是站不住脚的。我们也捎带着抛弃了以此为基础的另一种世界观，即实证主义（该理论称，除了描述和预言观察结果的论断以外，其他所有论断都是无意义的）。正如我在第 1 章中评论的那样，实证主义被它自己断定为无意义，因此不可能自圆其说。

所以，我们更有信心继续探讨朴素的现实主义，寻求用科学方法来解释世界。但是按照这一结论，对于那些使得唯我主义及其相关理论貌似有理的那些论点，即那些既不能被证伪也不能被实验剔除的论点，我们能作何评论？现在那些论点怎么样了？如果我们既不能证明唯我主义是错误的，也不能用实验把它剔除掉，那我们究竟做了什么？

在这个问题中包含有一个假设，即理论可以划分为这样几个层次："数学的"→"科学的"→"哲学的"，其内在的可靠性依次递减。许多人认为这一层次的划分是理所当然的，全然不顾这一事实：这种相对可靠性的判断完全依赖于一个哲学论点，而这一论点把其自身划分到十分不可靠的那一类中！实际上，这种分层的思想同我在第1章中讨论过的还原主义者的错误是同一类的（该理论认为微观规律与现象比宏观的更基本）。同样的假设出现在归纳主义中，该理论认为：我们绝对可以肯定数学结论，因为它们是演绎的结果；可以适度地肯定科学结论，因为它们是"归纳"的结果；而永远不能肯定哲学结论，因为它们差不多仅仅是一种品味。

但是所有这些都是错误的。解释不是由其赖以导出的方法来决定其合理性的，其合理性是根据它与其他相对立的解释相比，拥有更强大的解决面临的问题的能力来决定的。这就是为什么一个理论是否自圆其说会如此重要的原因。预测或者断言即使不能自圆其说，也仍有可能是对的，但是解释如果不能自圆其说，就不成其为解释了。对于"纯粹"的解释，因为它没有得到某个终极解释的证明而排斥它，这只会驱使人去徒劳地寻求一个最初的证明之源。不存在这样的证明之源。

也不存在什么从数学到科学再到哲学论点的所谓可靠性层次。一些哲学论点，包括反驳唯我主义的论点，远远比任何科学论点都更加令人信服。的确，每一个科学论点都不仅假设唯我主义是错误的，而且假设许许多多可能与科学的某些具体部分相矛盾的唯我主义的各种变形哲学论点是错误的。我还将证明（在第10章中），即使纯粹数学，其论点的可靠性也来源于支撑它们的物理和哲学理论，因此，它们终究不可能是绝对肯定的。

即使接受了现实主义，我们仍然面对这样的抉择：在相对立的解释中所指的实体是否是真实的。判定它们不是真实的——就像我们对行星运动的“天使”理论所做的那样——就等于否定相应的解释。因此，在寻求解释、评价解释的过程中，仅仅反驳唯我主义是不够的。对于可能出现在相对立的理论中的实体，我们需要给出接受其存在性或拒绝其存在性的理由。换言之，我们需要一个准则来判定实在性。当然，不能指望找到一个最终的、无漏洞的准则。关于什么是真实的，什么不是真实的，我们的判断总是依赖于所获得的不同的解释，有时随着解释的改进而变化。在19世纪，几乎没有什么东西能够比重力更让人深信其真实性了。不仅因为它出现在当时无可匹敌的牛顿的定律体系中，而且每个人都能感觉到它，无时无刻，即使闭上眼睛——或者他们以为能感觉到。今天，我们通过爱因斯坦的理论而非牛顿的理论来理解重力，知道这种力并不存在。我们没有感觉到它！我们感觉到的是防止我们陷入脚下土地的抵抗力。没有东西把我们向下拽，当没有支撑时我们会下坠的唯一原因是我们所在的空间和时间的结构是弯曲的。

不仅解释变了，而且关于什么可以算作解释的标准和概念也在逐渐变化（改进）。所以，可接受的解释模式总是不固定的，从而可接受的真实性的判断标准也必定是不固定的。但是，假定关于某个解释，不论出于何种理由，我们认为它是可以接受的，那么是什么使我们把一些东西划分为真实的，而把另一些东西划分为虚假的或想象的？

詹姆斯·鲍斯韦尔在他的《约翰逊传》中叙述了他和约翰逊博士讨论伯克莱大主教的关于物质世界不存在的唯我主义理论。鲍斯韦尔说虽然没有人相信这一理论，但也没有人能够驳倒它。约翰逊博士踢了一块大石头，然后他的脚被弹了回来。他说道："我就是这样反驳它的。"约翰逊博士的论点是，伯克莱否认石块的存在性，这是与他自己感觉到脚被弹回来的解释不相容的。唯我主义不能解释为什么一个实验或者任何实验会有这种结果而不是另一种结果。为了解释石块对他的作用，约翰逊博士不得不对石块的本质表明态度。它们是自主的外部实在的一部分还是他的想象虚构出来的？若是后者，那么他就被迫相信"他的想象"本身是一个巨大的、复杂的、自主的宇宙。那位唯我主义教授也面临同样的两难窘境，如果硬要他解释，他就不得不对听众的本质表明态度。宗教裁判所也不得不对行星运动的潜在规律表明态度，而这种规律只能通过引用日心说得到解释。对于所有这些人，认真地采纳他们的观点来解释世界，都会把他们径直引导到现实主义和伽利略的理性。

然而，约翰逊博士的思想不仅仅是对唯我主义的反驳，它还阐明了科学中使用的判断实在性的准则，*即如果某样东西能够反冲，它就存在*。这里"反冲"不一定指被判断的对象对"踢"作出反应——就像约翰逊博士的石头对物理作用作出反应那样，只需这样就够了：当我们"踢"它的时候，该对象影响我们的方式需要独立的解释。例如，伽利略没有办法影响行星，但是他能够影响它们射出的光线。与踢石块相等价的动作是把光线折射进入望远镜的镜片和眼睛。光线的反应是"反冲"他的视网膜，它反冲的方式允许他相信不仅光线是真实的，而且为了解释光线到达的方式，所必需的以太阳为中心的行星运动也是真实的。

顺便说一句，约翰逊博士并没有直接踢石头。人是心智，不是躯体。做实验的约翰逊博士是一个心智，该心智仅仅直接“踢”了一些神经，神经传达信号给肌肉，肌肉驱使脚朝石块踢去。少顷，约翰逊博士感觉到石块的“反冲”，但仍然仅仅是间接的，撞击对鞋产生压力，然后是对皮肤的压力，再然后产生神经上的电脉冲，等等。约翰逊博士的心智，就像伽利略和每个人的心智一样，“踢”神经且被神经“反冲”，仅仅通过那些相互作用推断出现实世界的存在性与性质。关于现实世界，约翰逊博士能够推断出什么，依赖于他怎样解释发生的现象。例如，如果这种感觉仅仅依赖于伸伸腿，而不依赖于外部因素，那么他就可能相信这是腿的性质，或仅仅是心智的性质。他可能得过某种疾病，每当他以某种方式伸腿时就会有被弹回来的感觉。但是实际上，被弹回的感觉依赖于石头的情况，如摆放在一定的地方，进一步又与石头的其他情况相关，如被看见，或者影响踢它的其他人。约翰逊博士察觉到这些效果是自主的（与他自己无关），而且十分复杂。因此，现实主义者对于石块产生弹回的感觉的解释涉及关于自主事物的复杂描述。但是唯我主义者的解释也是这样。实际上，任何对脚被弹回现象的解释都必然是“关于自主事物的复杂描述”。实际上它必须是对石块的描述。唯我主义者会称它为想象中的石块，但除此以外，唯我主义者的描述同现实主义者的描述是一样的。

我在第 2 章中关于影子和平行宇宙的讨论围绕着什么存在、什么不存在的问题，隐含地围绕着什么应该、什么不应该算作存在的证据。我用的是约翰逊博士的准则。再次考虑图 2-7 中屏幕上的点 X，当只有两个裂缝打开时它是亮的，但是当再打开两个裂缝时它就变黑了。我说过，一个“不可避免”的结论就是：一定有什么东西穿过第二对裂缝，阻止了来自第一对裂缝的光到达点 X。这个结论不是逻辑上不可避免的，因为如果我们不是寻求解释，那就可以说，我们所见的光子的行为就好像有什么东西穿过其他裂缝，使它们发生了偏转，而实际上并不存在这种东西。类似地，约翰逊博士可以说，他的脚被反弹就好像有石块在那里一样，而实际上并没有。宗教裁判所的确说行星的运动就好像是它们与地球在围绕太阳的轨道上运行一样，但实际上它们围绕着静止的地球在运动。但是如果我们的目的是解释行星的运动或者光子的运动，那么我们必须像约翰逊博士那样做。我们必须采用一条方法论规则，如果什么东西通过反冲，表现得好像是存在的一样，那么就应该把这作为它确实存在的证据。影子光子的反冲是通过干涉我们看得见的光子，因此影子光子是存在的。

类似地，我们能否从约翰逊博士的准则中得出结论说“行星的运动就好像是被天使推动一样，因此天使存在”？不能，不过仅仅因为我们有更好的解释。行星运动的天使理论并非完全没有优点，它的确解释了为什么行星的运动独立于天球，这的确使它比唯我主义技高一筹。但是，它没有解释为什么天使推动行星沿着这些轨道而不是那些轨道运行，或者特别地，为什么她们推动行星，其运动就好像被弯曲的空间和时间所决定那样，正如广义相对论的宇宙法则所详细描述的那样。这就是为什么作为一种解释，天使理论不能与当代物理学理论一较高下的原因。

类似地，假设天使穿过其他裂缝使我们的光子偏转，这也比什么都没有强。但是我们可以做得更好。我们准确地知道那些天使的行为：非常像光子。因此，我们面临两种选择：一种解释说存在假扮光子的不可见天使，另一种解释说存在不可见光子。因为没有一个独立的解释说明为什么天使要假扮光子，所以后一种解释更胜一筹。

我们没有感觉到在其他宇宙中存在我们的副本，宗教裁判所也没有感觉到地球在脚下运动。然而它确实在动！如果的确存在我们的多个副本，他们仅仅通过察觉不到的轻微的量子干涉效应相互作用，那么请想一下这是什么感觉。这就相当于伽利略当初所分析的那样，如果地球按照日心说运动，那么我们对地球的感觉会是什么样？他发现这种运动是感觉不到的。但是“感觉不到”用在这里可能不是很贴切，地球的运动和平行宇宙的存在都不是直接感觉得到的，但是没有什么东西是直接感觉得到的（可能除了仅仅你自己的存在以外，假如笛卡儿的论点成立的话）。但是，如果我们通过科学仪器考察它们,则它们对我们的“反冲”是可察觉的。在这个意义上，这两者是感觉得到的。我们可以看见傅科摆摇摆的平面在一点点转动，揭示了地球在下面自转。我们也可以探测到光子在其他宇宙中的副本的干涉下发生偏转。我们与生俱来的感官不能“直接”察觉到这些现象，这仿佛只是进化的意外事故。

关于某物存在的理论，其令人信服的程度并不取决于这个东西反冲的强度，重要的是它在理论解释中所扮演的角色。我已经给出过物理学中的例子，非常微小的“反冲”导出关于实在性的重要结论，因为没有别的解释。反之也是可能的：在相互对立的解释中间，如果没有明显的胜出者，那么即使非常强有力的“反冲”也不能使我们相信其独立实在性。例如，某天你可能看见一群可怕的妖怪来侵袭你，然后你就醒了。一种解释认为妖怪是你自己的心智造成的，如果这就足够的话，那么相信真实地存在这种妖怪就没道理了。如果你在喧嚣的大街上行走时突然感觉你的肩膀疼了一下，环顾左右，什么也没发现，你可能会奇怪，这疼痛究竟是由你自己的无意识的心智引起的，还是由你的身体引起的，还是由外在的什么东西引起的。你可能认为，有可能是某个躲在暗处的恶作剧者用气枪打了你一下，而这个人是否真实存在却不了了之。但是，如果你在人行道上看见滚落了一个气枪弹丸，那么你就会相信气枪解释是最好的，从而你就会采纳它。换句话说，你会暂时地推断一个你从没见过的且可能永远不会见面的人的存在性，其原因仅仅是那个人在你所知道的最好的解释中所扮演的角色。很明显，关于这个人存在性的理论并不是观察所得证据（恰好只包含一次观测）的逻辑结论，也不具有“归纳推广”的形式，正如再做一遍同样的实验会得到同样的结果一样，而且也不是实验可检验的，因为实验永远不能证明不存在一个隐藏的恶作剧者。尽管这样，如果它是最好的解释，则支持该理论的观点仍然是绝对令人信服的。

每当我用约翰逊博士的准则说某物存在时，特别地，有一个性质总是相关的，即复杂性。我们总是喜欢简单的解释，而不喜欢复杂的解释；喜欢能够说明细节和复杂性的解释，而不喜欢只能说明现象的简单表面的解释。约翰逊博士的准则告诉我们，应该把那样一些复杂实体看作真实的，即如果不把它们看作是真实的，将使我们的解释复杂化。例如，我们必须把行星看作是真实的，因为若不然，则我们将不得不给出复杂的解释，这种解释或者用宇宙天象仪，或者用变更的物理定律，或者用天使，或者用别的什么，在某个假设下，将给我们以天空中存在行星的错觉。

因此，实体在结构或者表现方面被观察到的复杂性是该实体真实性的证据之一，但还不是充分证据。例如，我们不认为自己在镜子里的映像是真实的人。当然，幻影本身是真实的物理过程，但是我们看见的幻影不是真实的，因为它们的复杂性来自别的地方。它们的复杂性不是自主的。为什么我们接受映像的“镜面”理论，却拒绝太阳系的“天象仪”理论？这是因为给定镜子作用的简单解释，我们就能够理解在镜子里所见的东西并不是真正在镜子后面。不需要进一步的解释，因为映像虽然复杂，却不是自主的——它们的复杂性仅仅来自处于镜子这一边的我们。对于行星则不是这样，认为宇宙天象仪是真实的、在它以外空无一物的理论只会使得问题更糟。因为如果接受它，那么在问太阳系是怎样运行之前，我们还必须问天象仪是怎样工作的，然后才是它描绘的太阳系是怎样运行的。我们不能回避后一个问题，而它实际上是我们正要回答的第一个问题的翻版。现在我们把约翰逊博士的准则改述如下：

如果按照最简单的解释，某实体是复杂且自主的，那么该实体就是真实的。

计算复杂性理论是计算机科学的一个分支，它是有关执行一定类的计算需要多少资源（如时间、存储量或者能量）的理论。一段信息的复杂性定义为：再生它时计算机需要的计算资源（如程序长度、计算步数或者存储量）。有几种不同的复杂性定义在使用，每种都有它自己的使用范围。我们不需要关心精确的定义，它们都基于一个思想，即复杂的过程实际上给我们提供的结果都是需要大量计算的。天象仪很好地阐明了行星运动“给我们提供的结果需要大量计算”的意思。考虑一台计算机控制的天象仪，计算机计算出投影仪应该显示的表示夜空的精确图像。为了真实地做到这一步，计算机必须利用天文学理论的公式。实际上，这种计算同它为了让天文台看见真实的行星和恒星，为其望远镜指示方向时所做的计算一样。我们说天象仪的外观与它描绘的夜空一样复杂，意思是指这两种计算（其中一种描绘夜空，另一种描绘天象仪）大部分是相同的。于是，按照假想的计算，我们可以再次把约翰逊博士的准则改述如下：

如果需要大量的计算才能给我们以某实体是真实的幻觉，则该实体就是真实的。

如果每当约翰逊博士伸腿时他的腿总是被弹回来，那么引起他的幻觉的源头（上帝、虚拟现实机器或者任何别的）只需要执行简单的计算，就能确定何时给他以腿被弹回的感觉（比如“如果腿伸出则被弹回……”）。但是，为了重现在实际的实验中约翰逊博士的感觉，就必须考虑到石头的位置，约翰逊博士的脚是否碰上了石头，石头有多重、多硬、放得稳不稳，以及是否有别人刚把石头踢开，等等——需要大量的计算。

坚持单一宇宙世界观的物理学家有时会这样解释量子干涉现象。“不存在影子光子。”他们说，“使得间隔开的裂缝影响我们所见的光子的东西是虚无。当远处的裂缝打开时，仅仅是某种遥距作用（就像牛顿的引力定律一样）使得光子改变了轨迹。”但是，这种假设的遥距作用一点儿也不“简单”。合理的物理定律将不得不认为，光子被远处的物体所影响，就好像有什么东西穿过这段距离间隙，又从远处的镜子被弹开，恰好在正确的时间和空间上拦截了那个光子。计算一个光子如何对这些远处的物体作出反应，所需要的计算量等同于计算出大量影子光子的历史的计算量。这种计算必须完成每一个影子光子的动作过程的计算：弹开这个光子，又被那个光子拦截，等等。因此，正像约翰逊博士的石头和伽利略的行星一样，关于影子光子的叙述不可避免地出现在对观测结果的所有解释中。这种不可简化的叙述使得否认影子光子的存在在哲学上是站不住脚的。

物理学家戴维•波姆构造了一个理论，其预言结果与量子理论相同，他认为每一个光子都带有一种波，越过整个障碍物，穿过裂缝，然后与我们所见的光子发生干涉。波姆的理论通常被作为单一宇宙版本的量子理论。但是根据约翰逊博士的准则，这是不对的。算出波姆的不可见波所需要的计算量，其实等同于算出万亿个影子光子的计算量。一些波描述作为观察者的我们探测到光子并对其做出反应；另一些波描述我们的其他副本在不同的位置上对光子做出反应。波姆的谦逊术语——把大部分实在称为“波”——没有改变这一事实，即在他的理论中，真实世界由大量复杂实体的集合组成，每一个实体能够感知自己所在集合中的其他实体，而只能间接感知其他集合中的实体。这些实体的集合，换个词，就是平行宇宙。

我已经说过，伽利略的关于我们与外部世界关系的新概念是一个伟大的方法论发现，它给我们一种全新而可靠的包含观察证据的推理形式，这的确是他的发现之一：科学推理是可信赖的，但不是说它可以证明某个具体的理论能够无需修改、常盛不衰，而是说我们信赖它是正确的选择，因为我们是给问题寻找解决办法，而不是寻找终极证明。观察证据的确是证据，但不是说理论可以从中演绎、归纳或者以其他方式推导出来，而是说它可以成为我们喜欢一个理论而不喜欢另一个的真正理由。

然而，伽利略的发现还有另一个方面很少被意识到。科学推理的可靠性不仅仅是我们——我们的知识和我们与真实世界的关系——的属性，它还是关于物理实在本身的一个新的事实，这一事实被伽利略表述为“自然之经书是用数学符号写成的”。如我所说，根本不可能“读取”自然界的任何一点理论:那是归纳主义者的错误。真实存在的东西是证据，或者更准确地说是实在，当我们与它适当地相互作用时，它会以证据的形式回应我们。给定一段理论或者几段对立的理论，存在证据以使我们能够区分这些理论。任何人只要愿意都可以寻求它们，找到它们，改进它们。他们不需要授权、倡议或者经文圣言，只需以正确的方式对待它们——心里带着众多问题和有希望的理论。这种开放的亲和性，不仅是证据，而且是整个获取知识的机制，才是伽利略的真实世界概念的关键属性。

伽利略可能认为这是显然的，但实际并非如此。这是关于物理实在是什么的本质断言。从逻辑上讲，现实存在并不需要有这种支持科学的性质,但是它的确有,而且很多。伽利略的宇宙充满了证据。哥白尼在波兰为他的日心说已经收集了证据，第谷在丹麦收集了自己的证据，开普勒在德国收集了证据。伽利略把望远镜指向意大利的天空，获得了更多的同样的证据。几十亿年来，在每一个晴朗的夜晚，地球表面的每一块土地上都倾泻了大量的有关天文学事实和定律的证据。对于许多其他科学，证据也是一样随处可见，在现代用显微镜和其他设备可以看得更加清楚。当证据还没有真正出现时，我们可以让它出现，利用激光和穿破的挡板这样的仪器——任何人在任何地方任何时候都可以建造这些仪器。不论是谁揭示的，证据都是一样的。理论越基础，有关它的证据就越容易得到（对于那些知道如何观察的人），不仅仅在地球上，而且遍布整个多重宇宙。

因此，物理实在是在几个层面上自相似的：在惊人复杂的宇宙和多重宇宙中，某些模式无穷无尽地重复着。地球和木星在许多方面是非常不同的行星，但是两者都沿椭圆轨道运行，都由约100种同样的化学元素组成（虽然比例不同），它们的平行宇宙副本也是一样的。那些极大地影响了伽利略及其同时代人的证据，也存在于其他行星和遥远的星系上。物理学家和天文学家此刻正在思考的证据在10亿年前就已存在，10亿年后还会存在。存在一般的解释性理论，这意味着截然不同的物体和事件在许多方面是物理相似的。从遥远的星系到达我们这里的光，毕竟仅仅是光而已，但对于我们它就像星系。因此，真实世界不仅包含证据，而且包含理解它的方法（如我们的心智和人造物品）。在物理实在中存在数学符号。虽然是我们把符号写下来的，但是这并不能说明它们不是物理实在。那些存在于我们的天象仪、书籍、电影、计算机存储器以及我们的脑子里的符号中，有大量物理实在的图像，不仅有物体外观的图像，而且有真实世界的结构的图像；有还原的规律和解释，也有涌现的规律和解释；有关于宇宙大爆炸以及亚核粒子和过程的描述和解释，也有数学抽象、小说、艺术、道德、影子光子、平行宇宙。就这些符号、图像和理论的正确性而言——即它们在一定方面相似于它们所指代的具体的或抽象的事物，它们的存在给真实世界以一种新的自相似性，这种自相似性我们称为知识。

术　语

日心说：认为地球绕太阳运动并绕轴自转的理论。

地心说：认为地球不动，其他天体绕其运动的理论。

现实主义：认为外部物质宇宙客观存在并通过感官影响我们的理论。

奥卡姆剃刀（我的诠释）：不要没必要地使解释复杂化，因为若不然，没必要的复杂部分本身仍然得不到解释。

约翰逊博士的准则（我的诠释）：如果它能反冲，则它就存在。更精细的解释是：如果按照最简单的解释，某实体是复杂且自主的，那么该实体就是真实的。

自相似性：物理实在的某些部分（如符号、图片或者人类思维）相似于其他部分。这种相似可以是具体的，如天象仪的图像相似于夜空；更重要的是，它还可以是抽象的，如印在书里的量子理论的一条陈述正确地解释了多重宇宙结构的某个方面。（有些读者可能对分形几何比较了解，但这里定义的自相似概念比分形几何中使用的概念要宽广得多。）

复杂性理论：计算机科学的一个分支，是有关完成一定类的计算需要多少资源（如时间、存储量或者能量）的理论。

小结

虽然唯我主义及相关学说在逻辑上是自洽的，但是如果认真地把它们当作解释，就会导致全面否定它们。虽然它们都宣称自己是简化的世界观，上面的分析揭示出它们不过是站不住脚的过于造作的现实主义。真实实体的行为是复杂且自主的，这可以作为实在性的准则：若某物“反冲”，则它存在。科学推理不是把观察当作外推的基础，而是用观察把诸多同样好的解释辨别开，科学推理能够给我们关于真实世界的真正的知识。

因此，科学以及其他形式的知识正是由于物质世界的特殊的自相似性才成为可能。然而，并不是物理学家而是数学家和计算机理论家首先发现并研究这一性质的，他们称其为计算的通用性。计算理论是我们的第三大理论。

第5章 虚拟现实

传统上，计算理论差不多是被作为一个纯数学题目完全抽象地进行研究。这就失去了问题的要点。计算机是物理装置，计算是物理过程。计算机能做什么而不能做什么完全取决于物理定律，而不取决于纯数学。计算理论一个最重要的概念是计算的“通用性”。通用计算机通常被定义为一个抽象机，它能模仿定义清晰的所有其他抽象机的计算。然而，通用性的意义在于，通用计算机，或至少是对它的某种良好近似的计算机，可以被真正制造出来，并且不仅可以用来计算它们彼此的行为，而且能用来计算所关心的物理实体和抽象实体的行为。这是可行的这一事实就是在前一章中提到的物理实在的自相似性的一部分。

通用性的最有名的物理展示是一个已经讨论了几十年，但直到现在才开始起飞的技术领域，即虚拟现实。这个词用来指所有这样一类情景：人为制造出一个人感觉自己好像正在经历某个指定环境。例如，飞行模拟器就是一种虚拟现实生成器，它能给飞行员以无须离开地面就在驾驶飞机的感觉。这种机器（或更确切地说，控制这种机器的计算机）可以被编程为具有实际的或想象的飞机特性。飞机所处的环境，如天气和机场布局，也可以在程序中规定。当飞行员练习从一个机场飞到另一个机场时，模拟器控制适当的图景出现在窗口上，让飞行员感觉到适当的颠簸和加速，仪表上显示出相应的读数，等等。它还可以加入其他效果，例如湍流、机械故障以及对飞机的建议修改方案。这样飞行模拟器可以给用户[1]非常广泛的驾驶体验，包括在真实飞机上都不能体验到的：模拟飞机的性能特点可以违反物理定律，例如钻过山脉飞行、超光速飞行或无燃料飞行。

既然我们通过感官体验环境，那么任何虚拟现实生成器必须能够操纵我们的感官，取代它们的正常功能，让我们感觉到指定的环境，而不是实际的环境。这听起来像阿道斯·赫胥黎的《美妙新世界》里的描写，当然，对人类感觉体验进行控制的人工控制技术已经演变了几千年。所有具象艺术和远距离通信技术都可以被看作“取代正常的感觉功能”，甚至史前洞穴壁画都给人一种感觉，好像看见了并不真实存在的动物一样。今天我们能够更准确地做这件事，使用电影和录音，虽然模拟的环境还不够达到以假乱真的效果。

我使用*印象生成器*这个词，指代任何诸如天象仪、高保真音响系统或调味架这样的装置，它们能够给用户输入可指定的感觉，如图像、声音、味道等，这些都算作“印象”。例如，如果想生成香草的嗅觉印象（即气味），可以打开调味架上的香草瓶。如果要生成《莫扎特第 20 钢琴协奏曲》的听觉印象（即声音），可以打开高保真音响系统播放相应的激光唱片。所有印象生成器都是初级的虚拟现实生成器，但“虚拟现实”这个术语一般专用于这种情形：不仅覆盖

[1]　在本章里，用户是指虚拟现实的使用者，即沉浸在虚拟现实中的人。——译注

了范围广泛的用户感觉，而且还包含了用户与被模拟实体间存在互动（“反冲”）这一实质要素。

今天的视频游戏的确允许玩家和游戏体之间互动，但通常只覆盖用户的一小部分感觉范围。所营造的“环境”包括一块小屏幕上的图像，配合着用户听见的声音。但已经有了更加名副其实的虚拟现实视频游戏，典型的装备是，用户带着一个头盔，头盔里内置耳机和两个电视屏幕，每个眼睛一个屏幕，也可能还有一双特殊手套、其他服装以及连接电动控制系统的效应器（压力产生设备），还有一些传感器用于探测用户身体的运动，尤其是头部的运动。用户的动作信息传给计算机，计算机算出用户应该看见什么、听见什么、感觉什么，并传出适当信号给印象生成器（见图5-1）。当用户左右看时，两个电视屏幕展示全景画面，正如真实视野一样，展示在虚拟世界中用户的左边和右边的情景。用户可以伸出手拿起一个虚拟物体，感觉很逼真，因为不论该物体被看见处于哪个位置和方向，手套上的效应器会产生合适的“触觉反馈”。

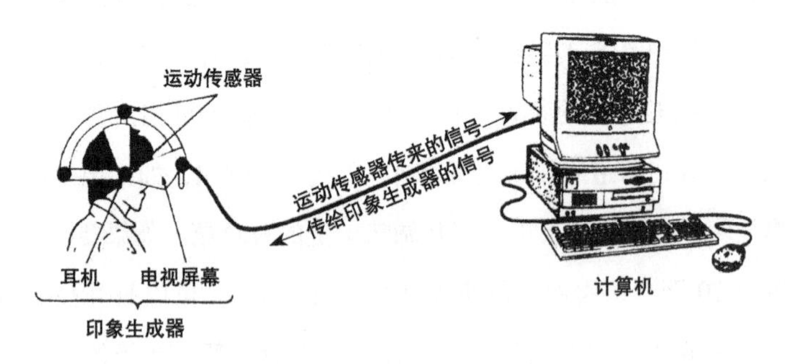

图5-1　现在实现的虚拟现实

目前玩游戏和模拟开汽车是虚拟现实的主要用途，但是人们正在为不远的将来构想大量新的用途。很快这一切都会成为司空见惯的事情：建筑师们创造出虚拟现实的建筑原型，客户可以漫步于其中，几乎可以毫不费力地试验尝试各种修改方案。顾客可以行走（甚至飞行）于虚拟现实超市而无须离开家，也不会遇到超市里拥挤的人群或听那些不喜欢的音乐。他们也不必单独一人逛模拟超市，任意多个人可以结伴在虚拟现实里购物，每个人都可以看见其他人以及超市的影像，大家都不必离开家。举行音乐会和讨论会可以不需要现场，不仅节省了大礼堂的费用以及住宿和旅行的费用，而且还有一个好处，即每个参加者都可以同时坐在最好的座位上。

如果伯克莱大主教或宗教裁判所知道了虚拟现实，他们可能会抓住机会把这作为感官欺骗性的完美示例，支持他们反对科学推理的论点。如果飞行模拟器的驾驶员试图采用约翰逊博士的实在性检验准则，那会是什么情况？尽管模拟飞机及其周边环境并不存在，但它们确实对飞行员“反冲”了，好像真的存在一样。驾驶员可以一打开油门就听到发动机的轰鸣声，感觉到座椅的推力，透过窗户看见发动机在振动并喷着热气，尽管事实上根本不存在发动机。驾驶员可以体验到飞机飞过暴风雨时的感觉，听见雷声，看见雨滴拍打在挡风玻璃上，尽管实际上这些东西都不存在。事实上在座舱外面只有一台计算机、几台液压千斤顶、电视屏幕、音箱，以及一间完全干燥、静止的屋子。

这是不是使得约翰逊博士对唯我主义的反驳失效？不是。他和博斯韦尔的对话在飞行模拟器里也一样可以进行。他可以说“我这样反驳它”，然后打开油门，感觉到模拟发动机的反冲。并不存在发动机，反冲的最终只是计算机，它运行的程序计算出如果发动机被“踢”，它会怎样反应。但这些外在于约翰逊博士心智的计算，对油门控制的反应方式与真发动机一样，是复杂的和自主性的。因此，它们通过了实在性检验，而且理所当然，因为事实上这些计算就是计算机内部的物理过程，而计算机是一个普通的物理实体——和发动机一样，是完全真实的。计算机虽然不是真的发动机，但并不影响反驳唯我主义的论点。毕竟，并非所有真实的东西都必须是容易识别的。在约翰逊博士的原始论证中，一个看起来像岩石的东西后来被证明是伪装成岩石形状的动物，或者一个花园土地神其实不过是全息投影。这都没有关系，只要它的反应是复杂的和自主的，约翰逊博士说它是由真实的、外在于他自己的东西引起的，因此真实世界并不仅仅由他一人组成这个结论就没有错。

然而，虚拟现实的可行性仍使我们那些以科学为世界观基础的人颇感不舒服。仅仅从物理学角度想一想虚拟现实生成器是个什么东西吧。它当然是一个物理实体，同其他所有物体一样遵从同样的物理定律。但是它会“假装”，假装是另外一个完全不同的东西，遵从错误的物理定律。更要命的是，它可以用复杂且自主的方式伪装自己。当用户踢它，检验它所假扮的东西的真实性时，它会反冲回来，好像它真的就是那个假扮的不存在的东西似的，好像错误的物理定律是真的一样。假如我们只能从这样的实体中学习物理，那么我们会学到错误的物理定律。（真的吗？奇怪的是，事情没有这么直接了当。我在下一章中将回到这个问题继续讨论，但首先我们必须更加仔细地思考虚拟现实这一现象。）

表面上看，伯克莱大主教似乎有一定道理，虚拟现实是人类能力粗劣性的标志，其可行性警示我们，人类理解物理世界的能力存在天生的局限。虚拟现实的描绘似乎与幻觉、迷惑、巧合属于同一哲学范畴，因为这些也是看起来像真的，但实际上误导我们的现象。我们已经看到，科学世界观能够容忍甚至是预料到极端误导现象的存在，这一出类拔萃的世界观既能容忍人类的错误，又能迁就外部的错误源头。尽管如此，误导现象基本上是不受欢迎的。除了能满足人们的好奇心，或者供我们研究为什么会受到误导以外，误导现象是我们竭力回避、不希望有的东西。但虚拟现实不属于这个范畴。我们将看到，虚拟现实的存在并不表示人类理解世界的能力是天生有局限的，恰好相反，它表示人类的理解力是天生无限的。它绝不是由人类感觉器官的某些偶然性质引起的异常现象，而是整个多重宇宙的基本性质。多重宇宙具有这个性质，远远不是现实主义和科学的小小尴尬，而是对二者都具有本质意义——恰恰是这种性质才使得科学成为可能。它不是“我们不希望有的东西”，而是我们简直不能没有的东西。

这些话像是代表飞行模拟器和视频游戏利益的高调宣传，但是处于事件中心地位的是一般意义上的虚拟现实现象，而不是具体的虚拟现实生成器。因此，我希望尽量一般地讨论虚拟现实。虚拟现实的最终极限是什么，如果有的话？哪种环境理论上可以人工营造，其精度如何？这里“理论上”的意思是指忽略技术上的暂时限制，但是考虑到所有由逻辑和物理原理所施加的限制。

按照我的定义，虚拟现实生成器是一种机器，它让用户体验到一些真实的或虚构的环境（如在飞机里），而这些环境处于或似乎处于用户心智的外部。我称这种体验为*外部体验*。外部体验截然不同于*内部体验*，例如一个人首次单独着陆时的紧张感，或者看见在万里晴空中突然出现雷雨时的惊讶。虚拟现实生成器在带给人外部体验的同时，间接地造成人的内部体验，但是它不能提供具体的内部体验。例如，一个飞行员在模拟器里做了两次大约同样的飞行，经历了两次大致相同的外部体验，但当第二次飞行中出现雷雨时，他就不会感到那么突然。当然，飞行员对雷雨的第二次反应会和第一次有所不同，因此导致随后的外部体验也会有所不同。但要点在于，虽然人们可以为机器编程，随时指挥它在飞行员的视野中产生雷雨，却不能编写程序控制飞行员对此作何反应。

你可以构想出一项超越虚拟现实的技术，它可以诱导出指定的内部体验。有些内部体验（例如由某些药品诱导出的情绪）已经能够人工控制，无疑未来其范围还可能扩大。但是对于一部能够生成指定的内部体验的生成器，一般来讲，它必须不仅能替换掉用户的正常感觉功能，而且能替换掉其正常心智功能。换句话说，这将把整个人替换掉。那么这部机器就与虚拟现实生成器不是同一类东西了。这需要完全不同的技术，产生完全不同的哲学问题，因此我把它排除在我的虚拟现实定义之外。

另一类肯定不能人工营造的体验是逻辑不可能的体验。我说过飞行模拟器可以创造物理上不可能的飞行体验，例如钻过一座高山，但不可能创造出将181分解成因数的体验，因为这是逻辑上不可能的：181是一个素数。（相信自己分解了181，这是一个逻辑上可能的体验，但却是内部体验，所以也不在虚拟现实范围内。）另一个逻辑不可能的体验是丧失知觉，因为按照定义，当一个人丧失知觉时，他什么也没有体验到。什么也没有体验到和体验到完全丧失感觉功能这二者完全不同，后者称为感觉隔离，当然这是物理上可能的环境。

排除了逻辑不可能的体验和内部体验，剩下的就是一大类逻辑可能的外部体验，也就是对逻辑上是可能的，但物理上也许可能也许不可能的环境的体验（见图 5-2）。如果某事物不违背物理定律，那么它就是物理上可能的。在本书中，我将假设“物理定律”包括一条现在还未知的物理规则，它决定多重宇宙的初始状态，或者为了从理论上完整描述多重宇宙所必需的其他补充数据（否则这些数据将变成一组本质上无法说明的事实）。在这种情况下，一个环境是物理上可能的，当且仅当它实际存在于多重宇宙中（即在某个或某些宇宙中）。如果它不存在于多重宇宙中，它就是物理上不可能的。

	逻辑可能的体验		
	物理可能的环境	物理不可能的环境	逻辑不可能的体验
外部体验	如：驾驶飞机	如：超光速飞行	如：将素数分解
内部体验	如：对自己的飞行技能感到自豪	如：看见可见光之外的颜色	如：失去知觉

图5-2　体验的一种分类，各附一个实例。虚拟现实关心的是生成逻辑可能的外部体验（表的左上角区域）

我把虚拟现实生成器的全部本领定义为生成器可以被编程提供给用户体验的所有真实的和想象的环境的集合。虚拟现实的最终极限问题可以这样表述：物理定律对虚拟现实生成器的全部本领施加了哪些限制？

虚拟现实总是涉及产生人造的感觉印象——印象生成，让我们就从这里开始。物理定律对印象生成器生成人造印象、表现细节以及覆盖各自的感觉范围方面施加了哪些限制？显然有许多方法可以改进目前的飞行模拟器的描绘细节，如采用高清晰度电视等。但是现实中的飞机及其周围景观的细节描绘在理论上能够达到最终的极限吗？即能详细到飞行员感觉器官的最小分辨率吗？在听觉方面，高保真音响系统已经几乎达到了这一最终极限，视觉离最终极限也只差咫尺之遥。但其他感觉呢？物理上有可能建造一个通用化工厂，可以从几百万种不同化学品中即刻生产出指定的香味，这是明显的吗？或者建造一台机器，将其插入美食家的嘴巴，就能表现出任何一道菜肴的味道和材质？更不用说制造饭前的饥渴感和饭后的满足感了。（饥饿、口渴、平衡感和肌肉紧张感等其他感觉被看作处于人体内部，但是外在于心智，因此可能落在虚拟现实范围内。）

实现这样的机器也许仅仅存在技术上的困难，但下面讲述的情景怎么办呢？设想飞行模拟器里的飞行员让模拟飞机快速垂直上升，然后关掉发动机。飞机会继续爬升直至耗尽上升动量，然后开始加速回落。尽管开始时飞机向上爬升，整个运动却被称为自由落体运动，因为飞机只受重力作用。当飞机自由降落时，里面的人就处于失重状态，能够飘浮在座舱里，就像轨道上的宇航员一样。要想恢复重力，只有当向上的力被重新作用到飞机上以后才行。很快就会出现这种情况了，要么是靠空气动力学的作用，要么是靠无情的地面撞击。（实际上，通常实现自由落体运动的方法就是让飞机在动力驱动下抵消空气阻力，沿着没有发动机动力和空气阻力时的抛物线轨迹飞行。）自由落体运动的飞机用于在宇航员升入太空以前进行失重训练。真正的飞机可以做持续几分钟的自由落体运动，因为有几千米的空间供它上升、下降。但是地面的飞行模拟器只能维持一瞬间的自由降落，因为它是靠模拟器的支架将它升至最高点，然后掉下来。失重训练不能用飞行模拟器（至少是目前的），而需要用真飞机。

能不能弥补飞机模拟器的这一缺陷，使它有能力在地面上模拟自由落体运动呢（这样它还可以用作太空飞行模拟器）？这并不容易，因为有物理定律从中作梗。在已知的物理学中，除了自由降落以外，甚至在理论上都没有别的办法去除物体的重量。唯一可以让飞行模拟器进入自由落体状态而又在地球表面上静止的办法，是在其上方悬挂一个巨大的物体，例如另一颗和地球质量差不多的行星，或者一个黑洞。即使这是可能的（别忘了，我们这里关心的不是现实的可行性，而是物理定律是否允许的问题），在真实的飞机中，飞行员操纵飞机或开关发动机，还可能造成飞机内部物体重量和方向的频繁复杂的变化。为了模拟这些变化，头上那个巨大的物体还必须同样频繁地来回移动，看起来似乎光速（如果没有别的东西）对这个运动的速度会有一个绝对的限制。

但是为了模拟自由落体运动，飞行模拟器不必造成真正的失重，只需要造成失重的感觉就行了。已经有多种技术模拟失重的感觉，而不涉及自由落体运动。例如，宇航员穿着太空服在水下训练，太空服的重量正好和浮力相等，达到悬浮状态。另一项技术是让宇航员套上安全带，在计算机控制下穿行于空中，模拟失重效果。但这些方法很粗糙，这样造成的感觉很难让人有身临其境的感觉，更不用说以假乱真了。人不可避免地会被自己的肌肤支撑着，这是无法避免的感觉，而且人通过内耳的感官体验到的自由降落的感觉特征完全没有被模拟出来。人们可以想象更好的改进办法：采用黏性很低的液体支撑人体，或用药物产生自由降落的感觉。但是能不能在地面上固定的飞行模拟器里完美地再现自由落体的体验？如果不能，那么人工制造的飞行体验的逼真度就存在一个绝对的极限。飞行员只需要沿着自由落体的轨迹飞一圈，看看是否真正发生了失重，就能感受到真实飞机和飞机模拟器的区别。

一般来说，这个问题是这样的。为了取代感觉器官的正常功能，我们所提供的图景必须类似于被模拟环境的图景，而且还必须截断并屏蔽掉用户的真实环境的图景。但这些对图景的操纵都是物理操作，只有真实物理世界中允许的操作才能进行。光和声音在物理上可以很容易地被屏蔽并替换掉，但是如我所述，重力无法这样处理：物理定律恰好不允许。失重的例子似乎启示我们，由不进行实际飞行的机器来精确模拟失重环境也许违背了物理定律。

但并不是这样。失重感觉和其他感觉一样，理论上是可以人工再现的。最终将有可能完全绕过感觉器官，直接刺激通向大脑的神经。

因此，我们并不需要通用化工厂或者不可能实现的人造重力模拟机。如果我们充分理解了嗅觉器官，能够破译它向大脑传送的气味信号的编码，那么连接相关神经的计算机就可以向大脑传送同样的信号，这样即使对应的化学品不曾存在，大脑也能感知到这个气味。类似地，在正常重力作用下，大脑也能体验真正的失重感觉，当然也不需要电视和耳机。

因此，物理定律并不对印象生成器的范围和精度设置任何限制。只要是人类能够体验的感觉或一连串感觉，理论上都能够人工营造。总有一天将出现一种广义电影，类似于赫胥黎在《美妙新世界》中所称的“多感知机”，所有感觉一应俱全的电影。你能感觉到小船在脚下摇晃，听见波涛声，嗅到海腥味，看见地平线上日落时分的五彩斑斓，感觉海风吹动你的头发（不管你有没有头发）。这一切都不需要离开干土地或者到户外去冒险。不仅如此，多感知机还能轻松绘制从未存在过的景色以及不可能存在的景色，而且它还能演奏音乐的等价物：愉悦感官的美妙且抽象的感觉组合。

虽然每一可能的感觉都能人工营造，但是有没有可能将来某一天一劳永逸地造一台机器，它能够营造任何可能的感觉呢？这需要一个额外的性质：通用性。有这种本领的多感知机叫作*通用印象生成器*。

通用印象生成器的可能性，迫使我们改变关于多感知机技术的最终极限这个问题的看法。目前，这种技术的进展全是关于如何发明更丰富、更精确的方式刺激感觉器官。但一旦我们破解了感觉器官所用的编码，开发出了足够精确灵敏的刺激神经的技术，这一类问题将不复存在。一旦我们人工产生的神经信号足够精确，以至于人脑无法区分这种信号和感觉器官传送来的信号，那么提高这种技术的精度就不再有意义了。那时这些技术就将到达成熟期，进一步改进的挑战不在于如何营造指定的感觉，而在于选择哪种感觉来营造了。在有限的领域，这已经是现今正在发生的事情。借助于CD和现代音响设备，最逼真地再现音响效果的问题已经接近完美解决，很快将不再有高保真发烧友。音响再现发烧友们将不再关心音响再现的精度如何——这个精度肯定能达到人的分辨力的极限，而是只关心首先录制哪些声音。

如果印象生成器正在播放生活实录，那么它的*准确度*可定义为营造的印象与亲身经历的印象的接近程度。更一般地说，如果生成器播放的是人工设计的印象，如卡通片或根据乐谱演奏的音乐，那么它的准确度则定义为实际营造的印象和我们想要的印象的接近程度。“接近程度”是指用户感知的接近程度。如果营造的印象与想要的印象如此接近，以至于用户无法区分，则称为*完全准确*。（所以对一个用户来说完全准确的营造，另一个感觉更敏锐或有特异感觉功能的用户也许就能察觉其中有不准确的地方。）

当然一个通用印象生成器不会包含所有可能印象的记录，使其具有通用性的是，只要给定任何可能印象的记录，它就能唤起用户相应的感觉。对于通用听觉生成器——终极高保真系统，这个记录可以 CD 唱片形式给出。为了迎合超过唱片存储容量的听觉需要，我们必须实现一种机制，能够连续不断地向机器灌入任意张唱片。所有其他通用印象生成器也都必须满足同样的条件，因为严格来讲，印象生成器必须包含某种机制，能够无休止地播放持续时间无限的记录，否则它就不是通用的。此外，机器长时间播放后需要维修，否则生成的印象的质量会逐渐退化，甚至完全停止。诸如此类的考虑都与这样一个事实有关：孤立地考察与宇宙其余部分相隔离的单个物理对象总是一种近似。通用印象生成器仅在一定外部环境下才是通用的：假设已经为它准备了诸如能量供应、冷却系统以及定期维护等。对外界有这样需求的机器仍可以称为“独立通用机器”，只要这些需求不违反物理定律，而且满足这些需求不需要修改机器的原有设计。

前面说过，印象生成只是虚拟现实的一部分，另外还有互动这一个至关重要的因素。虚拟现实生成器可以被看作这样的印象生成器：其印象并不是预先完全指定好的，而是部分地依赖用户的反应。与电影和多感知机不同，虚拟现实生成器并不按照预定的顺序播放印象给用户。它一边播放一边合成印象，将用户动作的一连串信息也考虑进去。例如，现在的虚拟现实生成器利用图 5-1 所示的运动传感器跟踪用户的头部姿态。最终它必须跟踪可能影响被模拟环境的主观印象的一切用户动作。环境可以包括用户自己的身体，因为身体是外在于心智的，在虚拟现实环境的说明规范里，可以合理地要求用户的身体由具有指定特性的新的身体所替换掉。

人类心智通过发射神经脉冲来影响身体和外部世界。因此，通过截获用户大脑传来的神经信号，虚拟现实生成器理论上可以获得所有关于用户反应的信息。这些本来应该抵达用户身体的信号可以改为传到计算机上进行解码，从而决定用户身体到底应该怎样动。计算机传送回大脑的信号可以跟用户果真亲临其境时身体传给大脑的信号一样。如果需要，被模拟身体的反应也可以与真实身体反应不一样。例如，在真实环境中会使人体致死，而在模拟环境中则可以让身体存活下来，或者模拟身体机能失常。

我得承认，认为人类心智仅仅通过发射和接收神经脉冲与外部世界相互作用，这种说法也许过于理想化了。此外，还有化学信息的双向流动。我所假设的是，理论上这些信息都可以在大脑与身体其他部分之间的某处被截获并替换。这样，用户只要躺着不动，脑袋连着计算机，就能充分体验与模拟世界相互作用的感觉——等于生活在虚拟世界中。图 5-3 说明了我的设想。顺便提到，虽然这种技术未来才可能实现，但其想法比计算理论本身早得多。17 世纪早期，笛卡儿已经考虑了操纵感觉的“精灵”（demon）在哲学上的寓意，这个精灵本质上就是图 5-3 所示的那种虚拟现实生成器，只不过用超自然心智替代了计算机。

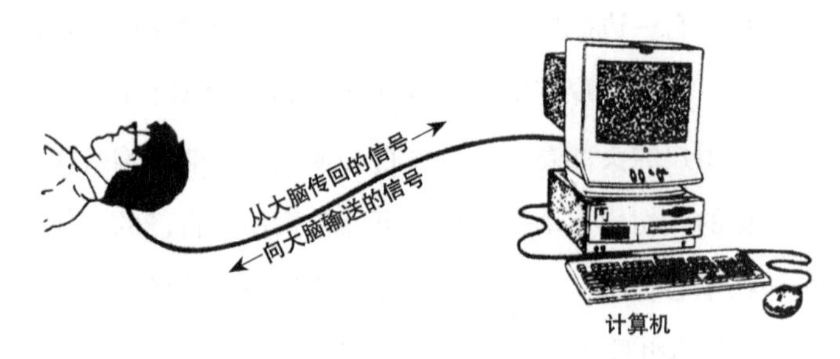

图5–3　未来也许能实现的虚拟现实

上述讨论似乎表明，任何虚拟现实生成器必须至少有 3 个主要组成部分：

一套传感器（可以是神经脉冲探测器），用于探测用户正在做什么；

一套印象生成器（可以是神经刺激设备），以及

一台计算机，用于进行控制。

迄今为止，我的讨论主要集中于前两个要素：传感器和印象生成器。这是因为目前技术尚处于原始阶段，虚拟现实研究仍主要关注印象生成技术。但是，如果我们把目光放长远，超越暂时的技术局限，就能认识到印象生成器仅仅是用户和真正的虚拟现实生成器（即计算机）之间的接口——“连接电缆”——而已。这是因为指定的环境完全是在计算机内部进行模拟，是计算机提供了复杂且自主的“反冲”，为“虚拟现实”中的“现实”一词提供了依据。连接电缆对于用户所感知的环境没有任何贡献，对用户是“透明”的，正如我们自然不会把自己的神经看作环境的一部分一样。因此，未来的虚拟现实生成器最好描述为只有一个主要部件——计算机，再加上一些不重要的外部设备而已。

我并不想低估截获进出人脑的神经信号以及破解其中各种编码

的实际困难，但这类问题数目有限，我们只需解决它们一次。解决之后，虚拟现实技术的焦点将彻底地转向计算机，转向如何为它编程营造各种环境。我们能够营造什么环境将不再取决于我们能够制造什么样的传感器和印象生成器，而是取决于我们能够详细说明哪些环境。“详细说明”一个环境的意思就是为计算机编写一个程序，而计算机是虚拟现实生成器的心脏。

因为虚拟现实本质上是交互的，所以营造的准确度这一概念对于虚拟现实就不像对于印象生成那样直截了当。正如我说过的，印象生成器的准确度定义为绘制的印象与我们想要的印象的接近程度。但在虚拟现实中，通常并没有具体的想要的印象，想要的是给用户体验的某种环境。详细说明一个虚拟现实环境并不等于详细说明用户将经历什么，而是要说明环境对用户的每一个可能的动作会做出什么反应。例如，在模拟的网球赛中，可以预先指明球场的外观、天气、观众的行为，以及对手的水平如何，但无法指明比赛将怎样进行，因为那取决于比赛进行过程中用户采取一系列什么样的对策。每一组不同的对策将导致虚拟环境的不同反应，从而导致不同的网球赛。

单一环境（即由单一程序营造的环境）中可能发生的网球赛数目是非常大的。考虑从参赛者的角度绘制一场温布尔登中心球场的比赛。做一个非常保守的假设，在比赛的每一秒钟，参赛者只能做两种（对参赛者来讲）感觉上不同的动作之一，则 2 秒钟之后有 4 种可能的比赛，3 秒钟之后有 8 种可能的比赛，等等。大约 4 分钟以后，感觉上彼此不同的比赛数目将超过宇宙中所有原子数目的总和，而且继续呈指数增长。一个程序若想准确绘制一个环境，它必须能够根据参赛者采取的行动，从无数种感觉上不同的方式中选择一种进行反应。如果两个程序对用户的所有可能动作都采取完全相同的反应，那么它们营造的环境就是相同的。只要对一个可能动作的反应在感觉上不同，那么它们营造的环境就是不同的。

即使用户从来不曾采取那个显示出这种差别的动作，结论也是这样。程序营造的环境（对于给定类型的用户和给定的连接电缆）是该程序的逻辑属性，与该程序是否运行无关。环境营造得是否准确，是就它对用户的每一个可能的动作是否会以我们想要的方式作出反应而言。因此，它的准确度不仅依赖于用户使用它的实际经历，而且依赖于用户虽未曾有过，但如果在运行过程中用户采取不同动作就会有的那些经历。这听起来有点儿荒谬，但正如我说过的，虚拟现实就像现实本身一样是交互的，这一事实直接导致这个结论。

这就引出印象生成和虚拟现实生成这二者之间的一个重要区别。印象生成器的准确度在理论上是可以由用户来体验、度量和认证的，但虚拟现实的准确度不可能这样。例如，假如你是音乐爱好者，对某一段音乐很熟悉，那么理论上通过聆听它的演奏，你就可以证实它的演奏效果，从头到尾，每一个音符、短句、抑扬顿挫等一切是否得到完美准确的再现。但如果你是网球迷，即使对温布尔登中心球场非常熟悉，那么你永远也不能证实对球场的再现是不是准确的。即使你可以随意在虚拟的中心球场里考察任意长时间，并可以用任何方式“踢”它，甚至可以自由地去到真实的中心球场里作比较，你仍然不能认证这一程序的确再现了真实的场所。因为你永远不可能知道，假如你多考察一会儿，或适时地回头多看了一眼，那将发生什么。也许当你坐在虚拟的裁判椅上大叫“出界”时，一艘核潜艇就会浮出草坪，用鱼雷击中记分牌。

另一方面，只要你发现营造的环境与我们想要的环境有一处不一样，就可以马上认定这一营造是*不准确的*。除非营造的环境故意有不可预测的特点。例如，赌轮被设计成不可预测的。如果我们拍电影表现赌场里玩轮盘赌的场面，那么影片放映时出现的数字如果和影片制作时实际出现的数字是一样的，我们就可以说电影表现是准确的。每次影片放映时都会显示同样的数字；这是完全可以预测的。因此，不可预测的环境的*准确印象*一定是可预测的。但是虚拟现实怎样*再*现轮盘赌才算准确呢？像以前一样，那是说用户应该感觉不出它与真实轮盘赌的区别，但这意味着虚拟的和真实的轮盘赌的行为不能完全一样，不然的话，这二者之一就可以用来预测另一个的行为，从而两个都不是不可预测的了；而且它每次运行的表现还必须有所不同。一个完美再现的赌轮应该与真实的赌轮一样能用来赌博，因此它必须一样不可预测。而且，它还必须同样是公正的，即所有数字必须完全随机地出现，出现概率相同。

我们怎样识别不可预测的环境呢？又怎样确定一个据称的随机数是否真的分布均匀呢？我们检查虚拟的赌轮是否满足要求的方法与检查真实的赌轮的方法一样：通过踢（转）它，看看它的反应是否像宣传的那样。我们做大量类似的观察，然后对结果进行统计检验。但无论做多少次实验，我们都不能确认虚拟赌轮是准确的，甚至不能确定它可能是准确的。因为无论出现的数字显得多么随机，它们仍然有可能包含某种秘密的模式，使得知道这个秘密的用户能够预言它，甚至有可能只要我们大叫滑铁卢战役发生的日期[1]，紧接着出

[1]　滑铁卢战役发生于1815年6月18日。——译注

现的两个数字就必然是 18 和 15。另一方面，如果出现的数字序列看起来不够均匀，我们也不敢确定它确实不均匀，但是我们也许可以说这个虚拟赌轮可能是不准确的。例如，如果连续转动虚拟赌轮 10 次，每次都出现零，我们就可以断定这个虚拟赌轮可能是不准确的。

在讨论印象生成器时，我说过被营造印象的准确度取决于用户感觉的灵敏度和其他属性。对虚拟现实来说，这个问题是最轻的。当然，虚拟现实生成器对某个指定环境的营造，对人类来说可能相当完美，对海豚或外星人来说则不一定。为了给拥有一定类型感觉器官的用户营造指定的环境，虚拟现实生成器必须在物理上适应这类感觉器官，它的计算机程序必须反映它们的特点。然而，为了迎合特定种类的用户所必须做的修改是有限的，而且只需要修改一次就够了。这相当于我所说的构造新的“连接电缆”。随着我们考虑的环境变得更加复杂，为特定类型用户营造环境的任务就变成为主要是写程序来计算环境的未来表现的问题；与用户种类相关的那部分任务由于复杂性有限，相对而言可以忽略不计。我们现在讨论的是虚拟现实的最终局限问题，所以我们考虑的虚拟现实环境是任意准确、任意长、任意复杂的。这就是为什么我们可以只说“营造某一环境”而无需指明是为谁营造的。

我们已经看到，虚拟现实营造的准确度有一个良好的定义：被营造的环境和想要的环境之间的接近程度（就可感觉到的差别而言）。但是它必须对于用户所有可能的行为方式都接近，因此无论我们在体验营造的环境时有多么细致入微，我们始终不能确定营造是准确的（或可能是准确的），但是体验有时候却能证明营造是不准确的（或可能是不准确的）。

这里关于虚拟现实准确度的讨论反映了科学上理论和实验的关系。在这方面也是这样，实验有可能指出一个一般性理论是错误的，却不能证明它的正确性。同样，对待科学的目光短浅的观点认为科学无非就是预言我们的感觉印象。而正确的观点是：虽然感觉印象起着重要作用，但科学是关于如何理解整个现实世界的，我们体验到的仅仅是沧海一粟。

虚拟现实生成器的程序体现了一个关于虚拟环境行为的一般性、预言性理论，其他部件负责跟踪用户动作以及对感观数据进行编码和解码。前面讲过，这些是相对次要的功能。因此，如果某环境物理上是可能的，那么营造它本质上就相当于寻找规律，能够预言在这个环境里可能进行的所有实验的结果。由于科学知识产生的特有方式，只有通过发现更好的解释理论，才能发现更准确的预言规律。所以，准确营造一个物理上可能的环境依赖于理解它的物理性质。

反之亦然，发现环境的物理性质依赖于为它营造一个虚拟现实。通常人们说科学理论仅仅描述和解释物理实体和物理过程，但是并不营造它们。例如，日食现象的解释可以印在书里。我们可以根据天文数据和物理规律为计算机编写程序，预言日食，并打印出关于日食的描述，但是在虚拟现实中营造日食现象则需要进一步的程序设计和硬件技术。然而，这一切在我们的大脑里早已存在了！计算机打印的文字和数字只是因为我们知道这些符号的含义才成为对日食的“描述”，即这些符号在读者心中唤起某种预言的日食效果的图画，实际的日食效果图与之相印证，而且被唤起的“图画”是交互的。观察日食的方式有许多种：用肉眼，用摄影术，或用各种科学仪器;在地球的某些位置能看到日全食，在另一些位置能看到日偏食，其他位置完全看不见日食。观察者在不同地方会观察到不同的图像，每一个图像都能由理论来预言。计算机的描述在读者心中唤起的东西并不仅仅是一张图像或一组图像，而是一个普遍性的方法，根据读者打算观察日食的众多不同方式，相应地产生众多不同的图像。换句话说，是营造的虚拟现实。所以就充分广泛的意义来说，将科学家头脑中必然发生的心理过程也考虑进来的话，那么科学和对物理可能环境的虚拟现实营造这两个术语指的是同一件事。

那么，营造物理上不可能的环境又是怎么回事？表面上看，存在两种不同类型的虚拟现实营造：营造物理可能环境，这是少数；营造物理不可能环境，这是多数。但这样的区分能经受住更仔细的推敲吗？考虑一个正在营造物理不可能环境的虚拟现实生成器。假设是一个飞行模拟器，它运行的程序计算出以超光速飞行的飞机驾驶舱的前景。飞行模拟器正在营造这一环境。但除此之外，飞行模拟器本身也是用户正在体验的环境，因为它是用户周围的物理实体。我们来考虑这个环境。很明显飞行模拟器是一个物理可能的环境。它是可营造的环境吗？当然是，实际上它还是特别容易营造的环境，只需要采用同样设计的第二个飞行模拟器运行同样的程序即可。在这种情况下，第二个飞行模拟器可以被看作既营造了物理不可能的飞机，又营造了物理可能的环境，即第一个飞行模拟器。类似地，第一个飞行模拟器也可以被看作营造了物理可能的环境，即第二个飞行模拟器。如果我们认为任何理论上可以被制造的虚拟现实生成器都可以在理论上重新制造，那么就可以说运行其本领库内任何程序的任何虚拟现实生成器都在营造某一物理可能的环境。它也可以营造其他东西，包括物理不可能环境，但是特别地，它营造的总有一部分是物理可能的环境。

那么，虚拟现实能够营造哪些物理不可能环境呢？恰恰是那些和物理可能环境感觉不出有区别的物理不可能环境。所以，物理世界和虚拟现实可以营造的世界之间的关系，比表面看起来的要远远紧密得多。我们将某些虚拟现实看成是对事实的描写，另一些看成是对虚构的描写，但是虚构只是观看者内心的一种解释。不存在那种用户必须解释成物理不可能的虚拟现实环境。

我们可以选择营造一个由不同于真实物理定律的某些"物理定律"预言的环境。我们这么做也许是出于练习，或出于好玩，或由于真实的营造太困难或花费太大而只好采用它的近似。如果在给定的约束条件下采用的定律是与真正的定律尽可能地接近的，这种营造可以称为"应用数学"或者"计算"。如果营造的实体与物理可能的实体相差甚远，这种营造可以称为"纯数学"。如果出于好玩而营造了一个物理不可能的环境，我们则称之为"视频游戏"或者"计算机艺术"。所有这些不过是说明而已。这些说明也许是有用的，甚至对于解释营造某一特别环境的动机来说是关键的。但就营造本身而言，总会存在另一种说明，即它准确地表现了某个物理可能的环境。

一般不习惯把数学看成是虚拟现实的一种形式。我们通常认为数学是关于抽象实体的，例如数和集合，它们不会影响我们的感官，因而随意营造它们的效果似乎是没有问题的。但是，尽管数学实体并不影响感官，研究数学的体验却是一个外在体验，这和研究物理的体验一样。我们在纸上写下符号，然后端详它们，或想象自己端详它们——我们的确必须想象抽象的数学实体才能研究数学。但是这就意味着想象一个环境，其"物理性质"体现了这些数学实体的复杂性和自主性。例如，当想象一个没有宽度的线段这一抽象概念时，我们可以想象一条线，它可见但是宽度极其细微，几乎就像是被放在物理现实中一样。但是不论我们用多少倍的放大镜观察它，在数学上这条线段的宽度必须仍然是零。任何物理线段都没有这样的性质，但在我们想象的虚拟现实中这很容易做到。

想象是直截了当的虚拟现实形式。看起来不那么明显的是，通过感觉器官对外部世界的“直接”体验也是虚拟现实，原因是外部体验从来不是直接的，我们也不曾直接感受神经里的信号——我们不知道它们传导的那些劈里啪啦的电流是由什么组成的。我们所直接体验的是由我们的心智无意识地轻松营造的虚拟现实，所根据的是感官数据加上如何解释这些数据的先天和后天习得的复杂理论（即程序）。

我们现实主义者认为现实是独立存在的：客观的，实在的，与我们怎么想它无关。但我们不曾直接体验这一现实。我们的每一星点外部体验都是虚拟现实的。我们的每一星点知识（包括非物理世界的知识——逻辑、数学、哲学，以及想象、虚构、艺术、梦幻）都编码为程序的形式，用来在我们大脑自身的虚拟现实生成器上营造那些世界。

所以，不仅是科学——关于物理世界的推理——涉及虚拟现实，而且所有推理、所有思想以及所有外部体验都是虚拟现实的表现形式。迄今为止，这些事物仅仅是在宇宙的一个地方——一个叫地球的行星周围——才观察到的物理过程。我们将在第 8 章中看到所有生命过程都涉及虚拟现实，但是人类与虚拟现实有特殊的关系。从生物学上讲，人类对环境的虚拟现实营造是人类藉以生存的独特方式。换句话说，这是人类得以生存的原因。人类占据的生态位对虚拟现实的依赖，就像考拉熊占据的生态位对桉树叶的依赖那样直接、绝对。

术　语

印象生成器：能够为用户生成可指定的感觉的一套装置。

通用印象生成器：一个能为其编程，产生用户能体验的任何感觉的印象生成器。

外部体验：外在于人心智的体验。

内部体验：内在于人心智的体验。

物理可能：不违背物理定律。一个环境是物理可能的，当且仅当在多重宇宙的某个地方存在这个环境（假设多重宇宙的初始条件和所有其他补充数据由某些尚不知道的物理定律决定）。

逻辑可能：自洽。

虚拟现实：使用户体验到某一指定环境的场所。

全部本领：虚拟现实生成器的全部本领就是可以给它编程供用户体验的所有环境的总和。

印象：产生感觉的东西。

准确度：只要印象产生的感觉接近想要的感觉，印象就是准确的。对用户的每一个可能的动作，只要被营造的环境的反应方式都如所要求的那样，则这个环境就是准确的。

完全准确：准确度非常高，以至于用户无法分辨印象或营造的环境与真实情况间的差别。

小　　结

虚拟现实不仅仅是计算机模拟物理环境行为的一种技术。真实世界中含有虚拟现实可能实现这一重要事实。它不仅是计算的基础，而且是人类的想象和外部体验、科学和数学、艺术和虚幻的基础。

虚拟现实（也就是计算、科学、想象及其他一切）的最终极限，即它的全部范围是什么？在下一章中我们将看到，一方面虚拟现实的范围是无限的，但另一方面它又是非常受约束的。

第6章　计算的通用性和极限

虚拟现实生成器的核心是计算机，能够营造什么样的虚拟现实环境的问题最终必然归结为能够执行什么样的计算的问题。即使今天，虚拟现实生成器的全部本领也要受到计算机的限制，正像其受到印象生成器的限制一样。每当虚拟现实生成器采用了新的、更快的、带有更多存储量和更好的图像处理硬件的计算机时，它的全部本领就随之提高了。但情况是否会永远这样呢？或许我们最终会达到全通用性，正如我在讨论印象生成器时所说的那样。换句话说，是否存在这样一个虚拟现实生成器，它可以被一劳永逸地建好，能够被编程，营造人类心智所能体验到的所有环境？

正如印象生成器一样，这并不意味着存在这样一个虚拟现实生成器，它包含逻辑上可能的所有环境的详细说明。这仅仅意味着对于每一个逻辑上可能的环境，能够为生成器编写程序，使它营造那一环境。例如，我们可以设想把程序编码在磁盘上。环境越复杂，就需要越多的磁盘来存储相应的程序。所以，为了营造复杂的环境，机器必须有一种机制，正像我描述的通用印象生成器那样，能够读取无限多的磁盘。与印象生成器不同，虚拟现实生成器可能需要越来越多的“工作存储量”来存储计算的中间结果，这可以设想用空白盘的形式来提供。机器需要提供能量、空白盘和维护工作，这一事实并不妨碍我们把它看成“单一机器”，只要这些操作不等于改变机器的设计，不违反物理定律。

那么，在这个意义上，理论上就可以设想一台拥有无限存储量的计算机，但是拥有无限计算速度的计算机则不行。计算机设计已定，则最大速度也固定，只有改变设计才能增加最大计算速度。因此，给定的虚拟现实生成器不能在单位时间内完成无限多的计算。这不会限制它的全部本领吗？如果一个环境非常复杂，以至于用户在 1 秒内应该看到的情形，机器需要超过 1 秒才能算完，那么机器如何能够准确地营造这一环境呢？为了获得通用性，我们需要深一步的技术窍门。

为了扩展它的全部本领，到达其物理极限，虚拟现实生成器必须控制用户感觉系统的另一个属性，即用户大脑的处理速度。如果人类的大脑像一台电子计算机，那么这只需要改变它的“时钟”发射同步脉冲的速度即可。毫无疑问，大脑的“时钟”不是这么容易控制的。但是这在理论上不构成问题。大脑是有限的物理对象，它的所有功能都是物理过程，理论上都可以放慢或者停止。终极的虚拟现实生成器必须能够这么做。

为了能够完美地营造计算量很大的环境，虚拟现实生成器必须用下面这类方式操作。每一根感觉神经在物理上能够以一定的最大速率传导信号，因为被激发的神经细胞必须等待约 1 毫秒以后才能再次被激发。所以，在某一根神经刚被激发以后，计算机至少有

1 毫秒的时间来决定该神经是否以及何时再次被激发。比方说，如果它在 0.5 毫秒内完成了判定，那么就不必修改大脑的速度了，计算机只需要在正确的时刻激发那根神经即可；否则，计算机使大脑慢下来（或者，若有必要，则停下来），直到完成下一步的计算，然后再恢复大脑的正常速度。用户的感觉会是什么样呢？依定义，用户感觉不到任何不同。用户只会感受到程序营造的环境，没有任何减慢、停顿或者重新启动。幸运的是，虚拟现实生成器不需要使大脑比正常速度更快，否则它终将导致理论上的问题，因为先不说别的，信号不能传播得比光速还快。

这种方法允许我们预先指定任意复杂的环境，只要模拟它所需要的计算量是有限的即可，然后以我们的心智能够消化的任何个人的速度和细致程度来感受该环境。如果所需的计算量太大，计算机不能在主观感知的时间内算完，感觉也不会受到影响，但是用户会为这种复杂性付出更多的外部流逝的时间。当用户在虚拟现实生成器中经历了主观上好像是 5 分钟的体验后，走出来时可能会发现在物理现实世界中已经过了好几年。

用户的大脑不论关闭了多长时间，当再次打开时，用户对于环境的体验也不会感觉到中断。但是如果用户的大脑永远地关闭了，那么从那一刻起他就不会有任何感受了。这意味着，如果一个程序在某一点关闭了用户的大脑，再也不把它打开，那么它就不会生成环境供用户来感受，因此它也就不能算作合格的虚拟现实生成器的程序。但是，若程序最终总是打开用户的大脑，它就会使虚拟现实生成器营造某种环境。即使这个程序根本不发出任何神经信号，它也营造了一个全黑的、静寂的、完全感觉隔绝的环境。

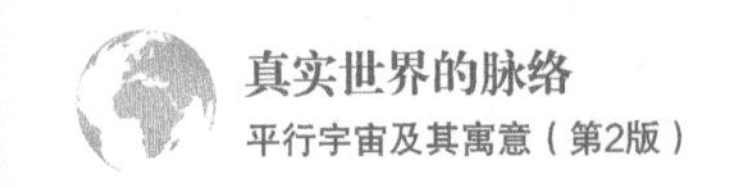

在探索虚拟现实的极限功能的过程中，我们已经非常远离现在可行的技术，甚至远离可预见未来的技术限度。我再次强调，技术障碍与我们当前的目的没有关系。我们不研究什么样的虚拟现实生成器可以被造出来，甚至也不研究将来什么样的虚拟现实生成器可以被人类工程师造出来；我们研究的是，关于虚拟现实，物理定律的允许范围是什么。这一点至关重要的原因与能否制造更好的虚拟现实生成器无关。虚拟现实与“日常”现实之间的关系是高深莫测、出人意料的世界结构的一部分，正是这一点才是本书的主题。

通过考虑各种各样的技巧（如神经刺激、大脑开关等），我们已经想象出了一台物理上可能的虚拟现实生成器，它的全部本领覆盖整个感觉范围，是全交互的，而且不受它的计算机的速度和存储量的限制。还有什么东西落在这样一台虚拟现实生成器的全部本领以外呢？它的全部本领是否就是逻辑上可能的所有环境呢？不是的。即使这样前卫的机器，它的全部本领也极大地受到限制，因为它只不过是一个物理实体。它甚至还没能蹭到全部逻辑可能性的边缘，我下面就来证明。

证明的基本思想称为对角线论证，这一思想比虚拟现实思想出现得还早。19世纪数学家乔治·康托首先用它来证明存在比无穷自然数（1，2，3，…）更大的无穷量。同样形式的证明成为阿兰·图灵及其他人在20世纪30年代发展的当代计算理论的核心，它还被库尔特·哥德尔用来证明著名的“不完备性定理”。这在第10章中还有讲述。

我们机器的全部本领中的每一个环境都是由它的计算机的某个程序产生的。想象一下这台计算机的所有正确程序的集合。从物理的观点看，每一个程序在磁盘或其他媒介上指定了一组物理变量的值，代表计算机的程序。从量子理论得知，所有这些变量是量子化的，因此，不论计算机如何工作，所有可能的程序的集合是离散的。所以，每一个程序可以用离散代码或计算机语言表示为符号的有穷序列。有无穷多这样的程序，但是每一个只能包含有穷多符号。这是因为符号是物理对象，由物质组成，外形可以辨认，不可能制造无限多符号。正如我将在第 10 章中解释的那样，程序必须是量子化的，每一个必须由有穷个符号组成，可以按步骤顺序执行，这些直观上很明显的物理要求比它们表面上显示的更加实在。证明所需的输入就只是这些物理定律的结果就够了，但是它们已经足以极大地限制任何物理可能机器的全部本领。其他物理定律可能限制得更多，但是那不会影响本章的结论。

现在，我们想象所有可能的程序组成的无穷集，所有程序排成一个无限长的列表，编号为程序 1、程序 2，等等。例如，它们可以按照组成它们的符号的“字母”顺序排列。因为每一个程序产生一个环境，该列表也可以看作机器的全部本领中的所有环境列表，可以称之为环境 1、环境 2，等等。列表中的某些环境有可能重复，因为两个不同的程序可能实际上完成同样的计算，但是这不会影响论证。重要的是，我们的机器的全部本领中的每一个环境都应该在列表中至少出现一次。

一个模拟的环境在表面的物理规模和表面的持续时间方面可以是有限的或者无限的。例如，建筑师对房屋的模拟可以运行无限长时间，但可能只覆盖有限的空间。视频游戏可以只允许用户在游戏结束前玩有限的时间，或者可以营造无限规模的游戏宇宙，允许无限多次探险，只有当用户决定结束时才结束。为使证明简单，我们只考虑永不停止的程序。这不算是多大的限制，因为如果一个程序停止，我们总是可以把它的无响应看作为一个感觉隔绝环境的响应。

我来定义一类逻辑上可能的环境，称之为康哥图环境，部分原因是纪念康托、哥德尔和图灵，还有部分原因将很快解释。定义如下：在主观的第一分钟，康哥图环境的表现与环境 1（由生成器的程序 1 产生）不同。至于它的表现是什么样无关紧要，只要对用户来讲，感觉到与环境 1 不同就行。在第二分钟，它的表现与环境 2 不同（虽然此时它允许与环境 1 相像）。在第三分钟，它的表现与环境 3 不同，等等。我把满足这些条件的环境称为康哥图环境。

既然康哥图环境的表现与环境 1 不完全相同，它就不可能是环境 1；既然它的表现与环境 2 不完全相同，它就不可能是环境 2；既然迟早它的表现肯定不同于环境 3、环境 4 以及列表上的所有其他环境，它也不可能是其中任何一个。但是该列表包含该机器所有可能程序生成的全部环境，所以没有一个康哥图环境落在机器的全部本领中。康哥图环境是我们用这台虚拟现实生成器所不能到达的环境。

很明显，存在大量康哥图环境，因为该定义给选择它们的行为方式留有很大的自由度，唯一的限制是，在每一分钟它们不能以某一种特定的方式动作。可以证明，对于一台虚拟现实生成器的全部本领中的每一个环境，存在无穷多的它不能营造的康哥图环境。用一批不同的虚拟现实生成器来扩大全部本领也无济于事。假设我们有 100 个，各个的全部本领都不同（为了论证方便），那么整个集合，再结合一个可编程的控制系统来决定用哪一台机器来运行给定的程序，只不过是一个更大的虚拟现实生成器。该生成器也服从我所给出的论证，所以对于它能营造的每一个环境，存在无穷多的它不能营造的环境。进一步地，关于不同的虚拟现实生成器的全部本领也不相同的假设被证明是过于乐观了。正如很快将看到的，所有充分完善的虚拟现实生成器本质上拥有同样的全部本领。

于是，我们设想中的建造终极虚拟现实生成器的计划曾经一度进展顺利，现在突然撞上了砖墙。不论在遥远的将来做什么样的改进，虚拟现实的全部技术所能营造的全部本领永远不能超出一个固定的集合。诚然，这个集合有无限大，较之于虚拟现实技术之前的人类感觉经验，也更加丰富多彩。但是无论怎样，它也只占所有逻辑可能环境的无穷小的一部分。

康哥图环境感觉起来会是什么样？虽然物理定律禁止我们处在这样的环境中，但是逻辑上仍是可能的，所以有理由问感觉会是什么样。当然，它不会给我们*新感觉*，因为通用印象生成器是可能的，而且被认为是我们的高技术虚拟现实生成器的一部分。所以，只有在我们经历过一个康哥图环境并细细回味其结果以后，它才会显得有点儿神秘。结果会像这样：假设你是遥远的、超高技术未来世界的一个虚拟现实迷，你厌倦了生活，因为似乎你已经经历了所有有趣的事情。但是有一天，一个精灵出现了，声称它能够把你送到康哥图环境中去。你很怀疑，但是同意尝试一下。于是你被卷到了这个环境中。在经过几次试验之后，你觉得好像见过它——它很像你喜爱的一个环境，在你的家用虚拟现实系统上，其程序编号是X。你继续试验，终于在你的主观感觉的第X分钟，该环境的反应明显不同于环境X。于是你不再认为它就是环境X。你可能会注意到，到目前为止所发生的一切与另一个可营造的环境（如环境Y）相一致。

但是，在主观感觉的第Y分钟，再次证明你猜错了。康哥图环境的特点就是这样：无论你怎么猜，无论你猜想营造这一环境的程序有多么复杂，你总是会被证明猜错了，因为在你的或者任何其他的虚拟现实生成器上根本没有程序能够营造这一环境。

你迟早不得不停止试验，此时就可以承认精灵的声明了。这并不是说你可以证明自己处于康哥图环境中，因为总是存在一个更复杂的程序，精灵可以运行它，并且吻合你迄今为止的所有感觉。这正是我已经讨论过的虚拟现实的一般特征，即体验不能证明你是否处于某个给定的环境中，不论是温布尔登中心球场还是康哥图环境。

无论怎样，并不存在这样的精灵和这样的环境。我们的结论只能是，物理上不允许虚拟现实生成器的全部本领达到或接近逻辑所允许的范围。那么它的全部本领的范围有多大？

既然不能指望营造所有逻辑上可能的环境，我们来考虑一种更弱的通用性（但是最终更有意思）。定义一种*通用虚拟现实生成器*，它的全部本领包括了所有其他的物理可能的虚拟现实生成器的全部本领。存在这样的机器吗？是的。考虑一下未来基于计算机控制的神经刺激的装置，这一点就清楚了，实际上已经几乎完全清楚了。可以为这种机器编程，让它具有任何一台别的机器的特点。它可以计算出在任一给定的程序和用户的任一动作下那台机器的反应是什么，然后高度准确地（从任一给定的用户的角度）营造这种反应。我说它是“几乎完全清楚”，因为它包含一个重要的假设，是关于这台设备——更具体说是它的计算机——能够被编程来做什么：给定合适的程序、足够的时间和存储介质，它能够计算出任何其他计算机完成的计算输出，包括别的虚拟现实生成器中的计算机。于是，通用虚拟现实生成器是否可行依赖于通用计算机——一台能够计算所有可计算的东西的机器——的存在性。

上文讲过，这种通用性不是首先由物理学家来研究的，而是由数学家研究的，他们想在数学中把直观的“计算”（或者“演算”、“证明”）精确化。他们没有关注这一事实，即数学演算是物理过程（特别地，如我所解释的，它是一个虚拟现实生成的过程），所以不可能用数学推理来确定哪些是可以用数学演算出来的，哪些则不能。这完全取决于物理定律。但是数学家们没有从物理定律出发来导出他们的结果，而是构想出抽象的“计算”模型，根据模型来定义“计算”和“证明”。（我将在第10章中讨论这个有趣的错误）事情就是这么发生了。在1936年的几个月里，数学家埃米尔·波斯特、阿伦佐·丘奇以及更重要的阿兰·图灵各自独立地创造了第一批通用计算机的抽象设计。每个人都猜想自己的“计算”模型正确地形式化了传统的、直观的数学“计算”概念，所以，每个人都猜想自己的模型等价于（拥有同样的全部本领的）任何其他合理的对同一直观概念的形式化。这一猜想现在称为丘奇—图灵假设。

图灵的计算模型以及他对于求解的问题本质的概念是最靠近物理的。他的抽象计算机（即图灵机）从这样的思想抽象而来：一条纸带，划分为方格，每一个方格上写有一个字符，字符取自有限几个容易辨认的符号。计算按如下方式执行：一次检查一个方格，纸带前移或者后移，按照简单、无歧义的规则擦除或者打印一个符号。图灵证明，一台特殊的这种类型的计算机（即通用图灵机）拥有所有其他图灵机合在一起的全部本领。他猜想，此全部本领恰好包含“所有能被自然地当作可计算的函数”。他用数学家指可计算。

但是数学家是非常不典型的物理实体。为什么要假定他们从事的演算就是计算的终极极限？事实并非如此。如我在第 9 章中要解释的，量子计算机能够完成的计算是（人类）数学家即使在理论上也不能完成的。图灵在他的著作中隐含地期望，“可被自然地当作可计算的”东西至少在理论上就是可以在自然界计算的东西。这一期望等价于丘奇—图灵假设的一个更强的物理版本。数学家罗杰·彭罗斯建议应该称它为图灵原理。

图灵原理

（对于模拟物理对象的抽象计算机）

存在一台抽象的通用计算机，其全部本领包括任何物理上可能的对象能够完成的任何计算。

图灵相信这里的“通用计算机”就是通用图灵机。为了把量子计算机更广泛的全部本领也考虑在内，我陈述这一原理时故意不指明是哪一台具体的“抽象计算机”。

我给出的关于康哥图环境的存在性的证明本来是由图灵给出的。如我所说，他不是明确地用虚拟现实的术语来考虑问题的，但是一个“可营造的环境”的确对应于一类可以演算出答案的数学问题，这些问题是可计算的。其他问题，即那些没有办法演算出答案的问题称为不可计算的。如果一个问题是不可计算的，这并不是说它没有答案，也不是说它的答案在某种意义上欠明了或模棱两可。相反，这意味着它肯定有答案，只不过甚至在理论上也没有办法物理地获得这个答案（或者更准确地说，证明某个东西就是答案，因为人总是有可能幸运地做出无法证实的猜想）。例如，素数对是一对差为 2 的素数，如 3 和 5、11 和 13。数学家们还不能回答，究竟是有无限多这样的素数对还是只有有限多个，甚至不知道这个问题是不是可计算的。假定是不可计算的，那就是说没有人也没有计算机能够证明究竟是只有有限多个素数对还是有无限多个。即使这样，这个问题还是有一个答案：可以肯定地说，要么存在最大的素数对，要么有无限多素数对，没有第三种可能。即使我们可能永远不知道它的答案，这个问题仍然是定义明确的。

用虚拟现实的话来说：没有物理上可行的虚拟现实生成器能够营造一种环境，按照用户的要求回答不可计算的问题。这样的环境是康哥图环境。反之，每一个康哥图环境对应一类物理上不可能回答的数学问题（“在如此这般定义的环境中，下一步会发生什么？”）。

虽然不可计算的问题比可计算的问题多无数倍，但是它们更生僻些。这不是偶然的。这是因为我们感到不生僻的那部分数学就是我们在熟悉的环境中所看见的物理对象的行为所反映出来的数学。在这种情况下，我们通常能够利用那些物理对象来解答对应的数学关系的问题。例如，我们能够用手指计数，因为手指的物理性质自然地模拟了从 0 到 10 的算术。

由图灵、丘奇和波斯特定义的三种大不相同的抽象计算机的全部本领很快被证明是相同的。从那以后所提出的数学计算的所有抽象模型都有同样的全部本领。这被视为丘奇—图灵假设以及通用图灵机的通用性的支持证据。然而，抽象机器的计算能力与实际上哪些东西是可计算的没有关系。虚拟现实的范围以及它对于理解自然和真实世界结构的其他方面的广泛意义，依赖于相关计算机是不是物理上可实现的。特别地，任何名副其实的通用计算机本身必须是物理上可实现的。这引出一个更强版本的图灵原理。

图灵原理

（对于彼此模拟的物理计算机）

有可能建造一台通用计算机：能够为它编程，使它完成任何其他物理对象所能完成的计算。

因此，如果通用印象生成器由通用计算机控制，那么最后得到的机器就是通用虚拟现实生成器。换句话说，以下原理也成立。

图灵原理

（对于彼此营造的虚拟现实生成器）

有可能建造一台虚拟现实生成器，它的全部本领包括所有其他物理上可能的虚拟现实生成器的全部本领。

现在，任何环境都可以由某种虚拟现实生成器来营造（例如，总是可以把那个特别环境的副本当作一台虚拟现实生成器，尽管其全部本领可能太小了）。所以，从这一版本的图灵原理还可以得出，任何物理上可能的环境都可以由通用虚拟现实生成器营造。因此，为了表达真实世界结构中存在的非常强烈的自相似性（不仅包括计算，而且包括所有物理过程），图灵原理可以叙述为这种囊括一切的形式。

图灵原理

有可能建造一台虚拟现实生成器，其全部本领包括所有物理上可能的环境。

这是图灵原理的最强形式。它不仅告诉我们真实世界的各个部分能够彼此相似，而且告诉我们存在这样一个物理对象，它可以被一劳永逸地建造好（除了维护工作以及必要时添加存储量以外），能够以无限的精度营造或者模拟多重宇宙的任何其他部分。该对象的所有行为表现和反应恰好反映出所有其他物理上可能的对象和过程的所有行为表现和反应。

如果真实世界结构确实是统一的、可理解的，就像我在第 1 章中表达的希望那样，那么这恰恰就是所必需的那种自相似性。如果施于任何物理对象或过程上的物理定律是可理解的，那么它们必须能够被收录于另一个物理对象——认识者中。创造这些知识的过程也必须是物理上可能的。这种过程称为科学。科学依赖于实验检验，这意味着要实实在在地提供规律的预言，并拿它与现实（的表现）相比较。它还依赖于解释，这要求抽象定律本身（而不仅是它们预言的内容）能够在虚拟现实中营造出来。这是很苛刻的要求，但是现实世界的确满足它。这就是说物理定律满足它。遵照图灵原理，物理定律使得它们自己被物理对象所认识，在物理上成为可能。因此，可以说物理定律成全了自己的可理解性。

既然建造通用虚拟现实生成器是物理上可能的，那么在某些宇宙中它必定实际上被造好了。这里需要说明一下。如我在第 3 章中所解释的，我们通常可以把物理上可能的过程定义为在多重宇宙的某处实际发生的过程。但是严格来说，通用虚拟现实生成器是一个需要限制的情况，它的运行需要任意多的资源。我们说它是“物理上可能的”，其真实含义是指全部本领能够任意逼近所有物理可能环境的集合的那种虚拟现实生成器在多重宇宙中是存在的。类似地，既然物理定律能够被营造，那么它们在某处必定已被营造了。因此，由图灵原理（在我所论证的强形式下）可知，物理定律不仅仅是在某种抽象意义上成全了自身的可理解性——宛如被抽象科学家所理解那样。它们意味着在多重宇宙的某处物理地存在一些实体，这些实体能够无限准确地理解它们。在后续章节中将进一步讨论这一含义。

现在回到我在前一章中提出的问题，即如果我们只有基于错误的物理定律营造的虚拟现实供学习，是否我们将学到错误的定律？首先强调的一点是，我们的的确确只有基于错误定律的虚拟现实可以学习！我已经说过，所有外部体验是我们自己的大脑产生的虚拟现实。既然我们的概念和理论（不论是天生的还是学来的）不是完美的，那么我们所营造的所有东西就确实是不准确的。也就是说，我们所体验到的环境是与我们所在的真实环境很不相同的。海市蜃楼及其他视觉幻影就是例子。另一个例子是，尽管地球实际上在快速而复杂地运动着，但我们感觉它在脚下是静止的。再有一个例子是，我们只感觉到单一宇宙以及单一的有意识的自我，然而实际上存在许多。但是，这些不准确的、迷惑人的感觉并没有提供反对科学推理的论据。相反，这些缺陷恰恰是科学推理的起点。

现在我们开始解决关于物理实在的问题。如果说我们一直在研究的仅仅是宇宙天象仪的规划问题，那么这仅仅意味着我们研究的那部分真实世界比我们原先以为的要小。那又怎样？这样的事情在科学史上已经发生多次了，我们的视野扩展到地球以外，包括了太阳系、银河系、其他星系、星系群以及平行宇宙。明天也可能发生这样的扩展。的确，这种扩展可以根据无限多可能的理论中的任何一个来进行，或者还可能永远也不发生。从逻辑上讲，我们必须承认唯我主义及相关学说的这一论点，即认为我们所了解的那部分实在可能是一个更大的、不可达的或不可理解的结构中没有代表性的一部分。但是，我对这些学说所给出的一般性的反驳则说明指望这种可能性是不合理的。遵照奥卡姆剃刀原则，当且仅当这种理论提供的解释好于简单的对立理论时，我们才应该接受它。

然而，我们还可以问一个问题。假设某些人被关在真实世界中的一个狭小的、没有代表性的区域里，例如关在一个用错误的物理定律编好程序的通用虚拟现实生成器中。对于我们的外部真实世界，这些囚犯能够了解到什么呢？乍一看，似乎他们不可能发现任何东西。似乎是他们所能发现的大部分东西都是掌管囚室的计算机的操作规律，即程序的规律。

但是实际并非如此！我们必须记住，如果囚犯是科学家，他们就会寻求解释以及预言。换句话说，他们不会满足于仅仅知道掌管囚室的程序，他们想要解释在其居住的现实中所观察到的各种实体的起源和属性，包括他们自身。但是在大多数虚拟现实环境中不存在这样的解释，因为所营造的对象不是起源于那里，而是在外部真实世界中已经设计好了。设想你正在玩一个虚拟现实游戏。为简单起见，假设游戏本质上就是国际象棋（可能是一种第一人称版本，你在其中扮演国王）。你会采用通常的科学方法来发现该环境的“物理定律”及其导致的结果。你会发现将死与僵局是“物理上”可能的事件（即在你对该环境的运作方式的最好理解下它们是可能的），而有 9 个白卒的棋局是“物理上”不可能的。一旦充分理解了规律，你就会注意到棋盘过于简单，不会具有诸如思想这种东西，因此你自己的思维过程不可能仅仅受象棋规律支配。类似地，你可以知道，不论经过多少棋局，棋子永远不会进化为自我繁殖的形态。如果生命不能在棋盘上进化，那么智能进化就更甭提了。所以，你还会推断出，你自己的思维过程不会起源于你所发现的宇宙。这样，即使你终生都生活在营造的环境中，也没有关于外部世界的任何记忆，你的知识仍不会受限于该环境。你会晓得，虽然宇宙似乎有一定的布局，遵从一定的规律，但是在它外面一定有更大的宇宙遵循不同的物理定律，你甚至可以猜出那些更大的规律必定不同于棋盘规律的一些方面。

阿瑟·克拉克曾经评论道："充分高级的技术与魔术是分不清楚的。"真是这样，但是有点使人误解。他是站在前科学时代思想家的角度来说的，其思路是错误的。事实是，对于任何理解虚拟现实的人来说，甚至真正的魔术与技术也是分不清楚的，因为在可理解的真实世界中没有魔术的位置。任何似乎不可思议的东西在科学看来都不过是证明还有尚未理解的东西，不论它是魔术窍门、高级技术还是新的物理定律。

以自我的存在为前提的推理称为"人择"推理。虽然它在宇宙学中有些应用，但是在产生明确的结论以前，通常必须给它补充大量关于"自我"本质的假设。然而人择推理并非我们假想的虚拟现实中囚室居民藉以获得外部世界知识的唯一途径。他们关于自己的狭窄世界的任何发展中的解释都会很快触及外部真实世界。例如，爱动脑筋的棋手会注意到，正是象棋规则中包含的一些"化石证据"反映了某些规则的演化历史：存在诸如王车易位和吃过路卒这样的"特殊"走步，增加了规则的复杂性，但是改良了游戏。在解释这种复杂性时，人们有足够的理由推断象棋规则并非从来都像现在这个样子。

在波普尔模式中，解释总是导致新的问题，又需要进一步的解释。如果过一阵子之后囚犯没能改进已有的解释，他们当然可能放弃，可能会错误地推断说不存在解释。但是如果他们不肯放弃，他们就会思考环境中那些似乎解释得不够充分的地方。所以，如果高技术的看守想要确保他们营造的环境永远都能欺骗囚犯，使其认为不存在外部世界，那么他们必须预先安排好自己的工作。他们想让错觉维持的时间越长，程序就必须编得越巧妙。不让囚犯观察外部世界是不够的。营造的环境还必须保证，对内部事物的解释都不会要求人们去假设一个外部世界的存在。换句话说，该环境对于解释必须是自给自足的。但是，我不相信，除了整个真实世界以外，它的任何一个局部具有这种性质。

术　语

通用虚拟现实生成器：全部本领包含所有物理上可能的环境的虚拟现实生成器。

康哥图环境：逻辑上可能而又不能被任何物理上可能的虚拟现实生成器营造的环境。

对角线论证：一种证明形式，首先设想一组实体的列表，然后利用此列表构造一个不在列表中的相关实体。

图灵机：第一批抽象计算模型之一。

通用图灵机：包含所有其他图灵机的全部本领的图灵机。

图灵原理（最强形式）：在物理上有可能建造一台通用虚拟现实生成器。在我所做的假定下，这意味着在多重宇宙某处将被实际建造的虚拟现实生成器的通用性是没有上限的。

小　结

对角线论证表明，绝大多数逻辑上可能的环境都不能在虚拟现实中营造出来。我称这些环境为康哥图环境。不过，在物理实在中存在广泛的自相似，它被图灵原理表达为：有可能建造一台虚拟现实生成器，其全部本领包含所有物理上可能的环境。于是，单独一个可建造的物理对象就可以模拟任何别的物理上可能的对象或过程的所有行为和反应。正是这一点才使得真实世界是可以理解的。

这也使得生命有机体的进化成为可能。然而，在讨论进化论这一真实世界结构的第四大解释以前，我必须简要地聊聊认识论。

第7章　关于证明的对话

（戴维和隐归纳主义者的对话）

我认为我已经解决了一个主要的哲学难题：归纳问题。

——卡尔·波普尔

在前言中我已经解释过，本书不是为四大主要基础理论辩护，而是探讨它们到底意味着什么，它们描述的真实世界是什么样。因此，我不想对它们的对立理论进行深入讨论。然而，除了一个对立理论——常识[1]。每当常识与我的判断似乎有矛盾时，我都会给出详细的反驳。因此在第2章，我彻底地反驳了认为只有一个宇宙的常识观点。在第11章中，我会同样地反驳认为时间"流逝"或者我们的意识在时间中"穿行"这一常识观点。在第3章中，我批判了归纳主义，这一常识观点认为我们关于物质世界的理论是通过推广观察结果得到的，并通过重复这些观察使理论得到证明。我解释过，从观察数据中归纳推广是不可能的，归纳证明是无效的。归纳主义建立在错误的科学观上，即认为科学是根据观察寻求预言，而不是

[1] 指普通人不假思索的判断。——译注

针对问题寻求解释。我还解释过（遵从波普尔理论），科学是怎样依靠猜想新的解释，通过实验挑选最好的解释，从而取得进展的。所有这些观点都被科学家和科学哲学家所广泛接受。没有被大部分哲学家接受的是：这一过程是被证明了的。下面我来解释。

科学寻求更好的解释。科学解释通过猜想现实世界的真实面貌以及工作机理，以期解释我们的观察。如果一个解释留下的悬疑（例如其性质未被解释的实体）更少，需要的假定更少更简单，更有普遍性，与其他领域的好解释更容易紧密整合，我们就认为这个解释更好。但为什么我们总是认为一个更好的解释在实践中就应该代表更真的理论呢？就此而言，为什么一个彻头彻尾的坏解释（例如不具备以上任一属性的解释）就一定是假的呢？真实性和解释能力之间的确没有逻辑上的必然联系。坏的解释（例如唯我论）也可能是真的。即使最好的最真的现有理论在某些情形下也可能做出错误的预言，而恰恰在这些情形下我们要依赖这个理论。任何正确的推理形式都不能从逻辑上排除这种可能性，甚至不能证明它们的可能性很低。但是这样的话，怎么证明我们依赖最好的解释作为实际决策的指南是对的呢？更一般地说，不论我们以什么标准来评判科学理论，为什么一个今天符合这种标准的理论可能告诉我们明天会发生什么呢？

这是现代形式的“归纳问题”。大多数哲学家现在都同意波普尔的观点，即新理论不是从任何东西中推断出来的，而仅仅是假设。他们也承认，科学进步是通过猜想和反驳（如第 3 章中所描述的）而取得的，理论被接受是因为它的所有竞争理论都被驳倒了，而不是因为有大量支持它的实例。他们承认这样得到的知识实际上是比较可靠的。问题在于他们不知道为什么如此。传统的归纳主义者试图搞出一个“归纳原理”，认为正面实例会使理论更加可信，或者试图提出“未来类似过去”等诸如此类的说法。他们还试图形成一套归纳科学方法论，制定从“数据”中正确得出结论的推理规则。他们全失败了，其原因我已经阐明过了。但即使他们成功了，即成功地构造了一种模式，遵从它就能成功地创造新的科学知识，那也不能解决现在所理解的归纳问题。因为在这种情况下“归纳法”仅仅是选择理论的另一种可能的方法，为什么那些理论可以作为行动的可靠根据这个问题仍然存在。换句话说，担心这种“归纳问题”的哲学家已经不是传统意义上的归纳主义者。他们并不试图通过归纳得到或证明任何理论。他们并不认为天会塌下来，但是他们不知道如何证明。

今天的哲学家渴望找到这一缺失的证明。他们不再相信归纳法能提供这种证明，但是在他们的万物图纸上留下了一个归纳主义形状的缺口，正如信仰宗教的人一旦失去了自己的信念，会在他们的万物图纸上留下一个“上帝形状的缺口”一样。但是在我看来，在万物图纸上有 X 形状的缺口和信仰 X 没有什么区别。因此，为了适合于这种更深奥的归纳问题观念，我想将“归纳主义者”重新定义为那些人：他们以为归纳证明的*无效性*对于科学基础构成一个问题。换句话说，归纳主义者认为有一个缺口必须填补，如果不能被归纳原理填补，也要被其他东西填补。有些归纳主义者不介意自己被称为归纳主义者，有些人则介意，因此我称后者为*隐归纳主义者*。

大多数当代哲学家都是隐归纳主义者。更糟的是，他们（像许多科学家一样）非常轻视解释在科学进程中的作用。大多数支持波普尔的反归纳主义者也是这样，从而倾向否认存在证明这种东西（即使是暂时性的证明）。这样在他们的万物图纸上又开了一个新的解释缺口有待填补。哲学家约翰·沃勒尔从自己的观点把这个问题编成为剧本，假想波普尔和其他几个哲学家的一场对话，题目是“为什么波普尔和沃特金斯没有解决归纳问题”[1]。布景在埃菲尔铁塔顶端，其中一个人物是“飘浮者”，他决心翻过栏杆跳下铁塔，而不是正常地乘电梯下铁塔。其他人试图说服飘浮者：跳下去必死无疑。他们用上了已知最好的科学和哲学论证劝说他，但是情绪激动的飘浮者仍然预期飘下去是安全的，并不断指出根据过去的经验，逻辑上不能证明其他预期比他的预期更加准确。

我相信可以证明飘浮者会摔死。这样的证明（当然，总是暂时性的）来自于有关科学理论给出的解释。只要这些解释是好的，就有理由证明根据它们的理论得到的预言是值得信赖的。因此，我以同样的背景做一篇我自己的对话，作为对沃勒尔的答复。

戴维：读了波普尔关于归纳的论述，我认为确实如他所说，他解决了归纳问题。但是几乎没有哲学家认可，这是为什么？

隐归纳主义者：因为波普尔从来没有讨论那个我们所理解的归纳问题，他所做的仅仅是批评*归纳主义*。归纳主义认为，存在一种“归纳”推理形式，在给定过去所做的具体观察作为证据的情况下，推导出关于未来的一般性理论，并证明它的适用性。归纳主义认为存在一个自然原则——*归纳原则*，说的是“未来的观察很可能与过去类似条件下的观察相似”。人们做过许多尝试将这个原则形式化，使得它允许人们从具体观察实例中推导或证明出一般性理论，但均告

[1] 出自《自由和理性：纪念约翰·沃特金斯》。

失败。波普尔的批评（特别是与他阐明科学方法论的其他工作联在一起）虽然在科学家中颇有影响力，但并不是首创。归纳主义几乎从它诞生之日起就基础不牢，而自从戴维·休谟在 18 世纪早期对它的批评之后就更是板上钉钉。归纳问题并非如何证明或反驳归纳原则，而是在认为它不正确的情况下，如何证明从过去的证据中得出的关于未来的结论是正确的。对了，刚才你说不需要证明……

戴维：对，不需要。

隐归纳主义者：需要。这就是你们这些波普尔主义者气人的地方，你们否认明显的东西。显然你们至今不跳过栏杆的部分原因是，你们认为依赖于最好的重力理论才是正确的，而依赖于其他某些理论就是不正确的。（当然，这里“最好的重力理论”不仅仅指广义相对论，同时也指一整套有关空气阻力、生理学、混凝土弹性以及是否有空中救生设备等这类事情的复杂理论。）

戴维：是的，我认为依赖那样的理论是正确的。根据波普尔方法论，在这些情况下我们应该依赖经过最好确证的理论，即那些经受了最严格检验的、其竞争对手都被驳倒的理论。

隐归纳主义者：你说“应该”依赖最好确证的理论，但到底为什么呢？大概是因为根据波普尔所说，确证的过程已经证明了该理论，意即它的预言比其他理论的预言更有可能是真的？

戴维：不是比所有其他理论都更有可能为真，因为总有一天我们会有更好的重力理论……

隐归纳主义者：你看，咱们不要狡辩、互相使绊子好不好？那无益于我们讨论实质问题。当然总有一天会有更好的重力理论，但是你必须现在决定是否跳下去，现在！而且根据现有的证据，你已经选择了一个特定的理论来行动，你是按照波普尔的标准来选择的，因为你相信以这样的标准才最有可能选择出预言正确的理论。

戴维：是的。

隐归纳主义者：因此总结一下，你相信现有的证据证明了如果你跳过栏杆肯定会摔死这个预言是正确的。

戴维：不是。

隐归纳主义者：可他妈的，你自相矛盾！刚才你说过了这个预言是被证明了的。

戴维：它是被证明了的，但它不是被证据证明的，如果你说的"证据"是指其结果过去曾被这个理论正确预言过的那些实验。我们都知道，那些证据和无穷多理论都一致，包括预言我跳过栏杆后所有逻辑上可能的后果的理论。

隐归纳主义者：这么看来，我重复一下，整个问题就在于寻找到底是什么证明这个预言是对的。这就是归纳问题。

戴维：这个问题波普尔已经解决了。

隐归纳主义者：呵，这倒是新鲜事，我已经广泛地研究过波普尔。不过，解法是什么？我倒真的想听听。如果不是证据，那会是什么东西证明了预言？

戴维：论证。

隐归纳主义者：论证？

戴维：对，一切都只能通过论证得以证明——当然是暂时性的。所有理论都可能出错，无一例外。但是论证有时仍然能证明理论是正确的，这就是论证的目的所在。

隐归纳主义者：我觉得你又在狡辩了，你不能说理论是靠纯粹的论证得以证明的，就像数学定理[1]那样。证据当然要起一定作用。

戴维：当然了。这个理论是经验性的，因此，根据波普尔科学方法论，关键实验在众多理论的取舍中起决定性作用，其他竞争理论被驳倒，只有这个理论存活下来。

隐归纳主义者：理论有的被驳倒了，有的存活下来，这些都发生于过去，其结果证明了理论确实能用来预言未来。

戴维：我认为是这样，虽然在并非讨论逻辑演绎的场合说“其结果证明了”似乎有些误导。

隐归纳主义者：这又回到了全部问题所在，那是什么性质的结果？我们就讨论这一点。你承认，证明理论的既有论证过程又有实验结果。如果实验结果不同，那么论证将证明出一个不同的理论。你是否承认在这个意义上过去的实验结果确实证明了预言呢？对，当然是通过论证，但是我不想重复这个附带条件。

戴维：我承认。

隐归纳主义者：那么，那些实际做过的实验结果证明了预言，而其他那些可能的实验结果则会证明出相反的预言，这到底是怎么回事？

戴维：这是因为那些实际的实验结果反驳了所有竞争理论，巩固了现在流行的这个理论的地位。

隐归纳主义者：好，现在注意听。你刚才说的不仅可以证明是错的，而且你自己刚刚承认它是错的。你说那些实验结果“反驳了所有竞争理论”，但是你自己很清楚，没有任何一组实验结果能反驳

[1]　事实上，数学定理也不是被“纯粹的”（与物理无关的）论证证明的，我将在第10章中进行解释。——作者

掉一个普遍理论的所有可能的竞争理论。你自己说过，任何一组过去的实验结果都是（让我引述）“和无穷多理论都一致，包括预言我跳过栏杆后所有逻辑上可能的后果的理论”。因此，结论是无情的：你赞成的那个预言并没有被实验结果证明，因为你的理论有无穷多竞争对手，还没有被驳倒，而它们的预言与你相反。

戴维：很高兴我仔细听了，如你所愿，现在我明白了，我们的分歧至少有一部分来自于对术语的误解。当波普尔说到某一理论的“竞争理论”时，他并不是指全部逻辑可能的竞争理论：他仅仅指实际存在的竞争理论，那些在理性争论过程中提出来的竞争理论。（包括那些由一个人在内心自我“争论”过程中纯粹是在心里“提出来”的理论。）

隐归纳主义者：我明白了。我可以接受你的用词。但是，顺便说一句（虽然这目前没有什么紧要，我只是好奇），你归功于波普尔的这个断言难道不令人奇怪吗？一个理论的可靠性依赖于人们过去曾经提出过哪些其他理论——错误理论——这一偶然事件，而不是依赖于这个理论本身的内容以及它的实验证据？

戴维：并不奇怪。甚至你们归纳主义者也说过……

隐归纳主义者：我不是归纳主义者！

戴维：你是！

隐归纳主义者：哼！再说一遍，如果你坚持的话，我可以接受你的用词。但你还不如称我为豪猪呢！如果因为一个人的整个论点仅仅是“归纳推理的无效性给人们提出了一个未解决的哲学问题”就称他为“归纳主义者”，那就太不讲道理了。

戴维：我认为不是这样。我认为这个论点本身就判定了一个归纳主义者，而且判定得很准。但我看出波普尔至少有一项成就："归纳主义者"已经成为一个滥用术语！不过，我刚才是在解释理论的可靠性应该取决于人们过去曾经提出过哪些错误理论，这一点为什么并不那么奇怪。甚至归纳主义者谈论在一定"证据"下一个理论是否可靠，而波普尔主义者则说，在一定的问题—情景下，这个理论是实际应用中现有最好的理论。问题—情景的最重要的特征是：参加争辩的有哪些理论和解释，提出了哪些论证，哪些理论已经被驳倒。"确证"并不仅仅是确认哪个理论赢得了胜利，它还需要对竞争理论进行实验反驳。正面实例本身没有意义。

隐归纳主义者：很有意思。我现在理解了一个理论的被驳倒的竞争对手在证明这个理论的预言方面起什么作用了。在归纳主义那里，观察被认为是首要的。人们想象从一大堆过去的观察结果中归纳出理论，观察同时还充当证明理论正确性的证据。而在波普尔的科学发展图画里，首要的不是观察，而是问题、争论、理论和批评。设计并进行实验的目的仅仅是为了解决争论。因此，只有那些确实驳倒了一个理论的实验结果才构成了"确证"——这个理论还不能是一个随意的理论，它必须是在理性论辩过程中的一个真正的竞争者。也只有那些实验才为优胜理论的可靠性提供了证据。

戴维：正确。即使这样，通过确证的"可靠性"也不是绝对的，仅仅是相对于其他竞争理论而言的。也就是说，我们认为依靠确证过的理论这一策略就是从提出的那些理论中挑出最好的理论。这足以成为行动的基础。至于提出的行动方案（甚至最好的方案）有多么好，我们不需要（也不能有效地获得）任何保证。而且，我们总会出错，可是那又怎么样？我们不可能采用还没有提出的理论，也不可能纠正还没有发现的错误。

隐归纳主义者：确实如此。我很高兴学到了一些科学方法论。但是现在——我希望你不会认为我失礼——我必须把你的注意力再次转移到我一直在问的问题上来。假设一个理论已经通过了这整个过程，它曾经有过竞争者。经过实验，所有竞争理论都被驳倒，唯独它自己没有被驳倒，因此它被确证了。什么叫一个理论被确证，证明我们未来可以依赖它？

戴维：因为它的所有竞争者都被驳倒，理性上再也不能站得住脚。被确证的理论是仅存的理性上站得住脚的理论。

隐归纳主义者：但是这仅仅把问题的焦点从过去的确证对未来的意义转移到过去的反驳对未来的意义上。问题仍然存在。究竟为什么被实验驳倒的理论是“理性上站不住脚的”？是不是只要有一个错误结果，就意味着它不可能是真的？

戴维：是的。

隐归纳主义者：但是肯定，就理论的未来可应用性而言，这在逻辑上不是一个成比例的批评。当然，被驳倒的理论不可能是普遍真理[1]——特别地，在过去检验它时，它就不应是对的。但是它仍然可能有许多正确的结果，特别地，在未来它还有可能普遍为真。

戴维：“过去为真”和“未来为真”这两个说法是误导。一个理论的每个具体预言要么是对的，要么是错的，这不可改变。你的意思实际上是说，尽管被驳倒的理论严格来讲是错的，因为它的某些预言是错的，但是它对未来的所有预言仍有可能都是对的。换句话说，

[1] 事实上，如果关于实验设置的其他理论是错的，那么它仍有可能普遍为真。——作者

对未来做相同的预言而对过去做不同的预言的另一个理论则可能是真的。

隐归纳主义者：你这么说也行。我现在不问为什么被驳倒的理论在理性上是站不住脚的，我换一个更严格的问法：为什么对一个理论的反驳会致使它的那些对未来的预言以及与它一致的理论变种——甚至从来没有被反驳过的变种——都变得站不住脚了呢？

戴维：并不是反驳致使这些理论站不住脚，而是有时候它们自己已经站不住脚了，由于它们的解释太糟糕。这就是科学取得进步的时候。一个理论要想赢得论证，必须使它的所有竞争理论都站不住脚，包括人们能够想到的它们的所有变种。但是请记住，只需要那些人们想到过的竞争理论站不住脚就行了。以重力为例，没人提出过经得起推敲的理论，在所有实验过的预言上，它能够和目前的理论相符合，而在对未来的实验预言上又与其不同。我相信这样的理论是完全有可能的，例如目前理论的后继者也许就是其中之一。但是如果还没人想到这个理论，人们怎么能遵照它呢？

隐归纳主义者："还没人想到这个理论"是什么意思？我现在就能轻易地想出一个。

戴维：我很怀疑你行。

隐归纳主义者：我当然行啦！你听着。每当你，戴维，从高处跳下，凡是根据目前的理论会摔死的情况，你都不会死而是飘浮着。除此以外，目前的理论普遍成立。说白了吧，你的理论的每一个过去的验证也必然是我的理论的验证，因为就过去的实验而言，你的理论和我的理论的所有预言是完全一样的。因此，你的理论的被驳倒的竞争理论也是我的理论的被驳倒的竞争理论，我的新理论和你的理论完全同样地经过了确证。那么,我的理论怎么能是“站不住脚的”?我的理论会有哪些你的理论里没有的漏洞?

戴维：几乎每一个漏洞在波普尔的书里都提到了！你的理论是在目前理论的基础上附加一个未经解释的限制条件，即我会飘浮着。这个限制条件实际上是一个新理论，但是你完全没有给出论证来反对目前的关于重力性质的理论，或支持你的新理论。这样你的新理论就规避了所有批评（除了我现在所做的批评外）和所有实验检验。它没有解决也不想解决任何现有难题，你也没有指出它能解决什么新的、有意义的问题。最糟糕的是，你的限制条件不仅什么也没有解释，而且还糟蹋了作为目前理论基础的重力的解释，正是这种解释证明了依赖目前理论是正确的，而不是依赖你的理论。因此，根据任何理性标准，你提出的限制条件可以一概驳回。

隐归纳主义者：同样这些话不能用来说你的理论吗？你我理论之间的差别仅仅在于同一个不起眼的限制条件方面，只不过我的多一点，你的少一点。你认为我应该解释我的限制条件，但为什么我们俩的地位是不对称的？

戴维：因为你的理论没有对其预言进行解释，而我的进行了。

隐归纳主义者：但是如果我的理论是先提出的，就该是你的理论看起来包含一个未经解释的限制条件了，那么“一概驳回”的就该是你的理论了。

戴维：那完全不对。任何理性的人在比较了你的理论和目前的理论之后都会马上拒绝你的理论，而赞成目前的理论，即使你的理论提出在前。因为你的理论是对另一个理论的未经解释的修正，这一事实就体现在你的理论的陈述里。

隐归纳主义者：你的意思是我的理论中有“某某理论普遍成立，除了在某某情形下”这种形式，而我又没有解释这个例外为什么成立？

戴维：对了。

隐归纳主义者：啊，原来如此！那我知道怎么证明你是错的了（借助于哲学家纳尔逊·古德曼）。考虑一种英语的变种，它没有动词“落下”，而有一个动词“x-落下”，通常的意思就是“落下”，除了用于你时是指“飘浮”。类似地，它还有一个动词“x-飘浮”，通常的意思就是“飘浮”，除了用于你时是指“落下”。在这个新语言里，我的理论可以表达为不带限定的断言：所有物体在没有支撑的情况下都会x-落下。但是目前的理论（用英语表达为“所有物体在没有支撑的情况下都会落下”）用这个新语言表达却必须附加限定条件：所有物体在没有支撑的情况下都会x-落下，除了戴维会x-飘浮。因此，这两个理论中哪一个是带限定条件的取决于用哪种语言来表述，对不对？

戴维：形式上是的，但是这无足轻重。你的理论本质上含有未经解释的断言，限定目前的理论，而目前的理论本质上是你的理论剥除了未经解释的限制条件。不管你怎么切它，这是客观事实，与语言无关。

隐归纳主义者：我看不出为什么。你自己用我的理论的形式发现了“不必要的限制条件”，你说了它在我的理论陈述里“体现为”一个附加从句——在英语里。但是当把这个理论翻译成我的语言时，就没有明显的限制条件了。相反地，一个明显的限制条件出现在目前理论的陈述里。

戴维：是这样的。但不是所有语言的地位都平等。语言也是理论。

在语言的词汇和语法里，体现了关于世界的本质断言。每当我们陈述一个理论时，只有一小部分内容是明确的：其他内容由语言本身承载。正如所有理论一样，人们创造和选择语言是冲着它解决某些问题的能力去的。在我们这种情况下，问题就是为表达其他理论提供形式，以便于应用、比较和批评理论。语言解决这些问题的最重要方式之一就是隐含地体现那些无争议的理所当然的理论内容，并使那些需要陈述或争论的内容表达得简洁清晰。

隐归纳主义者：我承认这一点。

戴维：因此，一种语言选择用这一组概念而不用那一组概念来覆盖概念范围，这并不是偶然的，它反映了说话者当前的问题—情景状态。这就是为什么你的理论的形式——英语——是个很好的指标，反映了当前的问题—情景状况——指出理论究竟是解决了问题还是使问题恶化。但是我抱怨的不是你的理论的形式，而是它的内容。我的牢骚是，你的理论没有解决任何问题，反而使问题—情景恶化。这一缺陷当用英语表达时便暴露无遗，而用你的语言表达时就被掩盖起来了，但是缺陷丝毫不会因此减弱。我的抱怨可以用任何语言表述得同样好，不论是英语、科学术语还是你刚才提出的语言或者任何能够表达我们的讨论的语言。（波普尔有一句格言：一个人应该随时愿意用对手的语言进行讨论。）

隐归纳主义者：也许你有点儿道理。但你能详细说说吗？我的理论是如何使问题—情景恶化的？为什么这一点甚至对于以我的假想语言为母语的人也会是显然的？

戴维：你的理论断言存在一个物理怪物，根据目前理论它不存在。这个怪物就是声称我戴维能免受重力作用。当然你能杜撰一种语言把这个怪物隐藏起来，从而在你的重力理论的陈述中不需要明确提到它，但是它们仍然提及这个怪物。玫瑰不管叫什么名字闻起来都一样香。假设你甚至所有人都以你的语言为母语，并且相信你的重力理论是对的。假设我们都用“x- 落下”这个词来描述你或者我跳过栏杆会发生什么，并且我们都认为这么描述是完全自然、天经地义的，所有这一切都丝毫不能改变一个明显的区别，即我对重力作用的反应和其他人都不一样。如果你翻过栏杆，那么你在坠落过程中就会嫉妒我。你会想：如果我对重力的反应不是像我现在这样，而是能像戴维那样截然不同，该多好啊！

隐归纳主义者：是这样。只是因为描述你我对重力的反应用的是同一个词“x- 落下”，我不会就此认为实际的反应也是一样的。相反，作为这一假想语言的熟练掌握者，我深知“x- 落下”对于你和对于我在物理上是不一样的，正如一个母语为英语的人知道“being drunk”用于人和用于一杯水时含义完全不同一样[1]。我不会认为：如果戴维发生了这种事，他会像我一样 x- 落下。我会想：如果戴维发生了这种事，他会 x- 落下而活下来，而我会 x- 落下摔死。

戴维：而且，尽管你确信我会飘浮着，你还是不理解为什么。知道不等于理解，你会好奇怎么解释这个“著名”的怪物，其他人也一样。世界各地的物理学家会云集来研究我对重力的异常反应。实际上，如果你的语言真的是流行的语言，你的理论真的被大家公认，那么科学界大概从我诞生之日起就会迫不及待地排长队等着把我扔出飞机去！但是当然了，所有这些前提——你的理论世所公认并具

[1]　“being drunk”用于人时意思是“喝醉了”，而用于一杯水时意思是“被喝掉了”。——译注

体体现在流行的语言里——都是荒诞的。不管有没有理论，有没有语言，事实上所有理性的人都不会接受这样一个醒目的物理怪物存在的可能性，除非有特别强有力的解释支持它。因此，正如你的理论会被一概驳回一样，你的语言也会被拒绝使用，因为它只不过是用另一种方式陈述你的理论罢了。

隐归纳主义者：那么有没有可能这背后潜伏着一个归纳问题的解决方案？让我想想，这个关于语言的洞察是如何使事情改变的？我的论证依赖于你我观点之间的明显对称。我们采纳的理论都与现有实验结果一致，其竞争理论（除了它们彼此之间）都已经被驳倒了。你说我是不理性的，因为我的理论含有一个未经解释的断言，但是我反驳说，用另一种语言表达，反而是你的理论包含这样的断言了，所以这种对称性仍然存在。但是现在你又指出语言也是理论，而且我提出的语言和理论二者组合在一起断言了一个客观的物理怪物的存在。与英语和目前理论的组合相比，后者没有这种断言。这就是你我观点之间的对称性破缺之处，也是我的论证不可救药地垮台之处。

戴维：的确如此。

隐归纳主义者：让我看看能否进一步阐明这一点。你是否认为在理性里存在这样一条原则，即一个断言存在客观的物理怪物的理论与不做这种断言的理论相比，如果其他条件相等，则前者的预言准确度就比后者低？

戴维：不完全这样。不加解释地断言怪物存在的理论比起它的竞争理论来说，做出准确预言的可能性要低。一般地讲，主张一个理论的目的是为了解决问题，这是一条理性原则。因此，不解决问题的任何假定都应该被抛弃。这是因为经过这个假定的限制，原本是好的解释变成了坏的解释。

隐归纳主义者：现在我明白了，有些理论存在未经解释的预言，而有些理论没有，这两者之间的确存在客观的区别。我得承认，这的确有希望成为归纳问题的解决方案。看来你已经发现了一个方法，只要给定过去的问题—情景（包括过去的观察证据）以及好坏解释之间的区别，就能证明你在未来依赖重力理论是正确的。你不需要做诸如"未来可能会相似于过去"这类假设。

戴维：发现这个方法的人不是我。

隐归纳主义者：那我也不认为是波普尔发现的。首先，波普尔从来不认为科学理论可以被证明。你仔细区分了理论被观察所证实（如归纳主义者所认为的）和被论证所证实这两种情况，但是波普尔没有做这种区分。关于归纳问题，他实际上说，虽然理论对未来的预言是不能被证明的，但是我们应该就当它们是被证明了一样！

戴维：他没这么说。如果他说了，他也不是这个意思。

隐归纳主义者：什么？

戴维：如果他的确是这个意思，那他就错了。你为什么难过呢？一个人完全有可能发现了新理论（这里是波普尔认识论），但是仍然继续坚持与之矛盾的信念。理论越深刻越容易这样。

隐归纳主义者：你是在说自己比波普尔本人更加理解波普尔理论吗？

戴维：我不知道，也不关心。你知道，哲学家对思想的历史源泉的尊重是非常过分的。科学上我们并不认为理论的发现者对该理论有任何特殊的洞见。相反，我们几乎不去参阅原始的资料。随着当初引起这些发现的问题—情景被发现本身所改变，这些原始资料不可避免地变得过时了。例如，今天的大多数相对论学家对爱因斯坦理论的理解比他本人更深刻。量子理论的奠基者们对他们自己理论的理解也是一团乱麻。这种开始阶段的摇摆不定是在预料之中的，而当我们站在巨人的肩膀上时,并不难看得比他们更远。但不论怎样，争论真理到底是什么肯定更加有意义，而不是争论某个具体的思想家（无论他多么伟大）是这么想的还是那么想的。

隐归纳主义者：好吧，我同意。但等会儿，我说过你没有假定任何归纳原则，我觉得这个说法下得太早了。你看，你已经证明了一个理论（目前的重力理论）比另一个理论（我提出的重力理论）对未来的预言更可靠，尽管这两个理论都符合目前已知的所有观察结果。既然目前的理论对未来和过去都同样适用，那么你就已经证明了：就重力而言，*未来相似于过去*。而且只要你在确证的基础上证明了一个理论是可靠的，上面的论证就成立。现在为了从“确证”走向“可靠”，你检查理论的解释能力。所以，你证明的是我们可称为“寻求更好解释的原则”，再加上观察。对了，还有论证——蕴涵着未来在许多方面相似于过去。而这就是归纳原则！如果你的“解释原则”蕴含着归纳原则，那么在逻辑上，它就是归纳原则。这样归纳主义仍然是对的，不论是明确的还是隐含的，都确实必须先假定归纳原则，然后才能预言未来。

戴维：哎呀，归纳主义真是毒害至深呀！才平息了几秒钟，现在又复发了，而且还愈演愈烈。

隐归纳主义者：波普尔理性主义是否还证明了带偏见的论证也是合理的？我只是问有没有这回事。

戴维：非常对不起，让我直说你刚才所谈问题的本质。不错，我的确证明了关于未来的断言。你说这意味着“未来相似于过去”，空洞地说，是的，因为任何关于未来的理论都会在某种意义上断定说未来和过去相似。但是这一关于未来和过去相似的推论并非我们寻求的归纳原理，因为我们从这一推论中既不能导出也不能证明任何关于未来的理论或者预言。例如，我们不能用它来区分你的重力理论和目前的重力理论，因为它们二者都以自己的方式说了未来和过去相似。

隐归纳主义者：难道我们不能从“解释原则”中推导出某种形式的归纳原则，能够用它来选择理论？比如，如果一个未经解释的怪物在过去没有出现过，那么在未来也不大可能出现。

戴维：不行，我们的证明并不依赖于某个具体的怪物是否在过去出现过，而是取决于对这一怪物的存在是否有一个解释。

隐归纳主义者：那好吧，让我更仔细地表达这一点。如果眼下没有解释理论预言某个具体的怪物将会出现在未来，那么这个怪物将不大可能出现在未来。

戴维：那倒差不多，至少我相信这是对的，然而它不具备“未来可能相似于过去”这种形式。而且，你为了使这句话尽量像上面那种形式，特意把它限定为“目前”、“未来”以及“怪物”这些情况。但是没有这些限定它也是成立的，它仅仅是关于论证功效的一般性陈述。简言之，就是如果没有论证支持一个假设，那么这个假设就是不可靠的，无论是过去、现在还是将来，无论怪物有无，都一样。

隐归纳主义者：我明白了。

戴维：在“理性论证”和“解释”这些概念里，没有将过去和未来联系起来的特殊方式，没有某物“相似于”某物的假设，即使假设出来，这类东西也没用。即使说“解释”这个概念蕴含未来“相似于过去”，那也是在空洞的意义上而言，绝不意味着关于未来的任何具体内容，所以它不是归纳原则。不存在归纳原则，也没有归纳过程。没有人曾经用过这样的原则或者类似的东西，因此也就不再有归纳问题。现在清楚了吗？

隐归纳主义者：是的，给我一点时间，我得调整一下我的整个世界观。

戴维：为了帮助你调整世界观，我觉得你应该更加仔细地考察你的另类“重力理论”。

隐归纳主义者：……

戴维：正如我们都同意的，你的理论客观上包含一个重力理论（目前的理论），以及一个关于我的未经解释的预言作为限定条件，认为我能无需支撑地飘浮着。“无需支撑”的意思是“没有任何向上的力作用”于我，因此这说明我会免受“重力”作用，否则重力就会把我拉下去。但是根据广义相对论，重力不是一种力，而是时空弯曲的表现。这种弯曲解释了为什么未受支撑的物体（如我自己和地球）会随着时间而逐渐靠拢。因此，按照现代物理学，你的理论大概是说存在一个向上的力作用于我，支撑着我和地球保持一个恒定距离。但是这个力来自何方？它的性质如何？例如，“恒定距离”是什么？如果地球向下运动，我会瞬时做出反应以保持同样高度吗（这将承认通信速度快于光速，与相对论的另一个原理相矛盾）？或者有关地球位置的信息必须首先以光速通知我？如果这样，那么谁是这个信息的载体？难道是地球发射的一种新型的波吗？——这种波又遵循什么方程式呢？它是否携带能量呢？它的量子力学行为是什么？

或者是我对现有的波（例如光）做出的一种特殊方式的反应？那样的话，如果在我和地球之间放一个不透明的障碍物，那个怪物就会消失吗？难道地球不是基本上不透明的吗？“地球”从哪儿算起？从哪儿界定我“飘浮”于其上的那个表面？

隐归纳主义者：……

戴维：说到这一点，怎么确定我从哪儿开始？如果我抱着一个重物，它也会飘浮吗？如果是这样的话，那么我乘坐的飞机即使关掉发动机也不会失事。什么算作“抱着”？如果我伸开双臂，飞机会坠落吗？如果这一效应不适用于我抱着的物体，那我的衣服会怎么样？当我翻过栏杆时，这些衣服会把我拽下去导致坠落身亡？我最后吃的一顿饭又会怎么样呢？漂浮还是坠落？

隐归纳主义者：……

戴维：我可以像这样无休止地问下去。要点是，我们对你提出的怪物的推论考察得越多，我们发现没有解答的问题也就越多。这不仅仅是你的理论不完备的问题，这些问题都是两难问题，无论怎样回答它们，都会破坏对其他现象的满意的解释，产生出新的问题。

隐归纳主义者：……

戴维：所以你附加的假设不仅是多余的，而且确实是糟糕的。一般来讲，即兴提出的尚未驳倒的怪诞理论大致属于以下两类。一类理论假设存在不可观测的实体，例如不与其他任何物质相互作用的粒子。这类理论可以被否决，因为它不解决任何问题（“奥卡姆剃刀”，如果你愿意）。另一类理论（如你的理论）预言存在没有解释的可观测的怪物。这类理论可以被否决，因为它既不解决任何问题，又破坏了现有的解答。我得赶快补充，这不是因为它们与现有观察结果相矛盾，而是因为它们断言现有理论的预言存在例外，而又不加解释，从而削弱了现有理论的解释能力。你不能仅仅说：时空几何把没有支撑的物体拽在一起，除非其中一个是戴维，在这种情况下时空几何就不碰它们了。不论对重力现象的解释是否用时空弯曲，将你的理论和下面这个完全正统的断言比较一下：一片羽毛会飘浮着慢慢落下，因为空气中的确存在足够大的升力作用于它。这个断言是我们现有的关于空气性质的解释性理论的结果，所以它并没有产生任何新问题，而你的理论则产生了新问题。

隐归纳主义者：我知道了。那么你能帮助我调整世界观吗？

戴维：你读过我的书《真实世界的脉络》吗？

隐归纳主义者：我当然打算读，但现在我需要的帮助涉及的是一个非常具体的困难。

戴维：你接着说。

隐归纳主义者：困难在于当我回顾刚才的讨论时，我完全相信你的关于你或我跳下这塔的后果会怎样的预言并不是从任何诸如“未来相似于过去”这样的归纳假设中推导出来的。但是当我后退一步，考虑问题的整个逻辑时，我恐怕仍然不能理解为什么会是这样。考虑我们辩论的原始材料。一开始，我假设过去的观察结果和演绎逻辑是我们仅有的原始材料。后来我承认目前的问题—情景也有关系，因为需要证明我们的理论比现有的竞争理论更可靠。然后，我又必须考虑到仅靠论证就可以排除一大类理论，因为它们的解释很糟糕，于是理性原则也可以算作原始材料。我不明白的是，对未来预言正确性的证明是怎样从这些原始材料中得出的？过去的观察结果、目前的问题—情景、永恒的逻辑和理性原则无一能证明从过去到未来的推理是正确的。这里似乎存在一个逻辑漏洞。是不是在哪里藏着一个隐含的假设?

戴维：没有逻辑漏洞。你所谓的“原始材料”中的确包含关于未来的断言。最好的现有理论包含关于未来的预言，它们不能被轻易抛弃，因为它们是问题的解决方案。这些预言不能跟理论的其他内容割裂开来，如你想要做的那样，因为那将破坏理论的解释能力。所以，我们提出的任何新理论必须要么与现有理论一致，这就对新理论关于未来的预言有一定制约；要么与某些现有理论相矛盾，但是解决了因此产生的问题，给出了另一种解释，这同样就新理论关于未来的预言提出了制约。

隐归纳主义者：这样我们就没有推理原则说未来相似于过去，但是我们的确有实际的理论来这么说，那么我们的实际理论中是否隐含着一个受限形式的归纳原则呢?

戴维：没有，我们的理论仅仅给出关于未来的断言。空洞地说，任何关于未来的理论都暗示了未来在某些方面“相似于过去”。但是我们只有在有了理论之后才能认识到它在哪些方面认为未来相似于过去。你还可能会说，既然我们的理论认为真实世界的某些特性在整个空间都是一样的,这就蕴含着一个“空间的归纳原则”,大意为“近处相似于远处”。我必须指出，就“相似”这个词的任何实际含义而言，我们目前的理论说的是未来并不相似于过去。例如，宇宙论的“大坍缩”(即宇宙重新坍缩成一个小点)是有些宇宙学家预言的事件，但是在任何物理意义上，大坍缩都与我们目前这个时代完全不类似，连预言大坍缩的物理定律都不再适用于它。

隐归纳主义者:在这一点上我被说服了。那么让我试试最后一辩:

我们已经看到，对未来的预言可以借助于理性原则得以证明。但是谁又来证明理性原则的正确性呢？它们毕竟不是纯逻辑真理。因此有两种可能：要么它们未经证明，那么它们得出的结论也未经证明；要么它们被某种未知的手段证明了。无论是哪种情况，都缺少了一个证明。我不再怀疑这是一个伪装的归纳问题。但是既然归纳问题已被推翻，是否还有另一个基本问题（也是关于缺失的证明的）还没有被揭示出来？

戴维：什么能证明理性原则？仍然是论证本身。例如，什么能证明演绎推理是可依赖的呢？事实上，任何想要逻辑地证明它的企图都势必会导致循环论证或者无限递归。它们之所以被证明，是因为替换演绎定律不能改进任何解释。

隐归纳主义者：对于纯粹逻辑，这不像是一个很牢靠的基础。

戴维：它不是完全牢靠的，我们也不应该指望它是。因为逻辑推理如科学推理一样，是一个物理过程，它在本质上是会出错的。逻辑定律本身并不是自明的。有一些人——数学“直觉主义者”——不同意传统的演绎定律（逻辑“推理规则”）。我在《真实世界的脉络》的第 10 章中讨论了他们的怪异的世界观。你无法证明（prove）他们是错的，但是我将论证（argue）他们是错的。我确信你会同意：我的论证证明了这一结论的正确性。

隐归纳主义者：那么你认为不存在“演绎问题”了？

戴维：是的，我认为证明科学、哲学或数学结论的所有通常方法都不存在问题。然而，物理宇宙竟然允许关于它自身以及其他事物的知识创造过程的存在，这个事实的确很有意思。我们可以用解释其他物理事实的同样的方法来合理地解释这一事实，即通过解释理论。你会在《真实世界的脉络》的第6章里看到，我认为在这种情形下图灵原理是合适的理论。它说的是有可能造出一台虚拟现实生成器，其全部本领包括所有物理可能的环境。如果正如我论证的那样，图灵原理是一个物理定律，那么我们能够形成关于真实世界的精确理论这一点就丝毫不令人惊奇了，因为那只不过是虚拟现实在发挥作用罢了。正如蒸汽机的实现是热力学原理的直接表达一样，人脑能够创造知识是图灵原理的直接表达。

隐归纳主义者：但是我们怎么知道图灵原理是正确的呢？

戴维：当然，我们不知道…… 你有点儿害怕了，是不是？害怕如果不能证明图灵原理的正确性，那么我们将再一次失去依靠科学预言的根据，是不是？

隐归纳主义者：嗯，是的。

戴维：但这是完全不同的问题！我们现在讨论的是关于物理实在的一个明显事实，即物理实在能够做出关于自身的可靠预言。我们正在试图解释这个事实，把它与我们知道的其他事实放在同一框架下。我觉得有可能涉及某一物理定律。但是如果我错了，甚至即使我们完全没有能力解释现实世界的这一不同寻常的性质，那也丝毫不会减损任何科学理论的正确性，因为它丝毫不会损害这种理论的解释。

隐归纳主义者：那么现在我没有什么好论辩的了，在理智上我被说服了。然而我必须承认，我还是感觉到某种“感情上的怀疑”。

戴维：也许我最后再说一点会有助于你释怀，不是针对你提出的某个具体论证，而是关于似乎作为许多论证基础的一个错误观念。你知道那是一个错误观念，但是你可能没有将其结果融入你的世界观中，也许这就是你的“感情上的怀疑”的源头。

隐归纳主义者：接着说。

戴维：这个错误观念是关于论证和解释的本质的。你似乎认为论证和解释，例如那些证明基于某个具体理论行事是正确的论证和解释，应该具有数学证明的形式，从假设到结论。你一直寻找“原始材料”（公理），从中推导出结论（定理）。每个成功的论证或解释的确都有这种形式的逻辑结构，但是论证过程并非以“公理”开始，以“结论”结束。相反，它从中间开始，初始阶段被矛盾、漏洞、歧义以及无关问题搞得千疮百孔。所有这些毛病都将被批评，错误的理论被尽量换掉。这些被批评和换掉的理论通常包含一些“公理”，因此，以理论作为论证最初的“公理”，认为论证起始于理论或者被理论证明，这是错误的看法。当论证过程表明相关解释看起来令人满意的时候，论证就结束了——暂时结束。这些被采纳的“公理”不是最终的、不容挑战的信念，它们只是暂时的解释性理论。

隐归纳主义者：我明白了，论证跟演绎推理以及不存在的归纳推理不是同一类东西。它并不是以任何东西为基础，也不能被任何东西证明，而且它也*不必如此*，因为论证的目的是解决问题，是为了说明某个问题可以被某个解释解决。

戴维：欢迎你加入我们的阵营。

前归纳主义者：这些年来，我一直在这个重大问题上感到非常自信。我感到自己比归纳主义老朽和波普尔主义新贵都高明得多，而且一直以来甚至都不知道我自己就是一个隐归纳主义者！归纳主义的确是一种病，使人眼瞎。

戴维：别对自己太苛求了，你现在已经治愈了。要是你的受害同伴们也这么容易地靠一场辩论就治愈，那该多好！

前归纳主义者：可是我怎么会这么盲目呢？想一想我曾经提名波普尔为德里达荒谬声明奖得主呢，而恰恰一直是波普尔解决了归纳问题！都是我的错！上帝饶恕我们吧，我们烧死了一个圣人！我真感到羞耻。我无地自容，只能翻过这栏杆了。

戴维：这可不值得提倡。我们波普尔主义者坚信自己的理论，绝不动摇。还是把归纳主义扔到海里去吧。

前归纳主义者：我一定，一定！

术　语

隐归纳主义者（crypto-inductivist）：认为归纳推理的无效性提出了一个严重的哲学问题，即如何证明科学理论的可靠性的问题，持这种观点的人称为隐归纳主义者。

下一章介绍第四大理论——进化论，回答“生命是什么”。

第8章 生命的意义

从古代一直到大约19世纪，人们想当然地认为需要某种特殊的生命力或要素使得生物体内的物质表现得和其他物质明显不同。这实际上意味着宇宙间存在两种类型的物质，即有生命物质和无生命物质，二者的物理性质截然不同。考虑一个生物体，比如熊，熊的照片在某些方面类似于一只活熊，其他无生命物体（如死熊）也是如此，甚至大熊星座在很有限的程度上也是如此。但是当你在树林里东躲西藏时，只有有生命物质才能追逐你，抓住你，将你撕碎。无生命的东西从来不会做这样有目的性的举动，古人是这么想的，他们当然从没见过导弹。

对亚里士多德和其他古代先哲来说，生命物质最显著的特征就是它能够发起动作。他们认为，当非生命物质（如岩石）停下来后，它再也不会动了，除非踢它一脚。但是有生命物质（如冬眠的熊）也会停下来，但不需要被踢就能重新开始活动。借助于现代科学，我们可以很容易看出这些总结的漏洞。现在看来，“发起动作”这个概念本身可能就是个误解：我们知道，熊醒过来是由于它体内的电化学过程。这些过程可以由气温升高这类外界“刺激”启动，也可以由体内生物钟启动，生物钟利用缓慢的化学反应来计时。化学反应无非就是原子运动，所以熊从来没有完全静止。另一方面，铀原子核当然是没有生命的，它可以几十亿年保持不变，然后在毫无刺激的情况下突然就猛烈地解体了。所以，亚里士多德的思想内容在今天名义上已经没有价值了，但是在一个重要问题上他的确是对的，而大多数当代思想家则是错的：在试图把生命与基本物理概念联系起来时（尽管他选择了一个错误的概念——运动），他认识到生命是自然界的一个基本现象。

如果对世界的充分深刻的理解依赖于对某个现象的理解，则称这一现象是“基本”现象。当然，世界的哪些方面值得去理解，因而什么堪称深刻或基本？人们的观点也不一致。有的人认为爱情是世界上最基本的现象，也有人认为只要把经书圣言背熟，他就理解了一切值得理解的东西。我所讲的理解是用物理定律表达的理解，是用逻辑和哲学原理表达的理解。“更深刻”的理解是指那个具有更广泛性、在表面上不同的事实之间建立起更多的联系、解释得更多而使用的未经解释的假设更少的理解。最基本的现象隐含在许多其他现象的解释中，而它们自己只能通过基本定律和基本原理得到解释。

并非所有基本现象都会有重大物理效应。重力现象有重大效应，而且的确是基本现象。但是量子干涉的直接效应，如第 2 章描述的影子图案，却不是重大效应，甚至明确地探测到这个现象都是很难的。尽管如此，我们已经看到量子干涉现象是一个基本现象，只有理解了这个现象，我们才能理解物理实在的基本事实，即平行宇宙的存在。

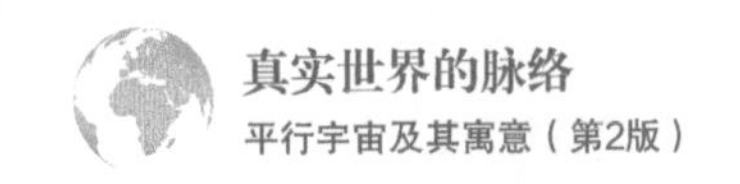

对亚里士多德来说，生命显然在理论上是基本现象，而且它有重大物理效应。我们将看到他是对的。但是他的理由却是完全错误的，他以为生命物质有独特的物理性质，生命过程在地球表面占据统治地位。亚里士多德认为，宇宙的主要组成部分包括我们现在所称的地球生物圈（包含生命的那部分区域），以及额外添加于其上的天球和其下的地球内部。如果地球生物圈是你的宇宙的主要组成部分，你会自然地认为在万物的大图纸中，树木和动物至少与岩石、星星同样重要，尤其是当你对物理学和生物学了解甚少时。现代科学的结论几乎与此相反。哥白尼学说的革命使地球从属于一个中心的、无生命的太阳。后来的物理学和天文学发现表明，不仅宇宙比地球大得多，而且以相当的精度描述宇宙的包罗万象的定律竟然一点不需要提及生命！查尔斯·达尔文的进化论解释了生命的起源，丝毫不需要任何特殊的物理性质。自那时起，我们已经发现了许多细节的生命机理，其中也没有发现任何特殊的物理性质。

科学上的这些惊人成功，尤其是牛顿时代及后来的物理学的巨大普适性，使还原主义大受欢迎。虽然人们发现对揭示的真理的信仰和理性是不相容的（后者需要对批评采取开放的态度），但仍然有许多人渴望一个他们可以信奉的万物的终极基础。如果现在还没有发现一个可以信奉的还原主义的“万有之理”，那么至少他们渴望有一个。人们认为把基于亚原子物理的还原主义的科学层次观纳入科学世界观是合情合理的，因而只有伪科学家以及其他反对科学的人才会对此提出批评。因此，直到我在学校里学生物学时，这门学科的状况已经变得和亚里士多德当年的思想截然相反了。生命压根不被认为是基本现象。“自然研究（nature study）”这个词——意思是生物学——已经变得不合时宜了。从根本上讲，自然就是物理。如果允许我稍微简化一点儿，我可以把目前流行的观点刻画如下：物理学有一个分支——化学，研究原子的相互作用；化学有一个分支——有机化学，研究碳元素化合物的性质；有机化学又长出一个分支——生物学，研究我们称为生命的化学过程。仅仅因为我们自身恰好就是这个过程，我们才对这个基础学科的遥远分支产生兴趣。相反，物理学本身就是重要的，不证自明，因为整个宇宙（包括生命）都遵循它的原理。

于是我和同学们不得不背诵大量的“生物特征”。这些特征仅仅是描述性的，几乎不涉及基本概念。诚然，运动（移动）是特征之一，反映了亚里士多德思想的一个模糊概念，但是呼吸和排泄也在其中，还有繁殖、生长以及难忘的名字——应激性，意思是如果你刺激它一下，它就会产生反应。这些假定的生命特征既缺乏优雅和深刻，精确度也不足。正如约翰逊博士告诉我们的，所有真实物体都有“应激性”。另一方面，病毒并不呼吸、生长、排泄或移动（除非受刺激），但病毒却是有生命的。患不育症的人不会繁殖，但也是有生命的。

亚里士多德的观点和我的学校课本都没能抓住区分生命和非生命的好的分类标准，更不用说更深刻的问题了，原因在于二者都没有抓住生命到底是什么这个关键问题（亚里士多德犯这种错误还情有可原，因为在那个时代这就算最好的理解了）。现代生物学并不是通过某种特有的物理属性或物质——只有生命物质才具有的某种生命“精华”——来定义生命的。我们不再指望存在这种精华，因为我们现在知道“生命物质”（以生物体形式存在的物质）并不是生命的基础，而仅仅是生命的多种效应之一，生命的基础是分子的。事实是存在分子能够使某些环境对分子自己进行复制。

这种分子称为复制子（replicator）。更一般地说，任何一个能引起某些环境复制自己的实体都是复制子。并非所有复制子都是生物的，也不是所有复制子都是分子。例如，能自我复制的计算机程序（如计算机病毒）就是复制子。一段有趣的笑话也是复制子，因为它能引诱听众将这段笑话转述给其他听众。理查德·道金斯给这种人类思想方面的复制子杜撰了一个新词：拟子[1]（meme，与 cream 押韵，意为“精华之处”）。但是地球上的所有生命所依赖的复制子都是分子，称为基因。生物学就是研究基因的起源、结构和工作方式，以及基因对其他物质的作用。在大多数生物体中，基因由一串更小的分子组成，连接成一条链，这些分子有 4 种不同类型，叫作腺嘌呤、胞嘧啶、鸟嘌呤和胸腺嘧啶，通常简写成 A、C、G 和 T。任意个 A、C、G、T 分子以任意顺序排列成的长链有一个简短的化学名称，即 DNA。

基因实际上是计算机程序，用一种称为基因码的标准语言表达成 A、C、G、T 符号序列。地球上所有生命的基因码大部分是相同的，仅有很小差异。（有些病毒的基础是另一种相关类型的分子 RNA，而朊病毒在一定意义上是自复制的蛋白质分子。）每个生物体细胞内的特殊结构充当计算机的角色，执行这些基因程序。执行过程包括在一定外部条件下把较简单的分子（氨基酸）组装成某类大分子（蛋白质）。例如“A T G”序列指令将氨基酸和蛋氨酸整合进正在组装的蛋白质分子中去。

一般地，基因在一定身体细胞内首先用化学方式“打开”，然后指令这些细胞生产相应的蛋白质。例如荷尔蒙胰岛素就是这样一

[1] 又译为“谜米”。——译注。

种蛋白质，它用于控制脊椎动物体内的血糖水平。生产这种蛋白质的基因几乎遍布身体的所有细胞，但是仅在胰腺的某些专门细胞中，并且只有在需要的时候才处于开启状态。在分子层面上，基因能够指令它的细胞计算机所做的一切就是：生产一定的化学物质。但是基因成功地成为复制子，因为这些低层的化学程序叠加起来，通过一层又一层的复杂控制和反馈，形成复杂的高层指令。胰岛素基因和掌管它开关的基因联合起来，组成一个完整程序，调节血液中的糖含量。

类似地，有些基因含有具体的指令，控制自己和其他基因如何复制，何时复制，如何制造本物种的下一代，包括指令分子计算机在下一代中重新执行所有这些命令。还有一些指令是指示有机体整体如何对刺激做出反应，例如何时以及怎样狩猎、吃食、性交、争斗和逃跑，等等。

基因仅仅在特定环境下才具有复制子的功能。类比于生态学里的“生态位”概念（指适合有机体生存繁衍的一组环境），我下面也用“生态位”这个词指代某复制子能在其中复制自己的所有可能环境的总和。胰岛素基因的生态位包括这样的环境：该基因处于细胞核中，周围还有其他基因相伴，而细胞本身恰当地位于功能齐全的生物体中，生物体生活在一个适合维持其生命和繁衍的栖息地。但是还有其他一些环境，例如生物技术实验室，在这里人们改变细菌的基因，以使它整合入胰岛素基因，同样实现该基因的复制。这些环境也是该基因生态位的一部分，像这样的与该基因的进化环境大相径庭的其他可能的环境还有无穷多。

并非所有能被复制的东西都是复制子。复制子必须能引起环境复制自己，即它是促成自己被复制的原因。（我的术语和道金斯的略有差别。任何被复制的东西，不论原因是什么，道金斯都叫复制子。而我说的复制子，道金斯称为*主动*复制子。）一般地说，什么叫某物是某事的原因？这个问题以后我再回过头来讲，但我现在的意思是，复制子的存在以及它的具体物理形态*决定*了复制是否发生。换句话说，如果复制子在场，那么它就被复制，但如果将它替换成任何其他物体，即使是非常相似的物体，那个物体也不会被复制。例如，在胰岛素基因的极其复杂的复制过程中（这个过程跨越了生物体的整个生命周期），它自己仅仅促成了一小步。但是胰岛素基因的绝大多数变种都不能指挥细胞制造跟胰岛素功能一样的化学物质。如果一个生物个体细胞里的胰岛素基因被稍微不同的分子替换，那个生物体就会死亡（除非用其他方式维持它存活），因而就不能产生后代，那些分子也就不会被复制。所以复制是否发生，对胰岛素基因的物理形态是极其敏感的。该基因是否以适当的形态出现在恰当的位置上，对于复制能否发生*至关重要*，正是这一点才使它成为复制子，尽管还有无数的其他因素也对复制有所贡献。

大多数生物体的 DNA 中除了有基因以外，还有 A、C、G、T 的随机序列，有时称为*垃圾* DNA 序列，它们也被复制并传给生物体的后代。然而，这段序列可以由类似长度的几乎任何其他序列替换，仍然不影响复制。所以我们可以推断，这种序列的复制不依赖于具体的物理形态。垃圾 DNA 序列和基因不同，它们不是程序。如果它们有功能的话（现在还不知道有没有），那么这个功能也不可能是携带什么信息。虽然它们被复制，但是它们不是自己被复制的原因，所以它们不是复制子。

事实上，这话有点儿夸张。任何被复制的东西都必定对复制的原因做出了一点儿贡献。例如，垃圾 DNA 序列是由 DNA 组成的，它允许细胞计算机复制它，它只能复制 DNA 分子。如果某个东西对自己被复制的原因做出的贡献很小，那么把它看作复制子通常无助于说明问题。但是严格来讲，是不是复制子只是一个程度问题。我把复制子对指定环境的*适应度*定义为该复制子对自己在该环境中被复制的原因做出了多大程度的贡献。如果一个复制子对一个生态位的大多数环境都适应得很好，则我们就称之为良好适应于那个生态位。我们刚刚看到，胰岛素基因高度适应于它的生态位。垃圾 DNA 序列与胰岛素基因或其他名副其实的基因相比，其适应度弱得可以忽略不计；但比起大多数分子来，垃圾 DNA 对那个生态位的适应度仍然高得多。

注意，为了量化适应度，我们必须不仅考虑复制子本身，而且要考虑该复制子一定范围的变种。在给定环境下复制的发生对复制子的精确物理结构越敏感，则该复制子对那个环境就越适应。对于高度适应的复制子（只有这些才配称为复制子），我们只需要考虑它的相当少量的变种，因为大部分变化较大的变种不是复制子。因此，我们考虑用大体类似的物体替换复制子。为了量化相对于生态位的适应度，我们必须考虑该复制子对该生态位的每个环境的适应度。因此，除了考虑复制子的变种以外，还要考虑环境的变种。如果该复制子的大多数变种没有成功地让该生态位的大多数环境复制自己，那么就可以说该复制子的形态是它在该生态位被复制的重要原因，这就是我们所说的高度适应那个生态位的意思。另外，如果该复制子的大多数变种在该生态位的大多数环境下都能被复制，则该复制子的形态就无关紧要，因为不论如何复制都会发生。在这种情况下，我们的复制子对于被复制的原因几乎没有做出贡献，也就不是高度适应于那个生态位。

因此，复制子的适应度不仅依赖于那个复制子在实际环境下的表现，同时也依赖于大量其他物体（大多数并不存在）在大量非实际环境中的表现。我们在前面曾经遇到过这种奇异的性质。虚拟现实营造的准确度不仅取决于机器对用户的实际动作所做的实际反应，而且取决于机器对用户可以做而实际上没做的动作所可以做出的而实际上未做的反应。生命过程和虚拟现实之间的这种相似性并非巧合，我很快就会解释。

决定基因的生态位的最重要因素通常是基因的复制依赖于其他基因的存在。例如，熊的胰岛素基因的复制不仅依赖于熊体内所有其他基因的存在，而且依赖于熊的外部环境中其他生物体内的基因的存在。熊没有食物就不能活下来，而生产那些食物的基因仅存在于其他生物体内。

需要彼此合作完成复制的不同类型的基因通常连接起来共同生活在一条长 DNA 链中，即生物体的 DNA。生物体就是诸如动物、植物或微生物这类东西，我们日常中把它们看作活的东西。但是根据我刚才所述，把“活的”这个词用于生物体的非 DNA 部分时，它最多只是一个名义上的称呼。生物体不是复制子：它只是复制子的整个环境的一部分，通常是位列其他基因之后的最重要的一部分。环境的其余部分就是这个生物体的栖息地类型（例如山顶或海底）以及在栖息地的特定生存方式（例如猎食或滤食），以使得生物体能存活足够长的时间，让自己的基因得以复制。

我们日常说生物体能够“自我繁殖”，这的确是设想的“生物特征”之一。换句话说，我们把生物体看作复制子。但这是不准确的。在繁殖过程中生物体并没有被复制，更不是造成自己被复制的原因。生物体是根据包含在其父母体内DNA中的设计图纸重新制造出来的。例如，如果一头熊的鼻子在一场事故中被改变了形状，这件事可能改变那只熊的生活方式，它能存活下来“繁殖自己”的机会就可能受到或好或坏的影响。但是鼻子的新模样并没有被复制的机会。如果那个熊真的有了后代，后代的鼻子形状会跟原来的样子相同。但是如果改变相应的基因（如果是在那只熊刚刚被怀上时进行改变，那么只需要改变一个分子），那么它的所有后代不仅拥有新的鼻子形状，而且拥有新的基因。这表明鼻子形状取决于基因，而不是取决于前一代鼻子的形状。所以，熊的鼻子形状不是造成后代鼻子形状的原因，而是熊的基因形态导致了基因本身的复制、熊的鼻子形状以及后代的鼻子形状。

因此，生物体是复制真正的复制子，即生物基因的直接环境。传统上，熊的鼻子和它的窝被分别划分为有生命实体和无生命实体两类。但这种划分并非来源于任何重大的差别。熊鼻子的作用和熊窝的作用并没有根本的不同，二者都不是复制子，尽管新鼻子和新窝不断地被制造出来。鼻子和窝都只不过是环境的一部分，熊的基因利用它来完成自己的复制过程。

这个对生命的基于基因的理解——把生物体看作基因的环境的一部分的看法——自达尔文时代以来就隐含在生物学基础中，但是至少到20世纪60年代以前仍然被人忽视，直到理查德•道金斯出版《自私的基因》（1976年）和《延伸的表现型》（1982年）两本书以后才被充分地理解。

现在回到开头的问题：生命是否是自然界的一个基本现象？还原主义者认为涌现现象（如生命）必定不如微观物理现象那样基本，我曾警告过这种观点是不对的。然而，刚才我所说的关于生命的所有论述，似乎表明生命仅仅是一长串派生效应的最后一个派生效应，因为不仅仅生物学的预言在理论上可以还原为物理学的预言，而且表面上生物学的解释也可以这样。如我所说，达尔文的伟大的解释理论（现代版本，如道金斯提议的版本）以及现代生物化学理论都是还原性的。有生命的分子——基因——仅仅是分子，和无生命分子一样遵从同样的物理和化学定律。它们不含有特殊物质，也没有任何特殊的物理属性。它们只不过在一定环境下恰好成为了复制子。复制子这一性质是与环境高度相关的，即取决于复制子环境的复杂细节：在一个环境下是复制子，而在另一个环境下就不是。而且复制子对生态位的适应性也不取决于该复制子当时所具有的任何简单、内在的物理属性，而是取决于它在未来以及在假想的环境（即环境的变种）下可能引起什么效应。环境的以及假想的性质本质上是派生的，所以很难看出仅以这样的性质为特征的现象怎么可能是自然界的一个基本现象。

至于生命的物理影响，结论是一样的：生命的影响几乎可以忽略不计。就我们现在所知，地球这个行星是宇宙中唯一存在生命的地方，我们没看见任何其他地方有生命存在的迹象，因此即使生命现象相当普遍，它的效应也小得我们无法察觉到。我们看到在地球以外是一个活跃的宇宙，奔腾着形形色色的强劲的但完全无生命的活动。星系旋转，恒星收缩、发光、闪耀、爆炸、坍塌，高能粒子和电磁波、引力波射向四面八方。在所有那些宏大的活动中，生命存在与否似乎不会有任何不同，即使生命存在，一切似乎都不会受到丝毫影响。如果地球被巨大的太阳耀斑吞噬，耀斑本身不过是一个不起眼的天体物理事件，但是地球生物圈会瞬间变成不毛之地，这个灾难对太阳的影响之微就像一滴雨珠落在喷发的火山上一样。我们的生物圈就其质量、能量或任何类似的重要天体物理学量度而言，甚至对于地球也是可以忽略不计的一小部分，而太阳系主要由太阳和木星组成，这不过是天文学常识，其他一切（包括地球）仅仅是"杂质"罢了。此外，太阳系不过是我们的银河系的一个微不足道的部分，而银河系本身又是已知宇宙中众多星系里的平凡一员。因此，就像斯蒂芬•霍金说的："人类仅仅是一个中等大小行星上的化学渣滓，环绕着一颗非常普通的恒星旋转，而这个恒星坐落在上千亿个星系中的某一个星系的外层边缘。"

现在通行的观点是，生命非但没有中心地位，而且渺小得难以置信，无论在几何上、理论上还是实际上。在这种观点下，生物学的地位跟地理学一样。了解牛津城的布局对于住在这里的人来说很重要，但对于不来牛津城的人来说丝毫不重要。类似地，生命似乎是宇宙的某一个也许是某些个偏僻地区的属性，对于我们来说是基本的，因为我们是有生命的，但是在更大的万物图纸中，无论是在理论上还是在实践上丝毫不具有基础地位。

但是这一表面现象使人大大误入歧途。认为生命的物理效应微不足道，生命在理论上是派生的，这种看法完全不对。

为了解释这一点，我想首先解释一下前面的评论，即生命是一种形式的虚拟现实营造。我曾用"计算机"这个词指称生物细胞里的基因程序的执行机制，但这么说不是非常严格。与我们人造的通用计算机相比，细胞计算机在某些方面做得多些，而在另一些方面做得少些。人不容易为细胞计算机编程，让它做文字处理或大数分解[1]。另一方面，细胞计算机对它的复杂环境（生物体）如何对所有可能的情况做出反应进行相当精确的交互控制。这一控制目的是让环境以一种特殊方式反过来作用于基因自己（即对基因进行复制），使得对基因的净效果尽量独立于外界发生的事情。这就不仅仅是计算了，这是虚拟现实的营造。

拿细胞计算机和人类的虚拟现实技术作类比并不是特别贴切。首先，尽管基因像虚拟现实用户一样是被封闭在一个环境里的，该环境的构造和行为细节由程序规定（程序包含在基因里），但是基因并不体验这一环境，因为它们既没有感官也没有体验。因此，如果生物体是由基因规定的虚拟现实营造，那么这个营造将没有观众。其次，生物体不仅被营造，而且是被制造出来的。这并不是“骗”基因让它以为外面有一个生物体。生物体的确真实地存在着。

然而这些区别并不重要。我讲过，所有虚拟现实营造在物理上都制造了被营造的环境。任何正在运行的虚拟现实生成器内部恰恰是一个真实的物理环境，被制造出来具有程序规定的性质。仅仅是我们用户有时选择将它理解成另一个感觉相同的环境。至于没有用户在场的情况，让我们仔细考虑一下用户在虚拟现实中扮演什么角色。首先，用户要刺激被营造的环境，并接受环境的反作用。换句话说，用户以自主的方式与环境交互。在生物界的情况下，这个角色是由外部栖息地扮演的。其次，用户要给出营造背后的意向。就

[1] 将一个大的整数分解成若干素数的乘积。——译注

是说，如果对营造得准确与否毫无概念，那么说某个具体情景是营造的虚拟现实就是没有意义的。我说过，营造的准确度是用户感觉到的环境和想要的环境的接近程度。但是对于没有人提出意向也没有人感觉的营造，它的准确度是什么意思？它的意思是基因对它的生态位的适应度。根据达尔文进化论，我们可以推断基因的“意向”是想要营造一个能复制自己的环境。如果基因不能像其他竞争基因那样高效地、果断地将这一“意向”付诸行动，它就会灭绝。

因此，撇开表面差异之后，生命过程和虚拟现实营造是同一种过程,两者都涉及关于环境的一般理论的物理实现。在这两种情形下，这些理论都用来实现那一环境，不仅交互地控制它的瞬时外观，而且还有它对一般刺激的细节反应。

基因包含其生态位的知识。关于生命现象的一切基本重要意义都依赖于这一性质，而不是复制本身。因此，我们现在可以把讨论范围扩大到复制子以外。理论上我们可以想象这样一个物种，其基因是无法复制的，但能通过不断自我维护以及保护自己免受外部环境影响，从而保持自己的物理形态不变。这样的物种是不可能自然进化的，但也许可以人工构造。正如复制子的适应度定义为它对自己被复制的原因做了多大贡献，这些非复制基因的适应度可以定义为它对自己成功地以特定形态生存做出了多大贡献。假设有一个物种，它的基因就是蚀刻在钻石里的图案。一个任意形状的普通钻石能在各种多变的环境下永世存活，但是这一形状并非适应于生存，因为别的形状的钻石也能在类似的环境下生存。但是如果我们假想的这个物种的钻石编码的基因能使得它的生物体表现得（比如）能够保护钻石蚀刻表面在恶劣环境下不受侵蚀，或能够抵御其他生物

体把不同的信息蚀刻在自己身上，或能够防止盗贼把自己切割打磨成宝石，那么它就具备了在那些环境下生存的真正的适应性。（巧合的是，宝石的确具有生存于当今地球环境的一定程度的适应性。人类寻找未经雕琢的钻石，把它们的形状变成宝石的形状，但人类找到宝石就保留它的形状。因此在这种环境下，宝石的形状就为它自己生存的原因做出了贡献。）

一旦人们停止生产这类人造生物体，每一种非复制基因数目就不再增加。但只要它包含的知识足够让它在自己所占据的生态位里施展生存本领，则它的数目也不会减少。最终，栖息地的巨变或意外造成的损耗会使该物种灭绝，但是它的生存时间仍可能与自然产生的物种一样长。这类物种的基因与真正的基因相比，除了不能复制以外，其他性质完全相同，尤其是这些基因里包含反映它们的生物体的必要知识，正如真正的基因一样。

复制基因和非复制基因的共同要素是*知识的生存*，而不一定是基因或其他物理实体的生存。因此严格说来，是否适应某个生态位的是一段知识而非物理实体。如果它适应了，那么它就拥有这样的性质，即一旦它包含在那个生态位里，它就倾向于保持这种状态。对复制子来说，包含知识的物理材料不断变化，每次复制发生时，新的复制子由非复制的成分组装而成。非复制的知识也可以成功地包含在各种不同的物理形态中。例如，酿酒声的录音从乙烯唱片转录到磁带，然后再转录到光盘。你可以想象另一种基于非复制子的人造生物，它也能做同类的事，抓住一切机会将自己基因里的知识复制到现有的最安全的介质上。也许将来有一天我们的后代就会这么做。

我认为把这些假想的物种称为“无生命”的是不恰当的，但是术语并不特别重要。要点是虽然所有已知生命都是基于复制子的，但是生命现象归根到底是关于知识的。我们可以直接用知识给出适应性的定义：如果实体包含的知识能够引起它的生态位保存那一知识，则称该实体适应于该生态位。现在我们快要找到生命是一个基本现象的原因了。生命是关于知识的物理体现的。在第 6 章中我们曾遇到一条物理定律——图灵原理，它也是关于知识的物理体现的。它说的是，虚拟现实生成器的程序是有可能体现物理定律的，正如它们应用于每个物理可能的环境那样。基因就是这样的程序。不仅如此，所有虚拟现实程序，不论是实际存在的还是将要存在的都是生命的直接或间接的效果。例如，运行在计算机中和我们大脑中的虚拟现实程序是人类生命的间接效果。因此，生命是一种手段，也许是必要的手段，藉此图灵原理所指的效果在自然界中得以实现。

这是令人鼓舞的，但这还不足以确立生命的基本现象地位，因为我还没有确立图灵原理本身的基本定律地位。怀疑论者可以争辩说，图灵原理不是基本定律，它是关于知识的物理体现的定律。怀疑论者可以认为知识是一个狭隘的、以人类为中心的概念，不是基本概念。就是说，只是因为我们人类是这样一种动物——我们的生态位依赖于知识的创造和运用，所以知识才对人类很重要，但知识的重要性并不具有绝对意义。对于考拉熊来说，它的生态位依赖于桉树叶，所以桉树很重要；对于掌握知识的猿猴——人类来说，知识很重要。

但是怀疑论者错了。知识并不仅仅对人类是重要的，也不仅仅在地球上是重要的。我说过，一个事物是否具有重大的物理效应，并不决定它在自然界中是否具有基本地位，但是二者是相关的。让我们考虑知识的天体物理效应。

恒星的演化理论——恒星的结构和发育——是科学的成功案例之一。（注意这里用语的冲突："演化"在物理学中的意思是发展或运动，不是指变异和自然选择。）仅仅一个世纪以前，人们连太阳能量的来源都不知道。当时最好的物理学认为，不管太阳的能量来源是什么，太阳不可能照耀了 1 亿年以上，这是一个错误结论。有趣的是，地质学家和古生物学家已经从化石证据中得知生命的历程，知道太阳至少已经照耀了地球 10 亿年。后来出现了核物理学，并用来非常详尽地研究恒星内部的物理过程，自此恒星演化理论走向成熟。我们现在知道是什么使恒星发光。对大多数类型的恒星，我们能预言它在每个历史阶段的温度、颜色、发光度和直径，每个阶段持续多长时间，核嬗变后产生了哪些新元素，等等。这一理论通过对太阳和其他恒星的观察已经得到检验和证实。

我们可以用该理论来预言太阳的未来发展。根据这一理论，太阳在下一个 50 亿年左右会继续稳定发光；然后它会膨胀，直径大约是现在的 100 倍，变成红巨星；然后将有规律地脉动，突然爆发变成一颗新星，坍塌并冷却，最终变成一颗黑矮星。但是太阳最终会不会真的这样呢？是否每一个比太阳早几十亿年形成的具有同样质量和组成的恒星真的像这个理论所预言的那样变成了红巨星呢？在环绕某些恒星运动的小行星上进行的看起来不起眼的化学过程，有可能会改变这一质量和能量都大得多的核变和引力过程的轨迹吗？

如果太阳真的变成了一颗红巨星，它就会吞噬并毁灭地球。如果人类的后裔（不管是以物质的还是以智能的形式存在）那时还生活在地球上，他们可不想让这一切发生，他们会竭尽全力阻止这件事发生。

是否很明显他们没有这种能力呢？的确，靠我们目前的技术远远无能为力。但是我们的恒星演化理论和任何其他物理理论都不能证明这个任务不可能实现。相反，大致地说，我们已经知道需要做些什么了（即从太阳上移走一部分物质），我们有几十亿年的时间来完善我们的半生不熟的计划并付诸实施。如果我们的后代真的成功地用这种方法拯救了自己，那么目前的恒星演化理论当应用于太阳这一具体恒星时就给出了完全错误的预言。错误的原因是这个理论没有考虑到生命对恒星演化的作用，它考虑了核力、电磁力、引力、流体静压力以及辐射压力等这些基本物理效应，但是没有考虑生命效应。

看来也许以这种方式控制太阳所需要的知识不能仅靠自然选择进化出来，所以太阳的未来所依赖的必须是一种特别的智能生命。现在也许有人反对说，智能会在地球上存活长达几十亿年只是一个大胆而没有根据的假设，即使是真的，智能人将掌握控制太阳所需的知识又是进一步的假设。目前有一种观点认为，地球上的智能生命甚至现在正面临自我毁灭的危险，不是亡于核战争就是亡于科学研究或技术进步的灾难性副作用。许多人认为，如果智能生命想要在地球上继续存活，那么只能抑制自己的技术进步。因此，他们也许担心，开发控制恒星的技术与存活足够长时间从而利用那一技术是不可调和的，因此地球上的生命不论怎样都注定不会影响太阳的演化。

我敢肯定这种悲观论调是误入了歧途。在第 14 章中我将解释，有充分的理由推测我们的后代最终将控制太阳以及更多东西。诚然，我们无法预见他们的技术和愿望。他们可以选择迁出太阳系来拯救自己，或者冷却地球，或者采用我们无法想象的任何不损害太阳的方法。另一方面，他们也可能希望尽早地控制太阳，防止它进入红巨星阶段（例如，更有效地驾驭太阳能，或挖掘太阳原材料为自己修建更多生存空间）。但是这里讨论的关键不在于我们能否预言未来发生的事情，而仅仅在于我们认为未来会发生什么将取决于我们的后代有哪些知识，以及他们如何运用这些知识。因此，如果不确定地球上生命的未来，特别是知识的未来，那么就不能预言太阳的未来。100 亿年后太阳的颜色取决于引力和辐射压力，取决于环流和核聚变，与金星的地质、木星的化学组成以及月球上环形山的形状等一点儿关系也没有，但是的确与地球这颗行星上的智能生命有关，与政治、经济和战争结局有关；取决于人类做什么，即他们的决策、解决的问题、采取的价值观以及对待自己后代的态度。

我们不能回避上述结论而对人类生存的前景采用悲观主义理论。这样的理论并不遵循物理定律或其他已知的基本原理，而且只能用高层次的人类语言来阐述（诸如“科学知识已经超出了道德知识的界限”等这类语言）。所以，如果从这样的理论出发进行论辩，就隐含地承认了，对于天体物理预言来说，人类事务理论是必需的。即使人类在其生存努力中最终失败，难道悲观主义理论适用于宇宙中所有外星智慧生命吗？否则，如果某个星系的某种智慧生命最终成功地存活了几十亿年，那么生命在宇宙的总体物理发展过程中就是有重大影响的。

纵观我们的银河系和多重宇宙，恒星的演化取决于是否以及哪里进化出了智慧生命，如果进化出来了，那么它的战争结局怎样，以及它怎样对待自己的子孙。例如，我们可以粗略地预言，银河系里不同颜色（更准确地说，不同光谱类型）的恒星各占有多大比例。为此，就必须假设存在多少智慧生命以及它们都做了什么（即它们是否关掉了太多的恒星）。根据目前的观察，太阳系外不存在智慧生命。当我们关于银河系结构的理论进一步细化时就能够做更精确的预言，但仍然要首先假定银河系里智慧生命的分布和行为。如果假设不准确，那么我们将会预言错误的光谱类型分布，正如我们搞错了星际气体的组成或氢原子质量时就会算出错误的结果一样。如果我们探测到光谱类型分布的某种异常现象，那就可能是外星智慧存在的证据。

宇宙学家约翰•巴罗和弗兰克•梯普勒曾经研究过，如果到了太阳该变成红巨星以后生命依然继续存在，那么生命将引起哪些天体物理效应？他们认为生命最终会对银河系的结构做出重大的、性质上的改变，继而对整个宇宙的结构做出这样的改变。（我将在第14章中接着讨论这个问题。）因此，任何关于宇宙在各个发展阶段（除了初期）的结构的理论都必然触及生命到那时为止做了什么和没有做什么这个问题。没有办法回避这个问题：宇宙的未来取决于知识的未来。占星家曾认为宇宙事件会影响人类事务，几个世纪以来科学认为二者互不影响，而现在我们看到人类事务将影响宇宙事件。

值得反思的是，我们从哪里误入了歧途，低估了生命的物理影响呢？是由于我们太偏狭。（讽刺的是，古代人更加偏狭，但恰好一致避免了我们的错误。）在我们所看见的宇宙范围内，生命的影响还不具有天体物理学效应，然而我们只看见了过去，而且只有空间上靠近我们的那一部分的过去，我们才能看见细节。我们观察宇宙的范围距离越远，我们看见的时间过去得就越遥远，看见的细节就越少。但即使是宇宙的整个过去，从大爆炸直至今天的全部历史，也仅仅是物理实在的一小部分。历史至少还有 10 倍于过去的路程要走，从现在算起到大坍缩[1]（如果发生的话），也许更多，更不用说其他宇宙了。我们无法观察到这一切，但当我们把最好的理论应用于恒星、星系和宇宙的未来时，我们发现生命还有很大的余地施展自己的影响。长远来讲，生命能够主宰一切，正如现在生命主宰了地球生物圈一样。

传统的关于生命不重要的看法，太多着眼于大小、质量和能量这样的“大宗”物理量。在偏狭的过去和现在，这些物理量过去是、现在仍然是天体物理效应的好的度量标准，但物理学里没有理由说将来仍然是这样。此外，生物圈本身已经给出足够多的反例，证明这样的度量并没有通用性。例如公元前 3 世纪，整个人类总质量约 1000 万吨，人们也许会说，发生在公元前 3 世纪、搬运的质量相当于人类总质量许多倍的物理过程不可能因为人类存在与否而受到显著影响。但中国的万里长城就是在那个时代修建的，它的总质量大约为 3 亿吨。搬运上百万吨石头就是人类一直以来在做的事情。现在只需要几十个人就能开山凿洞，移走上百万吨的石头。（如果做一个更公平的比较：被移走的岩石的质量，和造成岩石被移走的那个想法或拟子所在的工程师或皇帝的那一小部分大脑的质量，比较二者，这一点就更加明晰了。）人类作为一个整体（或所有拟子的库存）可能已经拥有足够的知识来毁灭全部行星了，假如它的生存需要这么做的话；甚至非智能生物也

[1] 宇宙结局的一种观点。——译注

显著改变了许多倍于它自身质量的地球表面和大气层。比如大气层的所有氧气——大约 10^{15} 吨——都是由植物创造的，因此是基因（即分子，单个分子的后代）复制的副效应。生命取得这样的成就并不是因为它比其他物理过程体积更大，质量更多，或更有活力，而是因为更有知识。就它对物理过程结果的总体效应来讲，知识与所有其他物理量至少同等重要。

但是，是否如古代人认为在有生命和无生命实体间存在本质不同那样，在有知识实体和无知识实体间存在基本的物理差别？这一差别既不依赖于实体的环境，也不依赖于实体对遥远的未来的影响，而仅仅依赖于实体本身的物理属性？非同寻常地，的确有。为了看清这种差别，必须采用多重宇宙观。

考虑一个生物体的 DNA，比如熊的 DNA，假设在它的某一段基因上存在序列 TCGTCGTTTC。这个由 10 个分子组成的片段是一个复制子，它的特有生态位由这个基因的其余部分和这个基因的生态位组成。这个复制子体现了一条虽小但含量很多的知识。假设，为了论证方便，我们在熊的 DNA 中还发现了垃圾 DNA（非基因）片段也有 TCGTCGTTTC 序列。然而这段序列不值得称为复制子，因为它对自已被复制几乎没有贡献，而且它也不含有知识，它是一段随机序列。这样，我们有两个物理实体，二者是同一条 DNA 链的不同片段，其中一段含有知识，另一段是随机序列。但是它们在物理上是相同的。那么，如果两个物理结构相同的实体中一个含有知识，另一个不含有知识，那么知识怎么可能是基本物理量呢？

可能的，因为这两段序列并非真的完全相同，它们只是从某些宇宙中看上去相同，例如从我们的宇宙中看。让我们从其他宇宙中再重新审视这两段序列。我们不能直接观察其他宇宙，我们得用理论。

我们知道，生物体内的 DNA 天然地会发生随机变异——基因突变，即 A、C、G、T 分子的排列发生变化。根据进化论，基因的适应性，从而基因的存在性都依赖于这种突变的发生。由于突变，任何基因种群都含有一定程度的变异，携带较强适应性基因的个体往往比其他个体留下更多的后代。基因的大多数变异使自己不能被复制，因为更改的序列不再能指令细胞制造任何有用的东西，另一些变异只是使得复制的可能性降低（即使基因的生态位更狭小）。但是有些变异恰好包含了新的指令，使得复制的可能性增加，于是就发生了自然选择。经过每一代变异和复制，生存下来的基因适应度倾向于增加。现在，一个随机的基因突变（例如是由宇宙射线的撞击引起的）不仅使得变异发生在一个宇宙内的生物种群里，而且跨越多个宇宙。宇宙“射线”是一个高能亚原子粒子，像手电筒发出的光子一样，它沿着不同的方向穿行于不同的宇宙。所以，当一个宇宙射线粒子撞击一条 DNA 链引起突变时，这条 DNA 链在其他一些宇宙中的对应副本就完全丢失了这段 DNA，而在另一些宇宙中，撞击的部位不同，从而导致不同的突变。这样，一个宇宙射线对一个 DNA 分子的撞击通常会引起不同宇宙出现大范围不同的基因突变。

当考虑某一物体在其他宇宙中是什么样子时，我们千万不能在多重宇宙中走得太远，以致辨认不出它在其他宇宙中的副本。以一个 DNA 片段为例，在有些宇宙中根本没有 DNA 分子，而另一些宇宙虽包含有 DNA，但和我们的宇宙非常不同，以至于无法辨认那个宇宙里哪个 DNA 片段对应于我们正在考虑的这个 DNA 片段。如果问我们这个 DNA 片段在那个宇宙里长什么样，那是没有意义的。因此，我们只能考虑和我们的宇宙充分相似的宇宙，以避免产生歧义。例如，我们可以仅考虑有熊存在的宇宙，而且在那些宇宙中，熊的 DNA 样品已经放在分析仪器上，仪器已经编好了程序打印出 10 个字母，代表相对于指定 DNA 链上一定标记处的指定位置的结构。只要我们选择合理的准则来识别邻近宇宙中相应的 DNA 片段，任何准则的不同都不会影响下面的讨论。

根据这样的准则，在几乎所有邻近宇宙中，熊的基因片段的序列都一定和我们的宇宙中的相同。这是因为基因片段被假设为具有高度适应性，意思是它的大部分变异在它们的大部分环境变种下将不会成功地使自己被复制，因此不会出现在活熊的 DNA 的那一位置。相反地，当不含有知识的 DNA 片段经受几乎所有变异时，变异版本仍然能够被复制。经过几代的复制，出现了许多突变，大多数突变对复制没有影响。因此，垃圾 DNA 片段与它在基因上的对应片段不同，在不同宇宙中完全是杂乱无章的。很有可能它的每一种可能的排列变种在多重宇宙中都有同等的出现机会（我们说它的排列是严格随机的就是这个意思）。

因此，多重宇宙观揭示了熊 DNA 的又一个物理结构。在我们这个宇宙中，它包含两段 TCGTCGTTTC 序列。其中一段是基因的一部分，另一段不是基因的一部分。在大多数邻近宇宙中，前一段都有相同的序列 TCGTCGTTTC，和我们的宇宙一样。但是第二段在邻近的宇宙中则变化多端。这样，从多重宇宙的观点看，这两个片段没有一点儿相像之处（见图 8-1）。

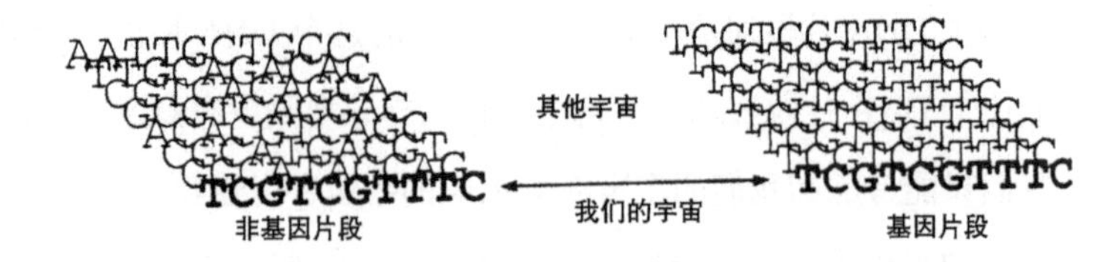

图8-1　用多重宇宙观看两个DNA片段，虽然在我们这个宇宙中恰好完全一样，但一个是随机片段，另一个是基因片段

仍然由于我们过去的局限性，我们错误地认为载有知识的实体和不载知识的实体可以是物理上完全相同的，这反过来使人对知识的基础性地位产生怀疑。但现在我们几乎走完了一个轮回。我们看到，古人认为生命物质具有特殊的物理性质的思想基本上是对的，只不过不是生命物质，而是载有知识的物质具有特殊的物理性质。在一个宇宙中看，它是不规则的，但跨越宇宙看，它有着规则的结构，就像多重宇宙中的一块水晶。

因此归根到底，知识是一个基本物理量，而生命现象仅仅略微次之。

假想我们透过电子显微镜观看熊细胞里的DNA分子，试图区分基因序列与非基因序列，估计每个基因的适应度如何。在任一宇宙中，这个任务都是不可能完成的。基因的特性——高度适应性——就算在一个宇宙中能检测到，也是非常复杂棘手的。适应性是一个涌现性质。你必须制造许多带有变异的DNA副本，利用基因工程技术对每个DNA变种制造许多熊胚胎，并让熊在代表熊生态位的环境变种里长大、生活，看看哪只熊能成功地产下后代。

但假设我们有一个魔术显微镜，它能看透其他宇宙（我强调一下，这是不可能的，我们在利用理论来想象或描绘一个我们认为肯定存在的事），这个任务就容易了。如图 8-1 所示，基因会从非基因中脱颖而出，正如航拍照片里杂乱的灌木丛衬托出整齐的耕地一样，或像溶液中凝结出的晶体一样。在大量邻近宇宙中，它们是规则的，而所有非基因、垃圾 DNA 片段是不规则的。至于基因的适应度，几乎同样容易估计。基因适应度越好，它的结构会出现在更多的宇宙中，它们会形成更大的“晶体”。

现在让我们登陆到一个陌生的行星上，试图寻找当地的生命形式是什么，如果有的话。这仍然是一个著名的难题。你不得不做异常复杂而精细的实验，其中无穷多的陷阱一直是许多科幻小说的主题。但如果你能用多重宇宙望远镜进行观察，生命及其影响就会一览无余。你只需寻找在任何一个宇宙里看起来似乎没有规则，但跨越多个相邻宇宙却是完全一样的复杂结构。如果你看到这样的结构，你就找到了某种知识的物理体现。哪里有知识，哪里就一定有生命，至少过去曾有过生命。

比较一下活熊和大熊星座。在许多邻近宇宙里，活熊在解剖学上非常相似。不仅基因相似，而且整个熊身体也很相似，虽然熊身体的其他属性（如体重）相对于基因会相差悬殊，这是因为（比如）在不同的宇宙中，那只熊最近在觅食方面成功的机会不同。但大熊星座就没有这样的跨宇宙的规律性。大熊星座的形状是孕育恒星的银河气体的初始状态导致的结果。这些状态是随机的（在微观层面上，在不同的宇宙中差别巨大），而从气体形成恒星的过程中包含有多种不稳定因素，进一步放大了差异规模。结果是，我们看到的星座里恒星的分布图案仅存在于非常小范围的宇宙里。在我们宇宙的大部分邻近宇宙中，天空中也会有星座，但是它们的形状是不同的。

最后，让我们以类似的方式环视这个宇宙，什么东西最吸引我们带着魔术眼镜的眼睛？在单一宇宙里，最显著的结构是星系和星系团，但这些东西在多重宇宙中看不出清晰的结构。当一个宇宙中有一个星系时，多重宇宙中就堆砌着无数个布局完全不同的星系。所以多重宇宙中到处都是星系。邻近宇宙仅有某些粗略的性质是相似的，这是由普遍适用于多重宇宙的物理定律所决定的。所以，多重宇宙中大多数恒星都呈相当精确的球形，大多数星系都呈螺旋形或椭圆形。但一旦观察延伸至其他宇宙，所有东西的详细结构都会变得面目全非，除了那些包含知识的个别地方。在这些地方，一些结构延伸横跨了很多个宇宙，仍然清晰可见。也许目前地球是我们这个宇宙中唯一一个这样的地方。不管怎样，这些地方在以上描述的意义上脱颖而出，成为生命和思想过程所在地，而这些过程产生出多重宇宙中最大的卓尔不群的结构。

术　语

复制子：能引起某些环境复制自己的实体。

基因：分子复制子。地球生命的基础是基因，即DNA链（对于有些病毒来说是RNA链）。

拟子（meme）：有复制子功能的思想，例如笑话或科学理论。

生态位（niche）：复制子的生态位是复制子能在其中引起自己被复制的所有可能的环境的总和。生物体的生态位是它生活、繁殖的所有可能的环境和生活方式的集合。

适应度：复制子对其生态位的适应程度，就是它为自己在该生态位里被复制所做的贡献大小。更一般地，一个实体对其生态位的适应程度就是这个实体含有多少能引起这个生态位保存自己的知识。

小　结

自伽利略时代以来的科学发展似乎否定了古人认为生命是自然界的基本现象的思想。科学揭示了一个浩瀚的宇宙，它比地球生物圈大得多。现代生物学利用分子复制子——基因——来解释生命过程，似乎证实了这个结论，因为基因的行为与非生命物质一样，遵循同样的物理定律。然而，生命是与一个基本物理原理——图灵原理——相联系的，因为生命是大自然首次实现虚拟现实的手段。而且，虽然表面看不出来，生命是一个时空跨度最大的意义重大的过程。生命未来的行为将决定恒星和星系未来的行为。哪里演化出载有知识的物质，如大脑或DNA基因片段，哪里就存在横跨宇宙的最大尺度的规则性结构。

在我看来，进化论和量子理论的这一直接联系是四大理论之间的许多联系中最令人惊叹和最出乎预料的关联之一。另一个是在现有计算理论之下独立存在的量子计算理论，这个联系就是下一章的主题。

第9章　量子计算机

对于新接触这个题目的人来说，量子计算听起来像是一个新技术的名字——可能是卓越的技术发展链条的最新一环，它的前驱包括机械计算、晶体管电子计算、硅芯片计算等。的确，即使现在的计算机技术也依赖于微观量子力学过程。（当然，所有物理过程都是量子力学的，而我这里的量子力学过程是指经典物理——非量子物理——不能给出准确预测的过程。）如果计算机硬件沿着更快更小的趋势继续发展下去，那么技术必须在这种意义上变得更加“量子力学”化，因为量子力学效应在所有充分小的系统中起支配作用。假如仅仅就是这点差别的话，那么量子计算一点也不能算进真实世界的解释结构中，因为没有本质的新东西在里面。所有现在的计算机，不论它们利用了多少量子力学过程，都不过是同一个传统思想，即通用图灵机的不同技术实现。这就是为什么现在所有计算机的全部本领在本质上都是相同的原因：它们仅仅在速度、存储量和输入输出设备上有所不同。这就是说，即使现在最低档的家用计算机也可以通过编程来解决最强大的计算机能够解决的任何问题，或营造最强大的计算机能够营造的任何环境，条件仅仅是给它附加额外的存储，让它运行足够长的时间，给它适当的硬件来显示结果。

量子计算绝不仅仅是实现图灵机的更快更微缩的技术。量子计算机是独特地利用量子力学效应特别是干涉效应来完成全新类型的计算的机器，而这种计算甚至在理论上都不能在任何图灵机以及任何传统计算机上完成。因此，量子计算绝对是一种驾驭自然的独特的崭新方式。

请让我来解释。驾驭自然的最早发明是人力驱动的工具，它们彻底变革了我们祖先的生存境遇，但局限是使用时它们需要人的不断关注和操作。后来技术克服了这一局限，人们学会了驯养动物和种植植物，利用那些有机体的生物适应性来满足人的需要。于是，农作物得以生长，看家狗可以放哨，即使主人在睡觉。后来另一类新技术诞生了，人类不再仅仅会利用现有的生物适应性（和现有的非生物现象，如火），而是以陶器、砖块、车轮、金属制品和机器的形式在世界上首创了一种全新的适应性。为此，他们必须思考，并且理解支配世界的自然定律（如我解释的，不仅包括表面的东西，而且包括底层的物理世界的结构）。这种类型的技术发展——驾驭某些物理的物质、作用力和能量——持续了几千年。在20世纪，又增加了信息，此时计算机的发明允许复杂的信息处理工作在人脑以外完成。量子计算，现在还处于它的婴儿期，是这一发展历程中的独特一步，它是第一个允许有用的任务通过平行宇宙间的协作来完成的技术。量子计算机能够把复杂任务的各部分分配到大量平行宇宙中去，然后共享结果。

我已经提到计算通用性的意义，即给定足够的时间和存储空间，单个物理上可能的计算机能够完成任何其他物理上可能的计算机所能完成的任何计算。就我们目前所知，物理定律确实容许计算通用性。然而，为了在整个理论体系中有用或有意义，我到目前为止所定义的通用性是不够的，它仅仅意味着通用计算机最终能够做任何其他计算机能够做的事情。换句话说，只要给定足够时间，它就是通用的。但是如果没有给定足够时间会怎样？想象一台通用计算机，在宇宙的整个生命周期内只能完成一步计算，它的通用性还能算是真实世界的意义深远的性质吗？大概不算了吧。更一般地说，人们可以批评这一狭窄的通用性概念，因为它把某一个任务算进计算机的全部本领当中去，却不考虑计算机在完成这一任务时需要消耗的物质资源。例如，我们已经考虑过虚拟现实的用户，为了等待计算机计算下一步该显示什么，准备在暂停的动画中待上几十亿年。在讨论虚拟现实的终极限制时，采用这种看法是合理的。但是当考虑虚拟现实的有用性时，或者更重要的，当考虑虚拟现实在真实世界结构中扮演的基本角色时，我们必须区分得更加清楚。如果把容易得到的分子作为计算机，营造最早期最简单的栖息地性质的计算任务都不是易解的（易解的意思是在合理的时间内可以算完），那么进化就永远不可能发生。类似地，如果设计一个石头工具都需要思考一千年，那么科学技术就永远不会出现。而且，开始阶段的一切对以后每一步发展都是一个绝对的条件。如果基因描绘生物体的问题是难解的任务（比方说，如果一个复制周期需要几十亿年），那么无论基因里包含多少知识，计算的通用性对基因都没有什么用。

因此，复杂生物体的存在，持续地逐渐改进的发明和科学理论（如伽利略力学、牛顿力学、爱因斯坦力学、量子力学……）的已经出现，这些事实告诉我们更多关于现实中存在哪些种类的计算通用性的信息。它告诉我们，至少到目前为止，真实的物理规律能够被那些给出更好的解释和预言的理论逐次逼近，而且给定前一个理论，给定已知的定律和已经掌握的技术，得到下一个理论的问题是计算上易解的。现实世界的结构必定是分层的，这是为了方便自存取。同样，如果我们把进化本身视作计算，则它告诉我们，存在充分多的有生存能力的生物体，用 DNA 编了码，允许适应性更好的一代利用它的适应性较差的上一代提供的资源计算出来（即进化出来）。于是我们可以推断，物理定律除了通过图灵原理使自身具有可理解性以外，还保证相应的进化过程（如生命和思想）既不太消耗时间也不需要太多其他种类的资源就能够在现实中发生。

所以，物理定律不仅允许（或如我论证的，*要求*）生命和思想的存在，而且要求它们在某种合理的意义上是有效率的。为了表达真实世界的这一重要性质，现代通用性分析通常要求计算机的通用性比图灵原理表面上要求的通用性更强：不仅通用虚拟现实生成器是可能的，而且还有可能使它们仅需要合理的资源数量，就可以营造现实世界的一些简单侧面。从现在起，当我说通用性的时候，就是指这种意义上的通用性，除非特别声明。

那么营造现实世界的给定侧面能够达到多么有效率呢？换句话说，在给定时间和给定预算条件下，什么样的计算是实际可行的？这是计算复杂性理论的基本问题。我讲过，这是研究完成一定的计算任务需要多少资源的理论。复杂性理论还没有与物理学充分整合，没能给出许多定量的答案。然而，它已经取得了相当的进展，在易解与难解的计算问题之间定义了粗略但尚能有用的划分，其一般的方法通过以下例子最容易得到说明。考虑两个大数相乘的问题，比如4220851乘以2594209。许多人都记得儿童期间掌握的乘法规则，把一个数的每一位依次乘以另一个数的每一位，同时用标准的方法移位，把结果加在一起，得到最后的答案，本例的结果是10949769651859。许多人可能不愿意承认，这一令人厌烦的乘法过程，在任何通常的字面意义上会是“易解的”。（实际上，有更有效的方法实现大数相乘，但这一方法已经给出了足够好的说明。）但是从复杂性理论的角度，即让不厌其烦且几乎从不犯错的计算机来完成大量任务的角度来看，这一方法当然算是“易解的”。

根据标准的定义，算作“易解性”的标准不是把某两个数相乘所需要的实际时间，而是这一事实，即当同样的方法应用到更大的数上去时，时间不会增长得太快。可能有点儿使人惊讶的是，这个定义易解性的非常间接的方法在实际中对许多类（虽然不是全部）重要的计算任务都适用得很好。显而易见，例如对乘法来说，标准的方法能够用来把10倍大的数相乘，而额外工作量非常少。为了叙述方便，假设每一步基本的一位数相乘需要花费某台计算机1毫秒时间（包括每一基本乘法步后面的加法、移位及其他操作的时间）。当把两个7位数4220851和2594209相乘时，4220851的每一位必须乘以2594209的每一位，所以乘法所需的全部时间（如果操作是顺序完成的）是7乘以7，即49毫秒。对于约10倍大的输入，每个数有8位，把它们相乘所需要的时间是64毫秒，只增加了31%。

显然，对于很大范围内的两个数——当然包括测量得到的任何物理变量的取值，都能够在1秒钟的一小部分时间内算完它们的乘积。所以，对于物理学内部的所有目标来说（或者至少对于现在的物理学），乘法的确是易解的。诚然，在物理学以外，可能会出现把更大得多的两个数相乘的实际需要。例如，密码学家对 125 位素数的乘积之类的东西就很感兴趣。我们假想的机器能够仅仅在百分之一秒多一点的时间内把这样两个素数乘在一起,结果得到一个250位的数。在 1 秒钟内它能够把两个 1000 位数相乘，而现在实际的计算机能够轻易地超过这些时间。只有纯数学深奥分支的少数研究人员对这种莫名其妙的大数相乘感兴趣。而我们看到，即使他们也没有理由把乘法看作是难解的。

相反地，分解因子（实际上是乘法的逆过程）则显得困难得多。输入是单个数字，比如 10949769651859，任务是找到两个因子（两个较小的数，它们相乘等于 10949769651859）。因为我们刚刚乘过它们，所以知道此时的答案是 4220851 和 2594209（而且因为这两个都是素数，所以这是唯一正确的答案）。但是假如没有内幕消息，我们怎样才能找出因子呢？你可以搜寻童年的记忆，看看有没有简便的办法，但那是徒劳的，因为没有简便的办法。

分解因子最明显的方法是用所有可能的因子去除输入的数字，从 2 开始，遍历每一个奇数，直到找到一个恰好整除输入的数。（假设输入不是素数）至少有一个因子不大于输入的平方根，这对于该方法需要的时间长短给出了一个估计。在我们考虑的情形下，我们的计算机会在 1 秒钟多一点的时间内找到两个因子中较小的那一个，即 2594209。然而，如果输入大至 10 倍，则平方根大约大至 3 倍，于是用这种方法分解因子的时间会增至 3 倍。换句话说，输入增加一位,则运行时间增至3倍。再加一位输入会使时间再增至3倍,等等。这样，运行时间会随着待分解数字的位数的增加，以几何比率（即指数）增长。如果用这种方法分解一个包含25位长因子的数字，足够地球上所有的计算机运算好几个世纪。

方法可以进一步改进，但是目前使用的所有分解因子的方法都具有这种指数增长性。已经成功分解（可以说是“气冲冲”地成功分解）的最大数字（其因子是被数学家们秘密挑选的，是为了挑战其他数学家）具有129位数，在求助于因特网，在全球几千台计算机的共同努力下，分解因子才告成功。计算机科学家唐纳德·克努特估计，用已知的最有效的方法分解一个250位的数字，在由100万台计算机组成的网络上，也需要花费一百多万年。这种事是很难估计的，但即使克努特过于悲观，只需考虑一下，数字才增加几位，计算任务就变得困难许多倍。这就是我们所说的大数分解是难解的意思。这一切与乘法太不一样了。我们看到，一对250位的数字相乘在任何人的家用电脑上都是小事一桩，但是甚至没人能够想象如何能够分解千位数或百万位数。

至少直到最近为止，没人能够想象。

1982年，物理学家理查德·费曼考虑过量子力学对象的计算机模拟。他的出发点其实已经为人们知道了一些日子，只是没能意识到其意义，即预测量子力学系统的行为（或者如我们描述的那样，在虚拟现实中营造量子力学环境）通常是难解的。这个意义被忽略的一个原因是，没有人认为有意义的物理现象的计算机预测会是特别容易的。例如天气预报或地震预报，虽然有关方程是已知的，但是在实际中应用它们的困难是众人皆知的。在最近关于混沌和“蝴蝶效应”的通俗书籍和文章中，这已经引起了公众的注意。这些效应不是造成费曼心里想的难解性的罪魁，原因很简单，它们仅在经典物理中发生，即不在现实中，因为现实是量子力学的。无论怎样，我在这里想评论一下“混沌”经典运动，只是为了突出经典不可预测性和量子不可预测性的显著不同特点。

混沌理论是关于经典物理中可预测性的局限性的理论，它源于这一事实，即几乎所有经典系统都是本质上不稳定的。这里的“不稳定性”与疯狂行为或崩溃倾向无关，它是关于对初始条件的极端敏感性。假设我们知道某一物理系统的当前状态，如在台球桌上滚动的一组台球。如果系统遵循经典物理，在足够的近似条件下也确实如此，那么我们就应该能够根据相关的运动定律确定它的未来行为表现。比如说，某一个具体的球是否会掉进口袋，正如我们能够根据同样的定律预测天蚀或行星会合一样。但是在实际中，我们不能完全准确地测量初始位置和速度。于是提出了一个问题，如果我们对它们的了解在某一合理的精度之内，我们还能在合理的精度内预测它们未来的行为吗？答案通常是不能。从略微不精确的数据计算出来的预测轨迹与真实轨迹间的差距会随着时间呈指数且无规律（“混沌”）地增长，以至于过了一会儿，略微不精确的已知初始状态对于系统的行为就全没有导向作用。对于计算机预测的意义是，行星运动这一经典可预测性的范例是不典型的经典系统。为了预测典型的经典系统在经过仅仅适当的一段时间以后的行为，我们对它的初始状态的测量精度必须高得以至于不可能达到。于是，据说在理论上，在地球的一个半球上扇动的蝴蝶翅膀可以引起另一个半球的飓风。天气预报这类东西的不可行性于是就被归因于解释地球上每一个蝴蝶行为的不可能性。

然而，真实的飓风和真实的蝴蝶遵循量子理论，而不是经典力学。

经典初始状态的微小偏差被迅速放大的不稳定性，并不是量子力学系统的特征。在量子力学中，指定初始状态的微小偏差只会导致预测的最终状态的微小偏差。取而代之的是一个非常不同的效应，它使得精确预测变得困难了。

量子力学定律要求，初始处在（所有宇宙中）给定位置上的对象必须在多重宇宙的意义上“展开”。例如，一个光子及其他宇宙中的副本都从发光灯丝上的同一点出发，但随后沿着万亿个不同方向运动。当我们随后对所发生的过程进行测量时，我们也变得分化了，因为我们的每一个副本都能看见自己这个宇宙中所发生的过程。如果这时讨论的对象是地球的大气，那么飓风会在（比方说）30% 的宇宙中发生，而在另外 70% 的宇宙中不发生。我们主观上感觉这是一个单独的、不可预测的或“随机”的结果，而从多重宇宙的观点来看，所有的结果都已经实际上发生了。这一平行宇宙的多重性是天气不可预测性的真实原因，与我们不能精确度量初始条件完全无关。即使我们准确地知道初始条件，这一多重性以及导致的运动不可预测性仍然存在。另一方面，与经典情形相反，假使我们假想的多重宇宙的初始条件与真正的多重宇宙略有差异，其表现也不会与真正的多重宇宙相差太远：也许就是 30.000001% 的宇宙遭遇飓风，另外 69.999999% 的宇宙没有飓风。

实际上，蝴蝶翅膀的扇动不会导致飓风，因为经典混沌现象依赖于彻底的决定论，而决定论在任何单个宇宙中都是不成立的。考虑在某一时刻完全相同的一组宇宙，在这些宇宙中，此时此刻有一个蝴蝶的翅膀正在向上扇。考虑另一组宇宙，在同一时刻它们与第一组宇宙几乎完全相同，只是这个蝴蝶的翅膀正在向下扇。过了几个小时，量子力学预言，除非有特别的情况（例如，有人注视着蝴蝶，一看到它扇翅膀就按下按钮引爆核弹），这两组初始状态几乎相同的宇宙现在仍然几乎相同。但是在每一组内已经分化得很明显了，既包括有飓风的宇宙，也包括没有飓风的宇宙，甚至还包括非常少量的宇宙，其中的蝴蝶通过偶然地重组它的所有原子而自发地改变了自己的物种，或者太阳爆炸了，因为它的所有原子凑巧都冲向位于核心的核反应中去了。即使这样，这两组宇宙仍然非常相像。在那些蝴蝶翅膀向上扇起、飓风刮起的宇宙中，这些飓风的确是不可预测的；但是蝴蝶不是原因所在，因为在除了蝴蝶翅膀向上扇而其他一切完全相同的宇宙中也存在几乎一样的飓风。

可能需要强调一下*不可预测性*与*难解性*的区别。不可预测性与可获得多少计算资源无关。经典系统是不可预测的（或者说如果这样的系统存在的话，则必定是不可预测的），原因在于它们对初始条件的敏感性。量子系统没有这种敏感性，但仍然是不可预测的，因为它们在不同宇宙中的行为都不一样，从而在大多数宇宙中看起来像是随机的。在这两种情况下，不论进行多大的计算量都不能降低不可预测性。相反，难解性是有关计算资源的问题，它是指这样一种情况：只要能够完成所需的计算，我们就能轻易地做出预测，但是因为计算所需的资源多得不切实际，所以我们实际上做不出预测。为了在量子力学中把不可预测性问题与难解性问题区分开，我们必须考虑在理论上是可预言的量子系统。

通常介绍量子理论时都说它仅仅做概率预言。例如，在第2章描述的穿孔的屏障与屏幕成像类型的干涉实验中，可以观察到光子抵达影子图案的“明亮”区域的任何地方。但是重要的是需要理解，对于许多其他实验，量子理论预言出的是单个明确的结果。换句话说，它预言：尽管各个宇宙在实验中间阶段的表现各不相同，但是所有宇宙的最终实验结果是同一个，而且它还预言了结果是什么样的。在这种情况下，可以观察到非随机干涉现象。干涉仪可以演示这种现象，这是一种光学仪器，主要由镜子组成，既有普通镜子（见图 9-1），也有半透半反镜（像魔术和警察局使用的那种，见图 9-2）。如果光子撞上半透半反镜，那么在一半的宇宙中，它会被弹开，正如撞上普通镜子一样，而在另一半宇宙中，它会直直穿过，仿佛什么都没撞上一样。

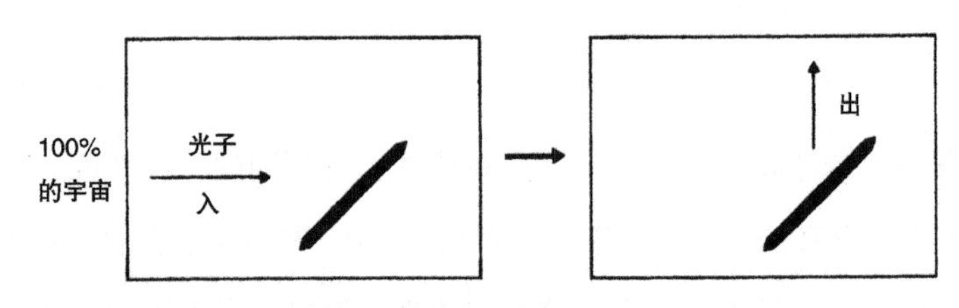

图9-1　普通镜子的作用在所有宇宙中都是一样的

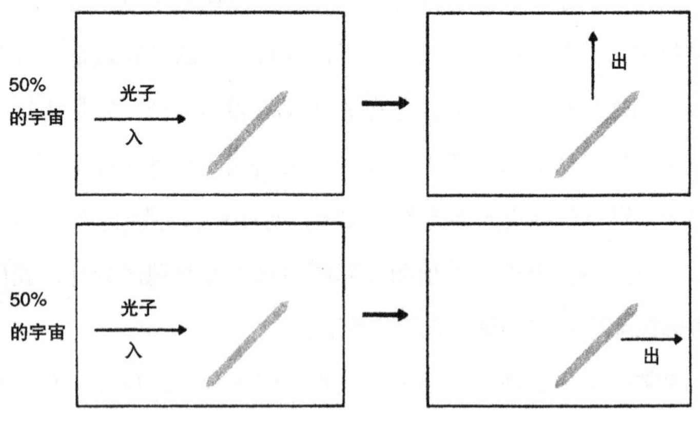

图9-2　半透半反镜使得起初状态完全相同的宇宙分化为两组数目均等的宇宙，差别仅仅是单个光子的路径不同

如图 9-3 所示，单个光子从左上角进入干涉仪。在做本实验的所有宇宙中，该光子及其副本沿着同一条路径射向干涉仪，因此这些宇宙是相同的。但是一旦光子撞上了半透半反镜，原先完全相同的宇宙就发生了分化。在其中一半宇宙中，光子径直穿过，沿着干涉仪的上部行进。在其余的宇宙中，它被弹离镜面，沿着干涉仪的左边向下行进。这两组宇宙中的光子分别撞击并被弹离位于右上角和左下角的普通镜面，同时到达位于右下角的半透半反镜，并且互相干涉。记住我们只允许一个光子进入仪器，在每个宇宙中也只有一个光子存在。在所有宇宙中，该光子撞上了右下角的镜面。在一半宇宙中它是从左边撞来的，在另一半宇宙中它是从上面撞来的。这两组宇宙的光子互相干涉得很强烈。最后的净效果依赖于精确的几何位置，但是图 9-3 显示的结果是，在所有宇宙中光子都穿过镜子向右行进，没有一个宇宙的光子向下传播或反射。于是所有宇宙在实验结束时是相同的，正如它们开始时相同一样。它们只是在实验中间阶段的一小段时间里区分开并互相干涉。

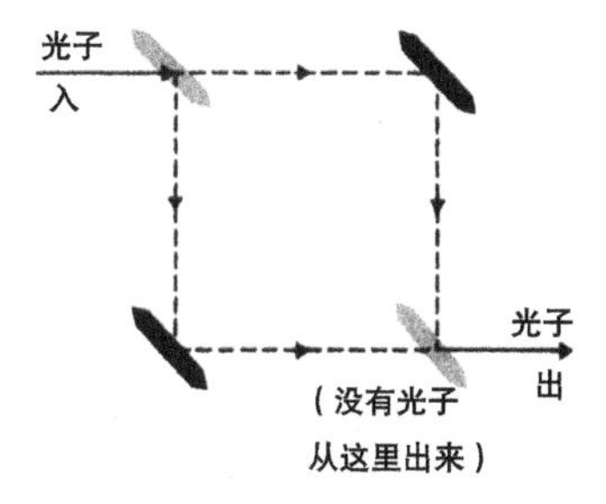

图9-3 单个光子穿过干涉仪。镜子（普通镜子用黑色表示，半透半反镜用灰色表示）的位置可以调整，使得光子（在不同的宇宙中）的两个副本之间的干涉效应导致两个副本经由同一个出口路径从下方的半透半反镜射出

这一明显的非随机干涉现象与投影现象一样都无可辩驳地证明了多重宇宙的存在性，因为我所描述的结果与单个宇宙中粒子可能行进的两条路线都不相容。例如，如果我们沿着干涉仪下面的路线向右投射光子，那么它可能像干涉实验中的光子一样穿过半透半反镜，但也可能不这样——有时它向下反射。类似地，沿着右边路线向下投射的光子可能向右反射，正如在干涉实验中那样，或者可以直直向下穿过。所以，在仪器内，不论你让单个光子处于哪条路径上，它都将随机地冒出来。只有在两条路径间发生干涉时，结果才是可预测的。所以，在干涉实验结束前，仪器内存在的东西不可能是在单个路径上的单个光子，例如不可能只有一个光子行进在下边的路线上，一定还存在别的东西使它不能向下反射。也不可能只有一个光子行进在右边的路线上，同样一定存在别的东西使它不能径直向下运动。如果只有它自己存在，则它有时会向下运动。正如投影的情况一样，我们可以构造进一步的实验，证明“别的东西”具有光子的一切性质，它沿着其他路线行进，与我们看得见的光子发生干涉，但不与我们宇宙中的其他东西干涉。

因为在本实验中只有两种不同的宇宙，如果粒子遵循经典定律的话，比如如果我们计算的是台球的路径，那么计算发生的情况只需要花费大约两倍的时间，几乎不会使计算变得难解。但是，我们已经看到很容易获得复杂得多的情况。在投影实验中，单个光子穿过凿有小孔的屏障，然后落在屏幕上。假设屏障上凿有 1000 个小孔，在屏幕上有些地方光子可以落上（在某些宇宙中也的确落上了），而有些地方光子不能落上。为了计算屏幕上某个具体的点能否落上光子，我们必须计算光子的 1000 个平行宇宙副本间的相互干涉效应。

特别地，我们必须计算从屏障到屏幕上给定一点的 1000 条路径，计算那些光子彼此间的作用，从而确定它们是否都不能到达那个给定的点。所以，跟计算传统粒子能否撞击指定点的计算量相比，我们必须完成大约 1000 倍的计算量。

这种计算的复杂性告诉我们，在量子力学环境中，发生的情况比眼睛所真实见到的要多得多。我曾经用计算复杂性的术语来表述约翰逊博士的实在性准则，并论证说这种复杂性是承认平行宇宙存在性的核心理由。但是当干涉现象涉及两个或更多粒子相互作用时，情况可能要更复杂得多。假设两个相互作用的粒子中的每一个都有（比如）1000 条路可走，那么在实验的中间阶段，这对粒子可以处于 100 万个不同的状态，所以这对粒子在多达 100 万个宇宙中的表现都不一样。如果有 3 个粒子正在相互作用，那么不同宇宙的数目会是 10 亿；4 个粒子时，则是 10^{12}，等等。这样，如果想要预言在这种情况下将发生的现象，我们必须计算的不同历史的数目将随着相互作用的粒子数目的增加而呈指数增长。这就是为什么计算一个典型量子系统的行为是真真实实难解的。

这就是困扰费曼的难解性。可以看到，它与不可预言性毫无关系：相反，量子现象清楚地表明它是高度可预测的，因为在这种现象中，同一个确定的结果出现在所有宇宙中，不过该结果是实验过程中大量不同的宇宙间相互干涉的结果。根据量子理论，理论上所有这一切都是可以预言的，而且对初始条件不太敏感。之所以难以预言这类实验的结果总是同样的原因是，预言所需要的计算量实在太大了。

在理论上，对于通用性来说，难解性比不可预言性构成的障碍更大。我讲过，完全精确地描绘一个轮盘赌不需要也不应该给出与真实的轮盘赌同样的数字序列。类似地，我们不可能预先准备好营造明天天气的虚拟现实。但是，我们能够（或者总有一天能够）营造天气，虽然与历史上任何一天的真实天气情况不同，但是无论如何其行为是如此真实，以至于无论多么有经验的用户都不能区分它与真实天气的差别。对于任何不表现量子干涉效应的环境（也就是大多数环境）都是这样，在虚拟现实中营造这样的环境是易解的计算任务。但是，对于表现出量子干涉效应的环境，实际营造它们似乎是不可能的。不完成指数量的计算，怎么能保证在这些环境下，因为某种干涉现象，我们营造的环境不会做真实的环境肯定不做的事情？

似乎很自然地得出结论说，因为干涉现象不能被有效地营造，所以真实世界终究没有显示真正的计算通用性。但是费曼却正确地得出相反的结论！他不把描绘量子现象的难解性看作是一个障碍，而把它看作是一个机会。如果算出干涉实验中发生的现象需要那么大量的计算，那么搭起这样一个实验，测量它的结果，这本身就恰好相当于完成了一个复杂的计算。于是，费曼推断有效地营造量子环境终究是可能的，只要允许计算机在真实的量子力学对象上完成实验。计算机在运行过程中，可以选择对辅助量子硬件元件做何种测量，并把测量结果合并到计算中去。

辅助量子硬件实际上也是计算机。例如，干涉仪可以充当这种设备。如其他物理对象一样，可以把它看作计算机。现在可以称它为专用量子计算机，我们这样给它“编程”：在一定的位置放上镜子，然后向第一块镜子投射一个光子。在非随机干涉实验中，光子总是从一个方向冒出来，这由镜子的位置决定。我们可以把该方向解释为计算结果的表示。在更复杂的实验中，我解释过，用几个相互作用的粒子，可以轻易地使这种计算变得“难解”。然而，既然我们可以通过做实验轻易地获得结果，它就终究不是真正难解的。现在我们必须对我们的措辞多加注意。显然存在这样的计算任务，如果用现在的计算机去执行它，它是“难解的”，但是如果把量子力学对象用作专用计算机，它就是易解的。（注意，量子现象可以用这种方式来完成计算，这是由于它免受混沌的影响。如果计算结果对初始状态过于敏感，那么通过把它设置在合适的初始状态来为设备“编程”就会是一个不可能办到的困难任务。）

以这种方式利用量子辅助设备可能会被认为是欺骗，因为如果在营造某环境时有这个环境的备用副本可以测量，那么营造任何环境显然容易多了！但是，费曼猜想不必使用待营造环境的原模原样的副本：有可能找到构造起来容易得多的辅助设备，而其干涉性质类似于目标环境的干涉性质。那么普通计算机在利用了辅助设备与目标环境之间的相似性以后，可以完成剩余的营造任务。费曼期望这剩余的任务是易解的。进一步，他还猜想（后来证明是正确的），任何目标环境的所有量子力学性质都可以由他说明的一种特殊类型的辅助设备来模拟（即旋转原子的阵列，每一个原子与其相邻的原子相互作用）。他把这类设备的全体称为*通用量子模拟器*。

但是这不是单个一台机器，而为了成为合格的通用计算机，它必须得是单个一台机器。该模拟器的原子必须经历的相互作用不能像在通用计算机里那样一劳永逸地固定下来，而是必须为模拟每一个目标环境而重新设计。但是通用性的要点是应该能够为单个一台机器编程，一次编程永远受益，从而完成任何可能的计算，或营造任何物理上可能的环境。1985年我证明了在量子物理下存在通用量子计算机。证明非常简单，我做的只是模仿图灵的构造，但用的是量子理论来定义基础的物理过程，而不是用图灵隐含假设的经典力学。通用量子计算机能够完成任何其他量子计算机（或任何图灵形式的计算机）能够完成的任何计算，而且能够营造虚拟现实中任何有限的物理上可能的环境。此外，已经证明它做这些事情需要的时间和其他资源不会随着待营造环境的规模或细节呈指数增长，所以依据复杂性理论的标准，有关计算是易解的。

传统的计算理论，半个世纪以来是关于计算的毫无争议的基础理论，现在变得过时了，像经典物理学一样，只能作为一个近似的理论体系。计算理论现在是量子计算理论。我提过图灵在他的构造中隐含地使用了“经典力学”，但是借助于事后诸葛亮，我们现在能看到，即使传统计算理论也没有完全遵循经典物理，而且包含量子理论的强烈暗示。“比特”这个词，即计算机能够操纵的最小可能的信息量，本质上与量子（一个离散块）是同一个概念，这绝不是偶然的。离散变量（取值范围不连续的变量）是与经典物理不相容的。例如，如果一个变量只有两个可能值，比如0和1，它怎么能从0变到1？（我在第2章中问过这个问题。）在经典物理中，它必须不连续地跳变，这是与经典力学中力和运动的工作方式不相容的。在量子物理中，不必有连续的变化，即使所有可测量的量都是离散的。变化方式如下。

我们首先想象一些平行宇宙像一副扑克牌那样码放起来，这一整叠代表多重宇宙。（这种宇宙顺序排列的模型极大地简化了多重宇宙的复杂性，但它足以在这里阐明我的要点。）现在我们修改这一模型，考虑到这一事实，即多重宇宙不是离散的宇宙集合，而是一个连续的统一体，并非所有宇宙都不相同。事实上，对于每一个在场的宇宙都有一组连续的相同的宇宙也在场，构成多重宇宙的微小但非零的一部分。在我们的模型中，这一部分比例由一张纸牌的厚度表示，每张牌现在代表一定类型的所有宇宙。但是，与纸牌厚度不同的是，在量子力学运动定律支配下，每一类型宇宙的比例随时间而变化，结果是具有一定性质的宇宙的比例也在变化，而且是连续变化。在离散变量从 0 变到 1 的情形下，假设在变化开始前变量在所有宇宙中的值为0,变化以后在所有宇宙中的值为1。在变化过程中，变量值为 0 的宇宙比例从 100% 连续降到 0，变量值为 1 的宇宙比例相应地从 0 升到 100%。图 9-4 表示了这种变化的多重宇宙观点。

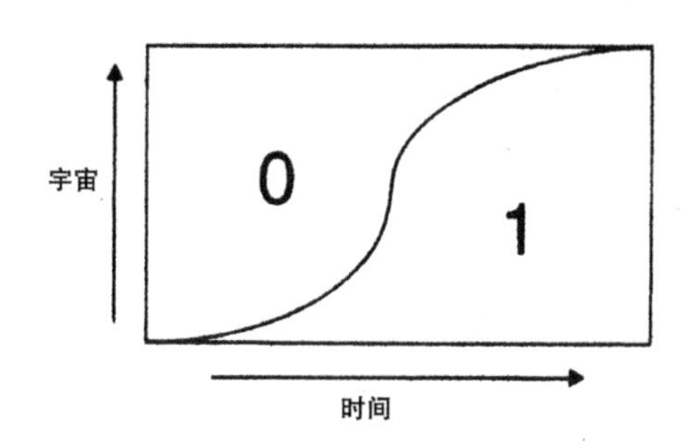

图9–4　一个比特如何从0连续变到1的多重宇宙观点

图 9-4 似乎显示出，虽然从多重宇宙的观点看，由 0 到 1 的转变是客观上连续的，但是从任一单独宇宙的观点看，它仍然是主观上不连续的，比如图 9-4 中间划一道水平线表示的情形。然而，这不过是图解的局限，并非真实情况的特征。虽然图解显示出似乎在每一时刻有一个具体的宇宙刚好从 0“变到”1，因其刚好“跨过分

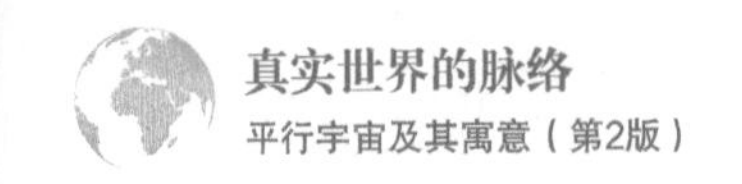

界线”，但是实际情况不是这样。它不可能是这样的，因为这一宇宙与每一个在那时该比特值为 1 的其他宇宙都完全相同，所以，如果其中之一发生了不连续的变化，那么其他宇宙也会这样。因此它们都不会这样变化。还应注意，如我将在第 11 章中解释的那样，以为图 9-4 这样表示了时间（有一个时间轴）的图上有什么东西会移动的想法是不对的。在每一时刻该比特在一定比例的宇宙中取值为 1，在其他宇宙中取值为 0,所有这些宇宙在任何时刻都已经显示在图 9-4 中了。它们不会移动到别处！

传统计算理论中隐含量子物理的另一个方面是，图灵型计算机的所有实际的实现都依赖于固体或磁性材料这类东西。如果没有量子力学效应，这些东西是不能存在的。例如，任何固体都由原子阵列组成，而原子本身由带电粒子（电子和原子核中的质子）组成。但是由于经典的混沌效应，在经典运动定律支配下，带电粒子的阵列不可能是稳定的。正负带电粒子必定会离开位置对撞在一起，整个结构会崩溃。正是带电粒子在平行宇宙中行进的不同路径间强烈的量子干涉作用才防止了这种灾变，使得固体物质成为可能。

建造通用量子计算机已经远远超出了当前的技术能力。我说过，探测干涉现象总是涉及在对干涉现象起作用的宇宙中取值不同的所有变量间建立合适的相互作用。因此，涉及的相互作用的粒子越多，设计这种相互作用以显示干涉效应（即显示计算结果）的工作就越困难。在单个原子或单个电子水平上进行操作的许多技术困难中，最重要的一点是防止环境受到不同相干子计算的影响。因为如果一组原子正在经历干涉现象，而且它们程度不同地影响到环境中的其他原子，那么只测量原来这一组原子就不能探测到干涉效应了，而这一组原子也不再完成任何有用的量子计算了。这被称为脱散。我必须补充一点，这一问题经常以一种错误的方式被提出：人们经常说“量子干涉是非常脆弱的过程，必须保护起来，免受所有外界的影响”。这是不对的。外界的影响可能造成微小的缺陷，但是脱散是由量子计算对外部世界的影响造成的。

于是，竞赛在这些方面展开：要设计亚微观系统，其中携带信息的变量彼此相互作用，但对环境的影响越小越好。另一个量子计算理论所独有的新奇的简化策略部分地抵消了脱散造成的困难。事实证明,不像传统计算中人们需要设计具体的传统逻辑元件（如与门、或门、非门）那样,在量子情形下,相互作用的精确形式几乎无关紧要。事实上，任何原子尺度的相互作用的比特系统只要不脱散，都能用来完成有用的量子计算。

人们已经知道了涉及大量粒子的干涉现象，如超导性和超流性，但是似乎它们都不能用来完成有意义的计算。在本书写作的时候，只有单比特的量子计算可以在实验室中轻松完成。然而，实验科学家们有信心在未来几年里造出两个比特以及更多比特的量子门（传统逻辑元件的量子等价物），这是量子计算机的基本部件。有些物理学家，尤其是IBM研究所的罗尔夫•兰道尔对此后进一步的进展前景感到悲观。他们相信，脱散不会减少到可以连续完成好几步量子计算的程度。本领域的大多数研究人员要乐观得多。（也许是因为只有乐观的研究人员才选择研究量子计算吧！）已经造出了一些专用量子计算机（如下），我个人的观点是更复杂的机器会在几年内出现，而不需几十年。至于通用量子计算机，我认为建造它也只是个时间问题，虽然我不愿意预测时间是几十年还是几百年。

对于通用量子计算机的全部本领中包含的某些环境，用传统的方法营造它们是难解的，这一事实说明一些纯数学计算类也必定变得易解了。因为如伽利略所说，物理定律是用数学语言表达的，营造一个环境相当于计算一定的数学函数。的确，现在已经发现许多数学任务可以用量子计算高效地完成，而用所有已知的传统方法都是难解的。最引人注目的一个就是对大的自然数进行因数分解。该方法称为*肖算法*，由贝尔实验室的彼得•肖在1994年发现。（在本书英文原版校对期间，又发现了更加引人注目的量子算法，包括快速搜索长表的*格罗佛算法*。）

肖算法极其简单，对硬件的要求比通用量子计算机简单得多。因此，很可能*量子因数分解引擎*制造成功会远比量子计算技术全面可行化要早得多。这对于*密码学*（关于通信安全和信息认证的科学）具有重大意义。现实中的通信网络可以是全球化的，具有庞大的、持续变化的用户群，其通信模式不可预期。要求每一对用户事先物理地交换机密的密钥以备后来彼此通信而无需害怕窃听者，这是不切实际的。*公钥密码学*是一种在收发双方还没有约定任何机密信息时发送机密信息的方法。已知的最安全的公钥密码手段依赖于大数分解问题的难解性。该方法称为RSA密码体制，以纪念罗纳德•李维斯特、阿迪•沙米尔和伦纳德•阿德尔曼，他们于1978年首次提出这一方法。它依赖于一个数学过程，用一个大数（比如250位）作为密钥给消息编码。接收方可以随意把该密钥公开，因为任何用它编码的消息只能在知道了那个数的因子以后才可以解码。于是，我可以选择两个125位的素数并使它们保密，但是把它们相乘，让250位的乘积公开。任何人可以用这个数作为密钥给我发消息，但是只有我能够读消息，因为只有我知道秘密因子。

我讲过，用传统方法分解250位数是不实际的，但是运行肖算法的量子因数分解引擎可以在仅仅几千步算术运算内完成，这只需要几分钟。所以，任何能使用这种机器的人都能够轻易地阅读任何窃听到的用RSA体制加密的消息。

密码员选择再大的数字作为密钥也没有用，因为肖算法需要的资源只随着待分解数字的长度缓慢地增长。在量子计算理论中，因数分解是非常易解的。有人认为，由于存在一定程度的脱散，可以分解的数字的长度会有一个实际的限制，但是还不知道在技术上可达到的脱散率有没有下限。所以，我们只能认为未来的某一天，在现在还不能预测的某个时候，任何给定密钥长度的RSA密码体制都会变得不安全。在一定意义上，甚至现在也不安全了。因为任何人或任何组织现在可以记录下用RSA加密的消息，一直等到他们购买了脱散率足够低的量子因数分解引擎，就可以对消息解码了。这种事情可能几百年都不会发生，或者可能在仅仅几十年甚至更短时间内就发生了，谁知道呢。但是对于原先RSA体制完美的安全性，现在只能指望这种事情在相当长时期内不会发生了。

当量子因数分解引擎分解250位数字的时候，相干宇宙的数目会达到10^{500}量级，即10的500次方。这一令人惊愕的巨大数目是肖算法把因数分解变得易解的原因。我讲过，该算法只需要几千步算术运算，我当然指的是对答案有贡献的每一个宇宙中有几千步运算。所有计算是在不同的宇宙中并行完成的，并通过相干分享结果。

你可能感到奇怪，我们怎么能说服我们在10^{500}多个宇宙中的副本和我们一起开始干分解因数的工作呢？他们对自己的计算机没有别的使用安排吗？不，无需说服。初始时肖算法仅仅在一组彼此相同的宇宙中操作，仅仅在分解因数引擎范围内使它们分化。所以，在我们指定了待分解的数字、等待答案算出来的时候，在所有相干宇宙中是一样的。毫无疑问，存在许多其他宇宙，其中的我们编制了不同的数字，或者根本没有造出分解因数引擎，但是那些宇宙与我们的宇宙在太多的变量上不同，或更准确地说，在那些肖算法程序没有使它们以正确方式相互作用的变量上不同，所以不与我们的宇宙发生干涉。

第 2 章的论述应用到任何干涉现象上，摧毁了只有一个宇宙的传统思想。从逻辑上讲，复杂量子计算的可能性无助于解决不可回答的问题，但是它的确产生了心理影响。对于肖算法，论述已经写得很长。对那些仍然坚持单一宇宙世界观的人，我提出这一挑战：*请解释肖算法的工作原理*。我要求的不仅仅是预言它能够有效工作，这不过是求解几个没有争议的方程而已，我要求的是给出解释。当肖算法已经分解了一个数，使用的计算资源大约是可见存在的计算资源的 10^{500} 倍的时候，这个数是在哪里被分解出来的？在整个可见的宇宙中只有大约 10^{80} 个原子，与 10^{500} 相比只是个零头。所以，如果可见的宇宙是物理实在的全部，那么物理实在所包含的资源将远远不足以分解这么大一个数。那么是谁分解了它？计算是如何以及在哪里完成的？

我一直在讨论的是量子计算机能够比现有的机器更快地求解传统类型的数学问题。但是存在另一类计算任务，传统计算机根本不能完成它，而量子计算机则是有希望的。由于不可思议的巧合，首批发现的这类问题之一也与公钥密码学有关。这一次不是破译现存的密码体制，而是实现一个新的、绝对安全的量子密码系统。1989年，在纽约约克镇高地IBM研究所，在理论家查尔斯•班尼特的办公室里，建成了第一台能够运转的量子计算机。这是一台专用量子计算机，由一对量子密码设备组成，由班尼特和蒙特利尔大学的吉勒斯•布拉萨德设计。它是第一台曾经完成过图灵机所不能完成的非平凡计算的机器。

在班尼特和布拉萨德的量子密码系统中，消息被编码在激光器发出的一个个光子的状态中。虽然传送一条消息需要许多光子（每比特一个光子，外加浪费在各种无效工作中的许多光子），但是可以用现有的技术造出这台机器，因为它一次只需在一个光子上执行量子计算。系统的安全性不是基于难解性（不论是传统的还是量子的难解性），而是直接基于量子干涉的性质：正是这才使它具有传统方法所不能获得的绝对安全性。无论是哪种计算机，无论做多少计算，无论算几百万年还是几万亿年，都无助于窃听者偷听到量子加密的消息，因为如果人们通过有干涉效应的媒介通信，那么他们就能够发觉窃听者。根据经典物理，没有办法能够防止已经接触到通信媒介（如电话线）的窃听者安装被动侦听装置。但是，我解释过，如果有人测量了一个量子系统，那么他就改变了以后的干涉性质。通信协议就依靠这一效应。通信双方有效地建立起反复的干涉实验，协调他们在公共信道上的行为。只有当干涉通过了检查，证明没有窃听者，他们才继续下一阶段的协议，这时才用一些传送的信息作为密钥。在最坏情况下，坚持不懈的窃听者可能会完全阻断通信（当然，切断电话线更容易达到目的）。但是对于阅读消息来说，只有指定的接收方才能读到，而且这是由物理定律保证的。

因为量子密码术依赖于操纵单个光子，所以它受到很大的局限。成功接收到的每一个光子负载1比特消息，必须设法完整地从发送方传送到接收方。但是所有传送方法都有损耗，如果损耗太大，消息就传达不到接受方了。建立中继站（在现有的通信系统中用来弥补损耗）会危及安全性，因为窃听者可以监听进入中继站的信息而不会被发觉。现有的最好的量子密码系统采用光纤，能传达大约10千米的范围。这足以给诸如城市的金融区这样的地方提供绝对安全的内部通信网。市场化的系统可能为期不远了，但是为了一般地解决公钥密码问题（如全球通信），还需要进一步发展量子密码学。

量子计算领域的实验和理论研究正在世界范围内加速进行，甚至更有希望的实现量子计算机的新技术已经提出，具有超过传统计算的各种优点的新型量子计算正在持续不断地被发现、被分析。我感到所有这些发展都很振奋人心，我相信它们中的某些发展会产生技术硕果。但就本书而言，那些是枝节问题了。从基础科学角度看，量子计算多么有用无关紧要，我们的第一台通用量子计算机是下星期建成还是几百年后建成，还是永远也建不成，这都无关紧要。无论怎样，对于那些寻求对真实世界的基本理解的人们来说，量子计算理论必定成为他们的世界观的不可或缺的组成部分。通过量子计算机的理论研究，我们可以发现而且正在发现关于物理定律、通用性以及真实世界结构的几个表面无关的解释之间的内在联系。

术　语

量子计算：需要量子力学过程，尤其是干涉效应的计算。换句话说，是通过平行宇宙间的协作来完成的计算。

指数计算：输入每增加一位数字，所需资源（如时间）增加大约常数倍的计算。

易解/难解（粗略但管用的规则）：如果完成计算需要的资源不随着输入数的位数指数地增加，那么该计算任务被认为是易解的。

混沌：大多数经典系统运动的不稳定性。系统的两个初始状态的微小差异结果导致两条运动轨迹的差异呈指数增长。但是真实世界遵循量子物理，而不是经典物理。混沌造成的不可预期性一般都被相同宇宙变为不同宇宙的过程中所造成的量子不确定性所淹没。

通用量子计算机：能够完成任何其他量子计算机所能完成的计算，营造任何有限的、物理上可能的虚拟现实环境的计算机。

量子密码术：能够被量子计算机执行，而不能被传统计算机执行的任何形式的密码术。

专用量子计算机：非通用的量子计算机，如量子密码设备和量子因数分解引擎。

脱散：如果量子计算在不同宇宙中的不同分支对环境的影响不同，那么干涉作用会被削弱，计算可能失败。脱散是实际实现更强大量子计算机的主要障碍。

小　结

物理定律允许计算机营造所有物理可能的环境，而无需使用多得不切实际的资源。所以，通用计算不仅是可能的（如图灵原理要求的那样），而且还是易解的。量子现象可能涉及大量平行宇宙，因此可能无法在一个宇宙中高效地模拟它。但是，这一强形式的通用性依然成立，因为量子计算机能高效地营造所有物理上可能的量子环境，即使在大量宇宙相互作用的情况下。量子计算机还能高效求解一定的数学问题，如因数分解，用传统方法这是难解的；它能够实现用传统方法不可能实现的密码术。量子计算是驾驭自然的全新方法。

下一章可能会激怒许多数学家。没办法，数学不是他们所认为的那个样子。

（对于数学知识可靠性的传统假设不熟悉的读者，可能认为这一章的主要结论是显然的，即我们关于数学真理的知识依赖于我们关于物理世界的知识，而且前者不比后者更加可靠。这些读者可以跳过这一章，直接进入第 11 章关于时间的讨论。）

第10章　数学的本质

迄今为止所描述的“真实世界的结构”是物理实在的结构，但是我还随意地谈到了物质世界中找不到的实体——抽象概念，如数字和计算机程序的无穷集合。物理定律本身也不是石头和行星那样的物理实体。如我说过的，伽利略的“自然之经书”只是一种比喻。接着我讲到存在虚构的虚拟现实环境，这种不存在的环境的定律与真实的物理定律不一样。除此以外，我还说过“康哥图”环境，它甚至不能在虚拟现实中营造。我说过，对于每一个可营造的环境都存在无穷多康哥图环境。但是，说这样的环境“存在”是什么意思？如果它们在现实中不存在，甚至在虚拟现实中不存在，那么它们在哪儿存在？

抽象的、非物理实体存在吗？它们是真实世界结构的组成部分吗？这里我对纯粹词语的用法不感兴趣。很显然，数字、物理定律等确实在某些意义上“存在”，而在另一些意义上不“存在”。本质问题是怎么理解这种实体？它们中哪些仅仅是为了语言形式的方便性，最终只是指代通常的物理实在？哪些仅仅是短暂的文化现象？

哪些是随心所欲的，就像只需查寻的平凡的游戏规则？又有哪些（如果有的话）只能被解释为独立存在的？最后这一种类型的实体必定是本书所定义的真实世界结构的组成部分，因为为了理解一切已理解的事物，人们必须理解它们。

这就是说，我们应该再次启用约翰逊博士的准则。如果想要知道给定的抽象概念是否真实存在，就要问它是否以复杂的、自主的方式“反弹”。例如，数学家通过如下精确的定义刻画第一个例子中的“自然数”1，2，3，…。

1是一个自然数。

每一个自然数恰好有一个后继，后继也是一个自然数。

1不是任何自然数的后继。

后继相同的两个自然数是同一个数。

这一定义试图抽象地表达顺次离散量的直观物理概念。（更准确地说，如我在前一章解释的，这一概念实际上是量子力学的。）算术运算（如乘法、加法）以及更深入的概念（如素数）是根据“自然数”这一概念定义的。但是，在通过这一定义建立了抽象的“自然数”概念，并通过这一直观初步了解了自然数以后，我们发现关于它们仍有许多东西还不理解。素数的定义一劳永逸地规定了哪些是素数，哪些不是素数。但是对于哪些数是素数的理解（例如，素数在非常大的尺度上如何分布，如何成簇，“随机”程度有多高，以及为什么）涉及大量新的洞察和新的解释。的确，事实证明数论自成体系（经常这样说）。为了更充分地理解数字，我们不得不定义许多新类型的抽象实体，假设许多新的结构以及结构间的关联。我们发现，有些抽象结构与我们已知的其他直观概念有关系，但是表面上这些直观概念似乎与数无关，如对称、旋转、连续统、集合、无穷，等等。所以，我们以为自己很熟悉的抽象数学实体却可能出乎意料或令人失望。它们可能会意外地以新面目或伪装的面目突然出现，它们可能先是令人费解的，随后又符合新的解释。所以，它们是复杂且自主的，因而根据约翰逊博士的准则，我们只能承认它们是真实的。因为我们不能把它们理解为我们自身的一部分或我们已知的别的什么东西的一部分，但是能够把它们理解为独立的实体，所以结论必定是这些抽象实体是真实的、独立的。

不过，抽象实体是无形的。它们不像石头那样物理地反冲，所以实验和观察在数学中不能像在科学中那样扮演同样的角色。在数学中，扮演这一角色的是证明。约翰逊博士的石头通过让他的脚弹回表示反冲。素数的反冲体现在当我们证明了素数的意外性质时，尤其是当我们还能进一步解释它时。依传统观点，证明和实验之间的关键区别是，证明无需涉及物质世界。我们可以在自己心智内部完成证明，或者可以在营造错误物理现象的虚拟现实生成器内完成证明。只要遵循数学推理规则，我们应当得出与其他人一样的答案。流行的观点是，除了有可能疏忽犯错以外，如果我们证明了什么，那么我们就绝对肯定地知道它是对的。

数学家们为这种绝对肯定性感到十分自豪，而科学家们则有点儿忌妒，因为在科学中任何命题都不可能完全肯定。不论理论把现有的观测结果解释得多好，都有可能在某一时刻有人做出了新的、无法解释的观测结果，对当前的整个解释结构提出质疑。更糟的是，有人可能会提出更好的理论，不仅解释所有现有的观测结果，而且解释为什么前面的理论似乎解释得很好，但实际上是完全错误的。

例如，自古以来人们观察到我们脚下的大地是静止的，伽利略对这一古老的观察结果找到了新的解释，其中含有大地实际上是运动的意思。虚拟现实——可以使一个环境逼真地相像于另一个环境——突出了这一事实，即如果把观察当成理论的最终仲裁者时，现有的解释无论多么显然，是否有丁点儿正确性都是不能完全肯定的；但如果把证明当成仲裁者，那人们就认为是可以肯定的了。

据说刚开始提出逻辑规则时，人们是希望它们能够提供一个公正可靠的解决所有争端的办法。这一愿望不可能实现。对逻辑本身的研究揭示出，逻辑演绎作为发现真理的手段，其能力是非常有限的。给定关于世界的实际假设，人们可以演绎出结论，但是结论并不比假设更可靠。逻辑能够无需借助于假设证明的公式只有重言式（如“所有行星都是行星”）这样的陈述句，什么也没断言。特别地，科学的所有实际问题都落在单靠逻辑就能解决争议的范围以外。但是人们认为，数学落在这一范围以内。所以，数学家寻求绝对而抽象的真理，而科学家聊以自慰的是他们能够获得物质世界的本质的且有用的知识。但是他们必须承认，这些知识的正确性是没有保证的。它们永远是暂时正确的，永远是可能出错的。有些人认为科学的特征是“归纳”，认为归纳法是一种类似于演绎法，只是稍微更易出错的证明方法。这一想法是为了尽量粉饰科学知识的二流地位。既然不能拥有演绎法证明的确定性，那么拥有归纳法证明的近似确定性也算凑合吧。

我说过，不存在“归纳”这样的证明方法。在科学中推导出“近似确定性”只是一个神话。我怎能“近似确定”地证明明天不会有人公开发表一个美妙新颖的物理理论，推翻了我的大部分关于真实世界的无异议的假设？或者“近似确定”地证明我没有处在虚拟现实生成器内？但是这些并不是说科学知识真的是“二等”公民，因为认为数学能产生确定性的想法也是一个神话。

自古以来人们就有认为数学知识具有特殊优越地位的想法，这一想法通常与下面这一想法相关联，即某些抽象实体不仅是真实世界结构的一部分，而且甚至比物质世界更真实。毕达哥拉斯认为，自然界的规律性就是自然数之间的数学关系表达式，口号是“万物皆数”。这话有点儿夸张。但是柏拉图更进一步，事实上彻底否认了物质世界是真实的。他认为我们对物质世界的表面体验是无意义的或误导的，认为我们感知的物理对象和现象仅仅是它们的理想本质（即“形式”或“思想”）的“影子”或不完美的仿制品，这些理想本质存在于一个独立的王国，它才是真正的实在。在这个王国中，存在着诸如 1，2，3，… 这样纯粹数的形式，以及加法和乘法这样的数学运算形式，当然还有其他东西。我们可以感知这些形式的影子，比如我们在桌子上放一个苹果，又放一个苹果，于是看见有两个苹果。但是苹果只能不完美地展示“1- 性”和“2- 性”（以及就此而言的“苹果性”）。两个苹果并不完全相同，所以在桌子上没有真正的 2。可以反驳说数字 2 还可以由桌子上存在两个不同的东西来表示。但是这一表示仍然是不完美的，因为我们必须承认，在桌子上还存在从苹果上掉下来的细胞、灰尘以及空气。与毕达哥拉斯不同，柏拉图对于自然数没有特别的个人意见，他的真实世界包含所有概念的形式。例如，它包含完美的圆的形式。我们所感知的“圆”从来不是真正的圆，不是完全圆的，也不是完全平的，而是有一定厚度的，等等。所有这些都是不完美的。

那么柏拉图指出了一个问题。给定所有这些世俗的不完美性（他还可以加上“即使对于世俗的圆，我们的感知也是不完美的”），我们怎么可能知道关于真正的、完美的圆的知识？很显然，我们的确知道这些知识，但是怎么知道的？当欧几里得不能接触到真正的圆、点或直线时，他是从哪儿获得那些表达在他的著名公理中的几何知识的？如果没有人能感知证明所涉及的抽象实体，那么数学证明的确定性从哪里来？柏拉图的答案是，我们并非从这一影子和幻象世界中获得这些东西的知识。相反地，我们是直接从真实的形式世界本身获得这些知识的。他认为，我们天生具有那一世界的完整的知识，只是生下来时忘掉了，随后由于我们相信自己的感官而导致了层层错误，使它们模糊了。但是，通过孜孜不倦地运用“推理”，我们可以回忆起这一真实世界，从而产生经验无法提供的绝对确定性。

我怀疑是否有人相信这一漏洞百出的想入非非（包括柏拉图本人，他毕竟是非常能干的哲学家，并且信奉对公众说高尚的谎言）。但是，他提出的问题——我们怎么可能知道抽象实体的知识，先不论确定性——是足够实在的；而且他提出的解决办法里的某些要素已经成为今天流行的知识论的组成部分。特别地，认为数学知识和科学知识的来源不同，数学的“特殊”来源赋予它绝对确定性，这一核心思想直到今天实际上被所有数学家不加批判地接受。现在他们称这个来源为数学直觉，但是它恰恰扮演了柏拉图的形式王国中“回忆”的角色。

究竟我们能指望数学直觉揭示出哪种类型的完全可靠的知识吗？关于这一点有过许多激烈的争论。换句话说，数学家们相信数学直觉是绝对确定性的源泉，但他们在数学直觉产生的结果方面却不能取得一致意见！显然，这是一个无穷无尽、无法解决的争论。

不可避免地，大多数这样的争论集中在各种证明方法的正确性上。其中一个争论涉及所谓的“虚”数，虚数是负数的平方根。关于普通的“实”数的新定理的证明是通过在证明的中间阶段借助于虚数的性质而得以完成的。例如，关于素数分布的第一个定理就是用这种方法证明的。但是一些数学家反对虚数，理由是它们不实。（现在这个术语仍然反映了这一古老的争论，虽然现在我们认为虚数与“实”数是一样实的。）我猜他们的学校老师曾经不允许他们对−1取平方根，所以他们不明白为什么别人可以这么做。难怪他们称这一无情的冲动为“数学直觉”。但是其他数学家有不同的直觉，他们理解虚数是什么，虚数怎样与实数相适应。他们想，为什么不能定义新的抽象实体，让它们具有人们想要的性质呢？当然，禁止这么做的唯一合理的理由只能是所要求的性质在逻辑上有矛盾。（这实际上是现代的共识。数学家约翰•霍顿•康韦干脆称之为“数学家思想解放运动”。）诚然，没有人证明虚数体系是自洽的，但是也没有人证明通常的自然数算术是自洽的。

在无穷数、无穷集以及数学分析中无穷小量的用法的正确性上，也存在类似的争论。戴维•希尔伯特这位伟大的德国数学家为广义相对论和量子理论奠定了大量的数学基础，他评论道“数学文献中充斥着空洞和荒谬，归根溯源是无穷这个概念在作怪”。我们将看到，一些数学家根本否认涉及无穷实体的推理的合理性。19世纪纯数学的巨大成功对于解决这些争论几乎没有用，反而还强化了这些争论，并引发了新的争论。随着数学推理变得越来越复杂，它不可避免地离日常直观越来越远，这导致两个重要的、相对立的结果。一方面，数学家们对证明更加小心谨慎了，必须满足更高水平的严格性，证明才被承认。但是另一方面，发明出了一些更强有力的证明方法，这些方法的正确性并非总能由现有的方法来证实。这经常会让人怀疑一个具体的证明方法不论多么自明，是不是完全可靠的？

于是大约在 1900 年，数学出现了基础危机，即没有了基础的危机。但是纯逻辑定律怎么了？人们不是想用它来解决数学王国里的所有争议的吗？令人尴尬的是“纯逻辑定律”实际上正是现在数学争论的焦点。亚里士多德是第一个于公元前 4 世纪编撰这些定律的，从而创立了今天称为*证明论*的学科。他设想证明必须由一系列陈述句组成，由前提和定义开始，到所要的结论结束。一系列陈述句要想构成正确的证明，除了开始的前提以外，每个陈述句必须遵从所谓*三段论*的一组固定模式之一，从前面的陈述句导出。典型的三段论如下：

所有人终有一死。

苏格拉底是人。

[所以] 苏格拉底终有一死。

换言之，该规则说，如果一个形如“所有 A 具有性质 B”（如“所有人终有一死”）的陈述句出现在证明里，而且另一个形如“个体 X 是 A”（如“苏格拉底是人”）也出现了，那么陈述句“X 具有性质 B”（如“苏格拉底终有一死”）可以正确地出现在后面的证明中，特别地，它是正确的结论。三段论表达了我们所称的*推理规则*，即定义证明中允许步骤的规则，使得前提的真理性传递给结论。由于同样原因，这些规则可以用来判定一个号称的证明是不是正确的。

亚里士多德宣称所有正确的证明都能用三段论形式表达，但是没有给出证明！证明论的问题是，现代数学证明几乎没有用纯粹三段论序列来表达的，许多证明甚至在理论上都不能变形为这种形式。而大多数数学家不能使自己完全坚持亚里士多德的法则，因为一些新的证明就像亚里士多德推理一样不证自明。数学已经进步了，像符号逻辑和集合论这样的新工具允许数学家们以新的方式把各种数学结构彼此联系起来。这创造出新的不证自明的真理，独立于传统的推理规则，所以那些传统的规则显然是不够充分的。但是新的证明方法中哪些是真正可靠不会出错的？应该怎样修改推理规则使它们具有亚里士多德错误声称的那种完备性？如果数学家们不能就什么是不证自明的、什么是胡说八道达成一致意见，那么怎样才能重新确立老规则的那种绝对权威？

与此同时，数学家们继续构建他们抽象的空中楼阁。就实际应用意义而言，许多这些构造似乎是足够坚固的了，有些已经成为科学技术必不可少的工具，大部分由美丽而成果丰富的解释结构联系起来。不过，没有人敢保证整个结构或者其中的任何实质部分没有逻辑矛盾，倘若果真如此，就会使它变成真正的胡说。1902 年，波特兰•罗素证明一个为严格定义集合论而提出的理论体系是有矛盾的，这个理论体系是由德国逻辑学家弗雷格刚刚提出的。这并不是说在证明中使用集合就必然是错误的。的确，几乎没有数学家认真地想过通常使用集合、算术或数学的其他核心领域的方法可能会是不正确的。罗素的结果使人震惊的是，数学家们本来以为他们的学科是通过数学定理证明给出绝对确定性的最卓越的方法。对不同证明方法正确性的争论本身就削弱了该学科的整体意义（与人们原先所设想的相比）。

因此许多数学家感到，把证明论以及数学本身置于一个安全可靠的基础之上是一项紧迫任务。他们想要在大跃进之后对后方有所巩固：一劳永逸地定义哪种类型的证明是绝对安全可靠的，哪种不是。凡是落在可靠范围以外的证明都可以抛弃，而在可靠范围以内的证明将组成未来整个数学的唯一基础。

为此，荷兰数学家布劳威尔倡导一种证明论的极端保守方案，即直觉主义，直到今天还有其追随者。直觉主义者企图以能想到的最狭窄的方式解释“直觉”，只保留他们认为无异议的自明的方面。他们把这样定义的数学直觉抬高到甚至比柏拉图所认为的还要高的地位：认为它甚至比纯逻辑更为优先。于是他们认为逻辑本身是不可靠的，除非它被直接的数学直觉所证实。例如，直觉主义者否认任何无穷实体有直接直觉的可能性。因此，他们彻底地否认存在任何无穷集，如所有自然数的集合。命题“存在无穷多自然数”被他们认为明显是错误的，命题“康哥图环境比物理可能的环境更多”被他们认为完全没有意义。

历史上，直觉主义扮演了宝贵的思想解放的角色，正如归纳主义一样。它勇敢地质疑公认的确定性，这些确定性有些的确是错误的。但是作为实际的理论来判断哪些是正确的而哪些是不正确的数学证明，它没有任何价值。实际上，直觉主义恰恰是唯我主义在数学上的表达。二者都是对这一想法的过度反应：我们不能肯定自己对广袤世界的认识。二者提出的解决办法都是撤回到我们认为能够直接认识的内部世界中去，从而（？）才能确信所知为真。二者的解决办法都涉及要么否定外部世界的存在，要么至少放弃对外部世界的解释。在这两种情况下，这种放弃还使得人们不可能解释许多偏爱的领域内存在的内容。例如，假如像直觉主义者所坚持的那样，存在无穷多自然数的确是错误的，那么我们能够推断出只能存在有穷个自然数。多少呢？无论多少，那么为什么不能形成在这个数后面的下一个自然数的直觉呢？直觉主义者会为这一问题辩解，指出我刚才的论证中假设了日常逻辑的正确性。具体说，其中涉及根据不存在无穷多个自然数，推理出必定存在某个具体的有穷个数。有关推理规则称为排中律。它是说，对于任何命题 X（如“存在无穷多自然数”），在 X 为真和它的反面（“存在有穷个自然数”）为真之间不存在第三种可能。直觉主义者很酷地否定了排中律。

既然在大多数人心目中排中律本身就有强有力的直觉作为后盾，否定它自然会引起非直觉主义者怀疑直觉主义者的直觉究竟是否有那么自明和可靠。或者，如果我们认为排中律来源于逻辑直觉，这使我们重新审视数学直觉是否真的能取代逻辑这一问题。无论怎样，数学直觉取代逻辑这一点可能是不证自明的吗？

但是所有这些仅仅是从外部批判直觉主义，不是反驳，直觉主义也不可能被反驳。如果有人坚持认为一个不证自明的命题对他是自明的，就好像他坚持认为只有他自己是存在的，那么他是不能被证伪的。然而，正如一般地对待唯我主义一样，直觉主义真正致命的缺陷不是在攻击它时暴露出来的，而是当认真地使用它自己的语言，把它作为被它随意裁剪过的世界的一种解释时暴露出来的。直觉主义者相信有穷自然数 1, 2, 3, …甚至 10949769651859 是实在的，但是，因为这些数都有后继，所以它们形成无穷序列，这一直观论证在直觉主义者看来不过是自欺欺人或装模作样，是根本站不住脚的。但是，如果他们的抽象“自然数”概念与这些数原先用来形式化的直观之间切断了联系，那么直觉主义者也就否定了他们自己通常用来理解自然数的解释结构。这对于那些喜欢解释而不喜欢无解释的复杂结构的人来说又产生了一个新问题。直觉主义解决这一问题不是通过为自然数提供另一种或更深入的解释结构，而是如宗教裁判所和唯我主义的做法一样：进一步从解释后撤。它引进更多未经解释的复杂结构（在本例中是否定排中律），其唯一目的是允许直觉主义者表现得好像其对立面的解释是对的，而又不能由此得出关于实在的任何结论。

正如唯我主义的出发点是为了对一个多样化惊人、变化无常的世界进行简化，但是当认真采纳它时，证明它不过是现实主义加上一些不必要的复杂结构。与此类似，直觉主义最后不过是一种曾经被认真倡导过的最违反直觉的学说。

为了“一劳永逸地建立起数学方法的确信性”，戴维·希尔伯特提出了一个更合乎常理的计划，但最终仍然失败了。希尔伯特计划的基础是一致性（无矛盾）思想。他希望一劳永逸地制订好一套完整的、具有一定性质的现代数学证明的推理规则，这套规则在数目上是有限的，而且简明易用，能够毫无争议地确定任一个宣称的证明是否满足这套规则。这些规则最好还是直观和自明的，但这一点不是务实的希尔伯特所着重考虑的。如果这套规则差不多对应直观，只要他能确信它们是自洽的，他就感到满意了。也就是说，如果这套规则指出某个给定的证明是正确的，他想要确信它们不会再指出另一个结论相反的证明也是正确的。他怎样才能保证这一点呢？这一次，一致性是必须被证明的，所用的证明方法本身遵循这同一套推理规则。希尔伯特希望能够恢复亚里士多德的完备性和确定性。

在这套规则下，每一条正确的数学命题在理论上都可以证明，而错误的命题都不能得到证明。1900年，为标志世纪之交，希尔伯特发表了一组问题，他希望数学家们在20世纪能够解决它们。其中第二个问题[1]是找到具有以上性质的一组推理规则，按照它们自己的标准证明它们是没有矛盾的。

希尔伯特肯定会失望。31年后，库尔特•哥德尔用彻底的反驳对证明论进行了一场革命，时至今日数学和哲学界仍然感到震颤：他证明希尔伯特第二问题是不可解的。哥德尔首先证明，任何一组能够正确检验普通算术证明正确性的推理规则都不能检验关于其自身一致性的证明是否正确，因此不可能找到希尔伯特设想的一致性可证的一组规则。然后，哥德尔证明，如果某一（充分丰富的）数学分支的一组推理规则是无矛盾的（不论是否可证），那么在该数学分支内部必定存在正确的证明方法，其正确性不能由这些规则证明。这被称为*哥德尔不完备性定理*。为了证明这一定理，哥德尔非凡地扩展了第6章中提到的康托的“对角线论证”。他从考虑任一组无矛盾的推理规则开始，然后说明怎样构造一个命题，在这组规则下它既不能被证实也不能被证伪。随后他证明该命题是对的。

假如希尔伯特方案成功了，那么这对于本书所宣扬的真实世界观念来说是一个坏消息，因为这会取消在判断数学思想时理解的必要性。任何人或任何无头脑的机器只要能记住希尔伯特所希望的那一组推理规则，就可以像最能干的数学家一样成为判断数学命题的法官，而不需要数学家的洞察力和理解力，甚至不需要知道该命题

[1] 原文为第十个问题，但是作者指出应为第二个问题。后续段落都作相应改动。——译注

的含义是什么。理论上，完全不懂数学，只懂得希尔伯特规则，都有可能做出新的数学发现。这只需要按照字母顺序，依次检查所有可能的字母和数学符号串，直到其中一个通过检验，成为某个著名的未解决猜想的证明或反证。在理论上，人们可以无需理解就能解决任何数学争论，甚至无需知道符号的意义，更不用理解证明原理、证明结论、证明方法以及证明可靠的原因了。

看起来好像在数学中获得统一的证明标准至少会有助于我们向全面的大统一迈进，即我在第 1 章中所提到的知识的“加深”。但是实际情况恰好相反。正如物理学中预言性的“大统一理论”一样，希尔伯特规则关于真实世界的结构几乎什么也没有说。就数学而言，它们会实现还原主义者最终的幻想，（理论上）预言一切，但什么也不解释。此外，如果数学是还原主义的，那么我在第 1 章中讨论的所有那些人类知识结构中缺乏的、不受欢迎的特点就会出现在数学中：数学概念就会形成层次结构，希尔伯特规则处在根部。比起那些由规则立刻可以验证的数学真理，那些从这些规则出发、验证过程非常复杂的数学真理在客观上处在更不基本的地位。这样的基本真理只可能有有穷多个，随着时间的推移，数学关心的问题将不得不越来越远离基本问题。在这一凄凉的假设下，数学可能会走向终结。若不然，随着数学家被迫研究的“涌现”问题越来越复杂以及这些问题与学科基础之间的联系越来越弱，它会不可避免地分化为更神秘的专门领域。

感谢哥德尔，我们知道永远不会有一成不变的方法来判定数学命题的真伪，正如没有一成不变的方法来判定科学理论的真伪一样，也不会有一成不变的方法产生新的数学知识。所以，数学的进步总是依赖于创造性的发挥。数学家总是有可能也有必要发明新型证明。他们将通过新的论证和新的解释方式来证实这些证明，这依赖于他们不断改进对有关的抽象实体的理解。哥德尔本人的定理就是恰当的例子：为了证明它们，他必须发明新的证明方法。我讲过，该方法基于“对角线论证”，但是哥德尔以新的方式扩展了这一论证。以前没有人用这种方法证明过，没有见过哥德尔方法的人所制定的推理规则都不可能有足够的远见指出这种方法是正确的。但是它的正确性是不证自明的，这种自明性从何而来？它来自哥德尔对证明本质的理解。哥德尔证明像任何数学证明一样有说服力，但前提是人们必须首先理解与之相伴的解释。

所以，正如在科学中一样，在纯数学中解释终究还是扮演着同样首要的角色。在这两种情况下，寻求解释与理解世界——物质世界和数学抽象世界——是努力的目标，证明和观测仅仅是验证解释的手段。

根据哥德尔的结果，罗杰·彭罗斯得出一个进一步激进的且非常柏拉图式的教训。像柏拉图一样，彭罗斯痴迷于人类心智掌握抽象的数学确定性的能力；与柏拉图不同，彭罗斯不相信超自然的东西，认为大脑当然是自然界的一部分，而且只能接触到自然界。所以，问题对他比对柏拉图更加尖锐：模糊的、不可靠的物质世界怎么可能把数学确定性传递给它自己的模糊的、不可靠的一部分，如数学家的脑袋？具体说，彭罗斯想知道，我们怎么可能知道新的、正确的证明形式的绝对可靠性？哥德尔向我们证明这样的证明形式有无穷多种。

彭罗斯现在仍在寻找详细的答案，但是他的确宣称，这种无边无际的数学直觉的存在本身就是与现有的物质结构根本上不相容的，特别是它与图灵原理不相容。他的论证总结如下：如果图灵原理是对的，那么我们可以考虑把大脑（如其他物体一样）看作一台执行特殊程序的计算机，大脑与环境的相互作用构成程序的输入输出。现在考虑一位数学家，正在判定一种新提出的证明形式是否正确，做这样一种判定无异于在这位数学家脑袋里执行一段验证证明正确性的计算机程序。这样的程序包含了一组希尔伯特推理规则，根据哥德尔定理，它不可能是完备的。此外，我讲过，哥德尔给出了一种构造命题并证明其为真的方法，而那些规则不可能识别这种命题是被证明的。所以，数学家也永远不能识别该命题是被证明的，因为数学家的心智实际上是运用那些规则的一台计算机。然后，彭罗斯提出，把该命题以及哥德尔证明它成立的方法给这位数学家看。数学家理解这个证明，毕竟它的正确性是自明的。于是，这位数学家总能看出它是正确的吧。但这就与哥德尔定理相矛盾了。因此，在上面的论证中必定存在某个错误假设。彭罗斯认为错误假设就是图灵原理。

大部分计算机科学家不同意彭罗斯说图灵原理是其中最薄弱的一环。他们会说，叙述当中的那位数学家的确不能看出哥德尔的命题是被证明的。一位数学家突然变得不能理解一个自明的证明，这似乎很奇怪。但是请看下面的命题：

戴维·多伊奇不能始终如一地判断本陈述是对的。

我拼尽全力，但仍然不能始终如一地判断这个命题是不是对的。因为如果我说它对，我就是在说我不能说它是对的，自相矛盾。但是你可以看出它是对的，是吧？这说明至少有可能一个命题对某个人来说是深奥难懂的，而对其他人来说是自明正确的。

不管怎样，彭罗斯希望有一个新的基础物理理论代替量子理论和广义相对论，其预言是崭新的、可检验的，而对于所有现存的观测结果，它当然与量子论和相对论保持一致。（这些理论还没有实验反例。）但是，彭罗斯的世界与现在的物理学所描述的世界是完全不同的，其基本的现实结构是我们所称的数学抽象世界。在这方面，彭罗斯的现实包括所有数学抽象，但可能不是把所有抽象（如荣誉和公正）都包括在内，它介于柏拉图和毕达哥拉斯的现实之间。对他来说，我们所称的物质世界是完全真实的（这也与柏拉图不同），但是它是数学的一部分，或是从数学中涌现出来的。此外，不存在通用性，特别是不存在机器能够描绘所有可能的人类思维过程。不过，世界（当然，尤其是它的数学基础）仍然是可理解的。保证其可理解性的不是计算的通用性，而是物理学中一个全新的现象（虽然对柏拉图来说不新鲜）：数学实体直接作用于人脑，通过什么物理过程还有待于发现。这样，按照彭罗斯的说法，大脑进行数学思维时不仅仅参考我们现在所称的物质世界，它还直接接触到柏拉图的数学形式实在世界，而且可以（跌跌撞撞地）绝对确定地领悟那里的数学真理。

常有人说大脑可能就是一台量子计算机，它的直觉、意识和问题求解能力可能依赖于量子计算。这也许是对的，但是我没有看到任何证据以及任何令人信服的论证。我的赌注是，如果把大脑看作计算机，那么它应是传统计算机。但这些与彭罗斯的思想无关。他并不是说大脑是一种新型通用计算机，与通用量子计算机不同，崭新的后量子物理学使它能够拥有更大的计算本领。他所论证的是一种新的物理学，不支持计算通用性，在这个新理论下，大脑的某些行为根本不能看作为计算。

我得承认我想不出这样一个理论。然而，根本性的突破在发生前确实是难以设想的。很自然，在彭罗斯完成他的理论的形式化以前，很难评价它。如果一个理论具有他所期望的这些性质，而且的确最终取代了量子理论或广义相对论，或者同时取代二者，不论是通过实验检验还是给出更深层的解释，那么所有通情达理的人都会采纳它。那时我们就会开始尝试理解该理论的解释结构，迫使我们接受崭新的世界观了。有可能这是与本书阐述的世界观非常不同的世界观。但是，即使这一切都发生了，我仍然看不出该怎样满足该理论原来的出发点，即解释我们掌握新的数学证明的能力。现在以及整个历史，伟大的数学家们对于不同的证明方法的正确性一直存不同的、互相矛盾的直觉，这依然是个事实。所以，即使真的存在某个绝对的物理数学实在，将其真理直接灌入我们的大脑，从而产生数学直觉，数学家们也并非总能把这些直觉与其他错误的直觉和思想区别开来。不幸的是，当我们理解一个真正正确的证明时，没有铃响，也没有灯闪。有时在“啊哈，我知道了！”那一瞬间我们会感到灯光一闪[1]——不过是错觉。即使该理论预言，存在某个以前未注意到的物理的指示器伴随着真正的直觉（现在这已经变得非常难以置信了），当然我们会发现它很有用，但是这仍然不等于证明指示器管用。任何东西都不能证明一个更好的物理理论不会在某一天取代彭罗斯

[1] “euraka”，意思是“妙哉，正是它！”，“哈！没错！”。据说古希腊科学家阿基米德终于想出了国王向他提出的检验王冠含金量问题的解答时，从浴缸里跳出来，狂喜异常，在大街上边跑边喊，向世界大声宣告：“我知道了！我知道了！”——译注

理论，揭示出设想中的指示器终究不可靠，而某个另外的指示器更好。所以，即使我们对彭罗斯的提议做出所有可能的让步，只要我们想象它是对的，并且完全用它的观点看待世界，这仍然无助于我们解释通过数学所获得的知识的所谓的确定性。

我只是概述了彭罗斯及其反对者的论证要点。读者可以推测出我实际上站在反对者一边。然而，即使承认彭罗斯的哥德尔式论证没能证明它想要证明的东西，而且他提出的新的物理理论似乎不能解释它想要解释的东西，彭罗斯也仍然在这一点上是对的，即任何基于现有的科学理性概念的世界观都会在公认的数学基础方面出问题（或者反之，如彭罗斯所说的）。这是一个由柏拉图提出的古老问题，正如彭罗斯所指出的，鉴于哥德尔定理和图灵原理，这个问题变得更加尖锐，它就是在一个由物质组成、由科学方法理解的现实中，数学确定性从何而来？虽然大部分数学家和计算机科学家认为数学直觉的确定性是当然成立的，但是他们没有认真地对待它与科学世界观相一致的问题。彭罗斯的确认真对待这个问题了，而且提出了解决方案。他的建议主张一个可理解的世界，拒绝超自然，承认创造性是数学的核心，把客观实在性归因于物质世界和抽象实体，而且包含数学基础和物理的整合。在所有这些方面我是站在他一边的。

因为布劳威尔、希尔伯特、彭罗斯以及所有其他人尝试应对柏拉图挑战的努力似乎都没有成功，所以值得再次审查柏拉图对下面这一思想的表面上的破坏性，即数学真理可以由科学方法获得。

首先，柏拉图告诉我们由于只能接触到（比如）不完美的圆，所以我们不能获得完美圆的任何知识。但究竟为什么不能呢？人们完全可以说我们不能发现行星运动的规律，因为无法接触到真正的行星，而只能接触到行星的图像。（宗教裁判所就是这么说的，我已经解释过为什么他们错了。）人们也完全可以说不可能制造精确的机器工具，因为必须用不精确的机器工具制造第一个精确工具。借助于事后诸葛亮，我们可以看到，这种非议是因为对科学工作方式的了解实在太粗略——有点儿像归纳主义。这并不令人奇怪，因为柏拉图生活的年代还没有我们能承认为科学的东西。假如，从经验中了解圆的唯一途径是检查成千上万的物理圆，然后从积累的数据中推测出它们的抽象欧几里得概念的知识，那么柏拉图是对的。但是如果我们形成一个假设，即现实的圆以一定方式类似于抽象的圆，而恰好假设是对的，那么我们通过观察现实圆一样可以获得抽象圆的知识。在欧几里得几何中，人们经常用图解来说明几何问题或解答。如果图解中圆的缺陷给人以错误的印象，例如两个圆好像相切而实际上并未相切，那么这种描述方法就可能产生错误。但是如果人们理解了现实圆和完美圆的关系，那么就可以小心地去除所有这样的错误。如果人们不理解这一关系，那么实际上就根本不可能理解欧几里得几何。

人们能够从圆的图解中获得的关于完美圆的知识的可靠性完全依赖于这个假设的准确性，即这二者以适当的方式彼此类似。这一假设涉及物理对象（图解）——实际上是物理理论——永远不能被确定地认识。但是，如柏拉图所说的那样，这并不能排除从经验中了解完美圆的可能性；它仅仅排除了获得确定性的可能。对于不是寻求确定性而只是寻求解释的人来说，这并不令人担忧。

欧几里得几何可以完全不用图解而抽象地形式化，但是数字、字母和数学符号在符号证明中使用的方式不可能比图解产生出更多的确定性，理由是一样的。符号也是物理对象（比如说墨水在纸上的图案），代表抽象的对象。我们再次完全依赖于这一假设，即符号的物理行为对应于所代表的抽象对象的行为。因此，通过操纵这些符号而获得的知识的可靠性完全依赖于描述这些符号的物理行为以及我们的手、眼等操纵、观察符号的行为的理论的准确性。弄虚作假的墨水可以让符号在我们不注意时偶然改变形状（可能是某个高科技的爱恶作剧的人的遥控），可以很快使我们在“确定”掌握的知识上误入歧途。

现在我们重新审视柏拉图的另一个假设：我们无法接触到完美的物质世界。我们不会找到完美的荣誉和正义，这一点他也许是对的；我们不会找到物理定律或所有自然数的集合，这一点他肯定是对的。但是我们可以找到桥牌里完美的一手牌，或给定的棋局中完美的一步棋。也就是说，我们可以找到完全具有指定的抽象性质的物理对象或过程。我们可以用真实的象棋学习下棋，效果就如用完美的象棋“形式”一样。马缺一角照样可以将死对方。

的确是，完美的欧几里得圆可以被我们感知。因为柏拉图不知道虚拟现实，所以他没有意识到这一点。不难按照欧几里得几何规则给第5章设想的虚拟现实生成器编程，使得用户能够感受到完美圆。没有厚度，圆是不可见的，除非我们改变了光学定律。在这种情况下，我们可以给它光亮，让用户知道它的位置。（完美主义者可能更喜欢没有这种装饰。）我们可以让圆刚硬、穿不透，用户可以用刚硬、穿不透的工具和测量仪器检验它的性质。虚拟现实测径器必须有完美的刃边，能够准确测量零厚度。用户可以根据欧几里得几何规则“画”其他圆或几何图形。工具的大小以及用户本人的大小都可以随意调节，使得几何定理的预言能够在任何尺寸上得到验证，不论精确度要求有多高。所描绘的圆在各方面的反应都恰好与欧几里得公理吻合。所以，根据今天的科学，我们的结论只能是柏拉图落伍了。我们能够在物理实在（即虚拟现实）中感知完美圆，但是我们不会在柏拉图“形式”王国中感知完美圆，因为即使能够称这个王国是存在的，我们也根本没有感觉到它。

顺便说一句，柏拉图认为物理实在由抽象概念的非完美模拟组成的思想在今天看来似乎是不必要的非对称态度。如柏拉图一样，我们仍然为抽象概念本身而研究抽象，但是在后伽利略时代的科学中，在虚拟现实理论中我们还把抽象概念看作为理解真实或人造物理实体的手段。在这一情形下，我们当然认为抽象概念几乎总是对真实物理情景的近似。所以，柏拉图把沙子中用小棍画的圆看作是对真实的、数学的圆的近似，而当代物理学家则把数学的圆看作是对真实的行星轨道、原子以及其他物质实体的形状的糟糕的近似。

既然虚拟现实生成器或其用户界面总是有可能出错，那么真的能说欧几里得圆的虚拟现实描绘符合数学确定性的标准，具有完美性吗？能。没有人宣称数学本身就没有这种不确定性。数学家可能算错，可能记错公理，可能在描述自己的工作时写错了，等等。宣称的是，除去愚蠢的错误以外，他们的结论是可靠的。类似地，虚拟现实生成器在按照设计要求正常工作时，能够精确地描绘一个完美的欧几里得圆。

一个类似的反对意见认为，我们永远不能确信虚拟现实生成器在给定的程序控制下会怎样运转，因为这依赖于机器的运行状况，最终依赖于物理定律。既然我们不能确切地知道物理定律，那我们就不能确切地知道机器是否真正描绘了欧氏几何。但是，没有人否认意料之外的物理现象——不论是由未知的物理定律造成的还是仅仅由大脑疾病或者墨水把戏造成的——可能会误导数学家。但是如果物理定律正如我们所料的那样，那么虚拟现实生成器就能完美地完成其功能，即使我们不能确信这一点。这里必须仔细区分两件事：我们能否*知道*虚拟现实生成器描绘了完美圆，以及它是否*事实上*描绘了完美圆。我们不能确切地知道这一点，但是这丝毫无损于机器实际上描绘的圆的完美性。很快我会再次讨论这一关键性的区别——关于实体的知识的完美性（确定性）和实体本身的“完美性”之间的区别。

假设我们故意修改欧氏几何程序，使得虚拟现实生成器仍然很好地描绘圆，但是不那么完美。那么感知这种不完美的描绘，我们就不能得到关于完美圆的*任何知识*吗？这完全依赖于我们是否知道程序在哪些方面被修改了。如果我们知道，那么就能确切地知道（除了愚蠢的错误等）我们在机器里的感觉的哪些方面忠实地反映了完美圆，而哪些方面则没有。在这种情况下，我们获得的知识是与利用正确的程序所获得的知识一样可靠的。

当我们*想象*圆时，我们就是在自己的脑子里做这种虚拟现实描绘。这并非一种无用的思考完美圆的方法，原因是我们能够形成精确的理论来描述我们想象的圆与完美圆有哪些性质相同，哪些性质不同。

利用完美的虚拟现实描绘，我们可以体验平面上 6 个相同的圆与另一个相同的圆相切，而没有互相重叠。在这种情况下，这种体验相当于严格证明了这种图案是可能的，因为所描绘的图形的几何性质与抽象图形的几何性质完全相同。但是这种与完美图形的“实践”交互不能导出欧氏几何的所有知识。大部分有趣的定理涉及不止一个几何图案，而是涉及无穷多类图案。例如，任何欧几里得三角形的角度之和等于 180°，在虚拟现实中我们可以完美地准确测量个别的三角形，但是即使在虚拟现实中我们也不可能测量所有三角形，所以无法验证定理。

我们怎样验证它呢？通过证明。传统上，证明定义为陈述句的序列，满足自明的推理规则。但是物理上“证明”过程相当于什么？为了即刻证明有关无穷多三角形的陈述句，我们考察一定的物理对象——在此种情况下是符号——与所有三角形具有共同的性质。例如，在适当情况下，当我们看到符号“$\Delta ABC \cong \Delta DEF$”（即“三角形 ABC 全等于三角形 DEF”）时，我们断定，以一定方式定义的一类三角形与以另一种方式定义的另一类相应的三角形总是具有相同的形状。给这一结论以证明地位的“适当情况”是，用物理学术语来说，符号在纸上出现在其他符号（其中一些代表欧几里得几何公理）之下，而且符号出现的模式遵循一定的规则，即推理规则。

但是我们应该用哪些推理规则呢？这就如同问我们应该怎样为虚拟现实生成器编程，以使它描绘欧几里得几何世界。答案是我们必须采用这样的推理规则：就我们所理解的程度，能够使符号的行为以恰当的方式如同所指代的抽象实体的行为一样。我们怎样能保证这一点？不能。设想有批评家反对我们的推理规则，因为他们认为我们的符号的行为将与抽象实体的行为不同。我们不可能求教于权威亚里士多德或柏拉图，也不可能证明我们的推理规则是可靠的（与哥德尔定理显著不同，这会导致无穷递归，因为我们必须首先证明所使用的证明方法本身是正确的)。我们也不能轻蔑地对批评者说，他们的直觉一定出错了，因为我们的直觉认为这些符号完美地模拟了抽象实体。我们能做的只有解释。我们必须解释为什么认为在这种情况下，这些符号在我们所给定的规则下，其行为就像所要求的那样。批评者可以解释为什么他们支持对立的理论。这两种理论的分歧部分地是关于物理对象的可观测行为的分歧。这种分歧可以用通常的科学方法解决。有时可以容易地解决，有时不行。产生这种分歧的另一个原因是关于抽象实体自身性质的观念冲突。这再次成为一个解释冲突的问题，这次是关于抽象对象而非物理对象。我们可能会与批评者达成共同的理解，或者可能同意说我们讨论的是两个不同的抽象对象，或者可能达不成一致。说不准。所以，与传统的信念相反，数学上的争论并非总是可以用纯粹程序性的手段得以解决的。

表面看起来，通常的符号证明似乎与那种虚拟现实的“实践”式的证明具有显著不同的特征，但是现在我们看到，它们之间的关系就如同计算与物理实验的关系一样。任何物理实验都可以看作计算，任何计算也都是物理实验。在这两种证明中，都是根据规则来操纵物理实体(不论是否在虚拟现实中)。在这两种情况下，物理实体代表涉及的抽象实体，而且证明的可靠性依赖于这一理论的正确性，即物理实体和抽象实体的确具有某些恰当的共同性质。

从以上的讨论还可以看出，证明是一个物理过程。实际上，证明是一种计算。“证明”一个命题意味着完成一个计算，如果正确地完成此计算，将确立命题成立。当我们用“证明”这个词指代一个对象时，如指代纸上墨水写的一段文字时，我们的意思是该对象可以用作为一个程序，重现相应种类的计算。

因此，数学定理、数学证明过程、数学直觉感受都不能产生任何确定性，任何东西都不能。我们的数学知识可以像科学知识一样渊博，它可以是精致美妙的解释，它可以是毫无异议得到公认的，但是它不可能是确信无疑的。没有人能保证一个以前认为是正确的证明某一天不会被证明隐含一个深藏的误解，这个误解之所以显得很自然是由于以前某个未被怀疑的关于物理世界、抽象世界或某些物理实体和抽象实体的关系的“自明”的假设。

正是这种错误的、自明的假设使得几何学两千多年来被错误地划分为数学分支，从公元前约 300 年欧几里得写他的《原本》起，直到 19 世纪（实际上直到今天大部分字典和教科书里都错了）。欧氏几何形成了每一位数学家的直觉的要素。终于有一部分数学家开始质疑欧氏公理中某一条是否自明（所谓的“平行公理”）。起初他们并没有质疑该公理的正确性。据说伟大的德国数学家高斯是第一个开始检验它的人。在证明三角形的角度之和等于 180° 的证明中，平行公理是必需的。传说在极端保密的情况下（因为害怕受嘲笑），高斯让助手带上信号灯和经纬仪站在三个山顶上，这是他可以方便地测量的最大的三角形的顶点。他发现欧几里得的预言没有偏差。但是我们现在知道，这只是因为他的仪器不够敏感。（地球的附近区域在几何上恰巧是非常平整的。）爱因斯坦的广义相对论包含与欧几里得相矛盾的新的几何理论，而且已经得到实验证实。真实的三角形的角度之和真的不一定等于 180°，而是依赖于三角形内的引力场。

另一非常类似的错误划分的原因在于，数学家们自古以来在他们的学科性质认识上一直在犯一个根本性错误，即认为数学知识比任何其他形式的知识更确切。由于这一错误，人们只能把证明论划分为数学的一部分，因为如果证明数学的证明方法的理论本身都是不确定的，那么数学定理也不可能是确定的。但是我们已经看到，证明论不是数学的分支，它是一门科学。证明不是抽象的，不存在抽象地证明某个结论这样的事情，正如同不存在抽象的演算或计算某个结果这样的事情一样。人们当然可以定义一类抽象实体，称它们为“证明”，但是这些“证明”不能证实数学陈述，因为没人能看见它们。它们不能说服任何人相信命题是成立的，正如同物理上不存在的抽象虚拟现实生成器不能说服人们相信他们处在不同的环境中以及抽象计算机不能为我们分解因数一样。数学中的“证明论”与现实中哪些数学真理可证而哪些不可证无关，正如同抽象“计算”理论与现实中数学家或别的什么人能计算什么而不能计算什么无关一样，除非有一个另外的、经验主义的理由相信理论中的抽象“计算”与真实计算相似。计算（包括能作为证明的特殊计算）是物理过程。证明论是关于怎样确保这些过程正确地模拟了它们所想要模拟的抽象实体的。

哥德尔定理被赞美为“两千年来纯逻辑的第一个新定理”，但并非如此。哥德尔定理是关于什么可证什么不可证的，证明是物理过程。证明论中所有东西都不仅仅与逻辑有关。哥德尔用来证明关于证明的一般断言时所采用的新方法依赖于一定的假设，这些假设是关于哪些物理过程能够而哪些物理过程不能够以观察者可以察觉且信服的方式表示抽象事实。哥德尔把这些假设提炼出来融进对他的结果的明确且不言而喻的证明中。他的结果是自明的，不是因为它们是“纯逻辑的”，而是因为数学家们发现假设是自明的。

哥德尔的假设之一是传统的假设，即证明只能有有限步。这一假设的直观证明是，我们的生命是有限的，不可能掌握无穷多断言。顺便提一句，这一直观在 1976 年曾使许多数学家发愁。那时肯尼斯·阿佩尔和沃尔夫冈·哈肯用计算机证明了著名的“四色猜想”（只用 4 种不同的颜色就可以给平面上的任何地图着色，使得相邻区域的颜色都不相同）。这一程序需要计算机运算几百小时，这意味着如果把证明步骤写下来，一个人用几辈子也读不完，更不用说它是否自明了。“我们应该接受计算机对四色猜想的证明吗？”怀疑论者会问，虽然当他们接受相对“简单”的证明时，他们从来不会给自己大脑里的所有神经触发分门别类。

当应用到具有无穷步骤的假想的证明时，这一担忧就显得更加有理了。但是什么是“一步”，什么是“无穷”？在公元前 5 世纪，埃利亚的齐诺[1]基于类似的直观就断言，如果乌龟先行，那么阿基里斯[2]永远不会超过乌龟。在阿基里斯到达乌龟现在所处的位置时，乌龟又向前挪动了一点，而当他到达这一位置时，它又向前挪动了一点，依此类推以至无穷。所以这一“赶超”过程需要阿基里斯完成无限多赶超的步骤，作为有限的生命他是办不到的。但是阿基里斯能够做的事情不能靠纯逻辑来发现，它完全依赖于物理定律支配他能做什么。如果那些定律说他能赶超乌龟，那么他就能赶超它。根据经典物理，赶超需要无限多形如“移到乌龟现在的位置”这样的步骤，在这一意义下，这是一个计算上无穷的操作。等价地，把它看作是运用给定的一组操作使一个物理量变得比另一个物理量更大的证明，

[1] 大约公元前5世纪古希腊埃利亚学派的哲学家。——译注

[2] 希腊神话中的英雄。传说他在出生后被母亲倒提着在冥河水中浸过，所以除脚踵以外，浑身刀枪不入。——译注

它是一个具有无限步骤的证明。但是有关的定律指明它是物理上有限的过程，这就是全部有意义的内容。

就我们所知，哥德尔关于步骤和有限的直观确实抓住了证明过程中真实的物理限制。量子理论需要离散步骤。在物理对象相互作用的已知方式中，没有一种允许在得出结论前经过无穷多步骤。（然而，宇宙的全部历史有可能完成无限多步骤，我将在第 14 章中解释这一点。）假如真是这样（这是不可能的），那么经典物理就会与这些直观不一致了。例如，传统系统的连续运动会允许存在“模拟”计算，它不是按步骤进行计算，而且与通用图灵机拥有完全不同的全部本领。已经知道有几个例子在设想的经典定律下能够用物理上有限的方法完成无限的计算（按照图灵机或量子计算机的标准衡量是无限的）。当然，经典物理与无数实验结果是不相容的，所以推究“实际的”经典物理定律“会是什么样”是非常不自然的；但是这些例子表明，不用任何物理知识是不可能证明一个证明是必须由有限步组成的。同样的道理也适用于这一直观，即只能有有限条推理规则，而且这些规则必须是“简单易用的”。这些要求在抽象概念中都是无意义的：它们是物理的要求。希尔伯特在其影响广泛的文章《论无穷》中很轻蔑地嘲笑了认为“有限步”要求是本质要求的观点。但是上面的论证表明他错了：它是本质的要求，而且它只能从他和其他数学家的物理直观中得出。

在哥德尔关于证明的直观中，至少有一个被证明是错的；幸运的是，它恰好没有影响到他的定理的证明。他的这一直观是原封不动地从希腊数学的史前历史中继承下来的，每一代数学家都没有质疑过，直到 20 世纪 80 年代量子计算理论的发现证明它是错误的。这一直观认为证明是一种类型的对象，即符合推理规则的一系列语句。我说过，证明最好不被看作对象，而是看作过程，看作一种计算。但是在传统的证明论和计算理论中，这二者没有本质的区别，原因如下。如果能够检查证明过程，我们只需要不太多的额外努力就能够记录下这一过程中发生的每件相关事件。作为物理对象，这一记录就形成了在语句序列意义上的证明。反之，如果有这样一个记录，我们就能通读它，检查它是否满足推理规则，在这一检查过程中我们就证明了结论。换句话说，在传统情况下，在证明过程和证明对象之间相互转换总是容易的。

现在考虑某一个数学演算，它在所有传统计算机上都是难解的。但是设想一台量子计算机能够利用（例如）10^{500} 个宇宙间的干涉轻易地完成计算。为了更清楚起见，假设演算的结果（与因数分解的结果不同）在得出时不能容易地得到验证。为完成这样一个计算，给量子计算机编程，运行程序，得到结果，这一过程就形成了关于该数学演算具有这一特定结果的一个证明。但是现在没法记录下证明过程中发生的每一个事件，因为大部分都发生在其他宇宙中，测量计算状态会改变干涉性质，从而使证明失效。所以，建立旧形式的证明对象是不可能的。此外，就我们所知，在这个宇宙中简直没有足够的材料来组成这样一个对象，因为证明的步数比已知的这个宇宙中的原子数还要多得多。这个例子表明，由于量子计算的可能性，这两个证明的概念是不等价的。认为证明是一个对象的直观概念没有抓住现实中数学陈述可以被证明的所有方式。

我们再一次看到，从直观中尽量剔除所有可能的模糊性和错误，只保留不证自明的真理，这一导出确定性的传统的数学方法是有缺陷的。哥德尔正是这么做的，丘奇、波斯特尤其是图灵在构想他们的通用计算模型时也是这么做的。图灵希望他的抽象纸带模型是简单、明了、定义明确的，使它不依赖于任何可能被证伪的物理假设，从而使它成为独立于基础物理的抽象计算理论的基础。正如费曼曾经评论的："他以为自己理解纸。"但是他错了。真实的、量子力学的纸与图灵机所用的抽象材料是非常不一样的。图灵机完全是传统的，不允许在不同宇宙的纸上写有不同的符号，更不允许这些符号还互相干涉。当然，检测纸带的不同状态间的干涉是不实际的，但是要点是图灵的直观，由于包含来自经典物理的错误假设，他抽象掉了所设想的机器的某些计算性质，而且这些恰好是他想要保留的性质。这就是为什么最后的计算模型是不完备的原因。

各个年代的数学家在证明和确定性问题上犯下各种错误，这是很自然的。当前的讨论让我们认为目前的观点也不会永远不变。但是，数学家们跌跌撞撞犯下这些错误，而且甚至不能认识到在这些问题上有犯错误的可能，我认为他们的狂妄与一个古老的、流传甚广的混淆有关，即混淆了数学的*方法*和*主题*。容我解释。与物理实体间的关系不同，抽象实体间的关系与任何偶然事件和任何物理定律无关。它们是完全客观地由抽象实体自身的自主属性决定的。因此，作为研究这些关系和属性的学科，数学就是研究*绝对必然真理*的学科。换句话说，数学研究的真理是绝对确定的，但是这并不意味着我们关于这些必然真理的知识本身是确定的，也不意味着数学方法赋予其结论必然真理性。毕竟数学也研究谬误和悖论，这并不意味着这种研究的结论就必定是错误的或自相矛盾的。

必然真理仅仅是数学的*主题*，不是我们研究数学所得的奖赏。数学的目标不是也不可能是数学的确定性，甚至不是数学真理，不论是不是确定的。它是且只能是数学解释。

那么，为什么数学这么好用呢？为什么它得出的结论虽然不是确定的，但是可以被公认且毫无问题地至少运用几千年？原因最终在于我们关于物理世界的某些知识也是非常可靠无异议的。当对物理世界充分了解后，我们也就了解了哪些物理对象与哪些抽象对象具有共同性质。但是在理论上，数学知识的可靠性仍然是附属于物理现实知识的。每一个数学证明的正确性完全依赖于我们对于支配某些物理对象的行为的规律的认识是否正确，不论对象是虚拟现实生成器、墨水、纸张还是我们自己的大脑。

所以，数学直观是物理直观的一种。物理直观是一组有关物质世界变化方式的经验法则，有些可能是天生的，许多是在儿童时期建立的。例如，我们有这样的直观，即存在物理对象这样的东西，它们具有一定的属性，如形状、颜色、重量以及空间位置，某些属性当对象未被注意时依然存在。另一个例子是存在物理变量——时间，属性相对于它而变化，但是不论怎样，对象本体不随时间变化。再一个例子是对象之间有相互作用，相互作用可以改变对象的某些属性。数学直观关心的是物理世界怎样显示抽象实体的性质。这种直观之一是构成对象行为的基础是抽象定律或至少是解释。空间中允许有封闭的表面把“内”与“外”分开的直观可以提炼为数学上集合这个概念的直观，把所有东西划分为集合的成员和非成员。但是数学家们进一步的提炼（从罗素反驳弗雷格的集合论开始）表明，当涉及的集合包含“太多”成员时（成员无穷的程度太大），这一直观就不再准确了。

即使物理直观或数学直观是天生的，这也不证明它拥有特殊的权威性。天生的直观不能看作为柏拉图的形式世界的“回忆”，因为往往许多被进化的偶然事件植入人类的直观恰恰是错误的，这种现象屡见不鲜。例如，人眼及其控制软件隐含地包含了这一错误理论，即黄光是由红光和绿光组成的混合光（意思是黄光给我们的感觉恰好同红光和绿光的混合给我们的感觉一样）。实际上，所有三种光有不同的频率，不能通过混合其他频率的光得到。红光和绿光的混合对我们来说显得像是黄光，这一事实与光的性质毫无关系，而是我们眼睛的性质。这是我们遥远的祖先在进化过程中某个时候发生的折衷设计方案的结果。有可能（虽然我不相信）欧几里得几何或亚里士多德逻辑是被莫名其妙地植入我们的大脑结构中的，哲学家康德相信这一点，但是逻辑上这并不会蕴含它们是对的。即使假设另一个更难以置信的情形，我们天生具有本质上无法摒弃的直观，这样的直观仍然不一定是对的。

如果数学知识真的如传统上所认为的那样是可以被确定地证实的，因而是分层的，那么真实世界的脉络的确就不会像现在这样具有统一的结构了。数学实体是真实世界结构的组成部分，因为它们是复杂且自主的。它们形成的这种实在的某些方面类似于柏拉图或彭罗斯设想的抽象王国：虽然依定义它们是无形的，但是它们客观存在，具有独立于物理定律的性质。然而，正是物理过程才允许我们获得这一王国的知识，而且它还附加上严格的限制。物理实在中的一切都是可理解的，而可理解的数学真理恰恰是那些碰巧对应某个物理真理的无穷小的那一部分，例如这样的事实：如果以一定的方式处理纸上用墨水写的一些符号，那么会出现一些别的符号。也就是说，它们是那些可以在虚拟现实中描绘的真理。我们别无选择，只能假设不可理解的数学实体也是真实的，因为它们不可避免地出现在关于可理解实体的解释中。

存在这样的物理对象（如手指、计算机和大脑），其行为可以模仿一些抽象对象的行为。物理实在的结构以这种方式给我们提供了观察抽象世界的窗口。这个窗口非常狭窄，只给我们有限范围的景象。我们看到的某些结构（如自然数或经典逻辑推理规则）对抽象世界似乎是重要或“基本”的，正如同深刻的自然定律对物理世界是基本的一样。但是这可能是误导的假象，因为我们真正看到的仅仅是某些抽象结构对于我们关于抽象世界的理解是基本的。没有理由认为这些结构在抽象世界中客观上也是意义重大的，仅仅是某些抽象实体距离我们的窗口比其他实体更近、更容易被观察到。

术　语

数学：研究绝对必然真理的学科。

证明：确立数学命题正确性的一种方法。传统定义上的证明是指一组有序的陈述句，由一些前提开始，到所要的结论为止，并且满足一定的“推理规则”。更好的定义是指模拟某些抽象实体性质的计算，其结果确立了该抽象实体具有给定的性质。

数学直观：传统意义上是指数学推理的终极的自明的确证之源。在实际上是指关于一定物理对象的行为的一组理论（有意识的或无意识的），这些物理对象的行为模拟了相关抽象实体的行为。

直觉主义：一种学说，认为所有关于抽象实体的推理都是不可靠的，除非基于直接的自明的直觉。这是唯我主义的数学版本。

希尔伯特第二问题：为了“一劳永逸地确立数学方法的确信性”，寻找一组对所有正确证明都充分的推理规则，然后根据它们自身的标准证明这些规则是无矛盾的。

哥德尔不完备性定理：证明希尔伯特第二问题是无解的。对于任何一组推理规则，存在正确的证明不能由这组规则推出为正确的。

小　结

复杂且自主的抽象实体客观地存在，而且是真实世界结构的组成部分。逻辑上存在关于这些实体的必然真理，这些组成了数学的主题。但是，不能确信地知道这些真理。证明不能赋予其结论确定性。某一形式的证明的正确性依赖于我们对于完成证明所使用的对象的行为理论的正确性。因此，数学知识本来是派生的，完全依赖于我们的物理知识。可理解的数学真理恰好是可以在虚拟现实中描绘的无穷小的一部分真理。但是不可理解的数学实体(如康哥图环境)也存在，因为它们不可避免地出现在我们对于可理解实体的解释中。

我讲过，计算始终是一个量子概念，因为经典物理与组成经典计算理论基础的直观不相容。时间也是这样。在发现量子理论以前几千年，时间是第一个量子概念。

第11章　时间：第一个量子概念

似波浪滔滔不息涌向沙石的海滩：

我们的光阴匆匆奔向终点；

后浪推前浪一个个交替不断，

前推后拥一浪浪奋勇争先。

——威廉·莎士比亚（十四行诗 60）

虽然时间是我们最熟知的物质世界的属性之一，但是它却因极其神秘而闻名。神秘一直是与我们一同成长的时间概念的要素。例如，圣奥古斯丁[1]说过：

时间是什么？如果没有人问我，我还知道；可当我想要向问我的人解释时，我却不知道了。(《忏悔录》)

很少有人认为距离是神秘的，但是所有人都知道时间是神秘的。时间的神秘性都来自于它的基本的、常识性的属性，即我们称为“现在”的当前时刻不是固定不变的，而是连续不断向未来行进。这种运动称为时间流。

[1] 公元354—430年，罗马帝国基督教思想家。——译注

我们将会看到，不存在时间流这类东西，这一概念不过是纯粹常识性的。我们把它视为当然，甚至认为它是语言的结构之一。在《英语语法大全》这本书里，伦道夫•夸克及其合著者借助于图 11-1 来解释常识的时间概念。直线上的每一点代表一个具体的、固定的时刻，三角形“▽”标示“连续的运动点，当前时刻”在直线上的位置，认为它从左向右运动。有一些人（如莎士比亚在上面引用的十四行诗中）认为具体的事件是“固定的”，而直线本身经过它们（在图 11-1 中从右向左），从而未来时刻掠过当前时刻变成过去时刻。

“时间可以认为是一条线（理论上无穷长），当前时刻是其上一个连续运动点。在当前时刻的前面是未来，在它后面是过去。”

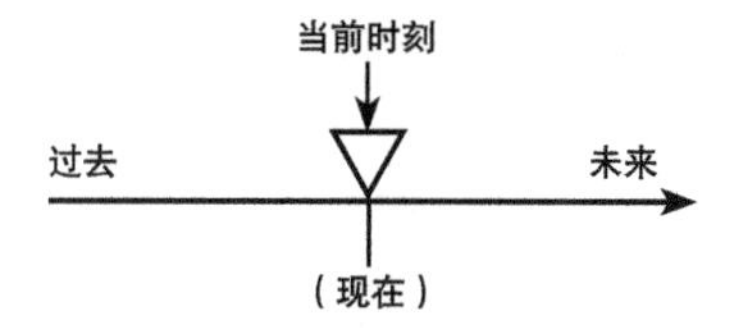

图11-1　英语中认为的常识的时间概念（基于夸克等所著的《英语语法大全》）

我们说“时间可以认为是一条线”是什么意思？我们的意思是，正如一条线可以看作不同位置上的一系列点一样，物体的运动变化可以看作它自身的一系列静止的“瞬像”，每一时刻有一幅。说线上的每一点代表一个具体的时刻，就是说我们可以想象所有瞬像沿着直线叠在一起，如图 11-2 所示。某些瞬像显示过去的翻转箭头，某些则表示未来的箭头，其中之一——运动的“▽”目前所指向的那一个——显示现在的箭头，虽然很快这一个箭头将变成过去，因为“▽”还在前进。物体在不同瞬间的影像集合起来就是运动的物体，正如一系列静态的图片依次投射到屏幕上集合起来就是运动图画一样。它们中的每一个单独都不变化。变化是通过移动“▽”（“电影放映机”）依次指明（“照亮”）它们而形成的，从而一个一个地，它们依次成为现在。

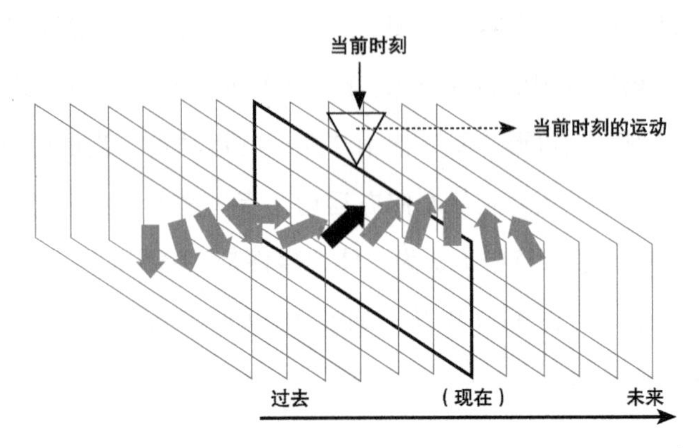

图11-2 运动物体作为一系列“瞬像”，一个接一个地变成当前时刻

现在的语法学家不想对语言的使用方式进行任何价值评判，他们只想记录、分析与理解它，所以不能因为夸克等人描述的时间理论的优劣而责备他们。他们并没有说它是一个好理论，他们只是说它是我们的理论，我认为这一点是对的。不幸的是，它不是一个好理论。坦率地说，常识的时间理论之所以内在神秘的原因是它本质上是荒谬的。不仅仅因为它实际上不准确，我们将会看到，甚至用它自己的术语，它也是毫无意义的。

也许这很令人吃惊。我们已经变得习惯于修改我们的常识，使之与科学发现保持一致。常识经常被证明是错误，甚至非常错。但是就日常经验而言，常识会变成胡扯，这还是不寻常的。然而这正是这里的实际情况。

再来考虑图 11-2，它显示了两个实体的运动，其中之一是翻转的箭头，以一系列瞬像表示。另一个是运动的“当前时刻”，从左向右掠过图示。但是当前时刻的运动在图中没有表示为一系列瞬像。相反，一个特别的时刻用“▽”单挑出来，用黑线强调，唯一标示为“(现在)”。所以，虽然标题说“现在”穿过图示，但只有它的一个瞬像在一个具体的时刻被画出来了。

为什么？毕竟本图的全部要点就是要显示在一个持续阶段发生的变化，而不仅仅局限于一个时刻。如果我们只想要图示显示一个时刻，那么就不需要费神去画多个翻转箭头的瞬像了。本图是用来说明常识理论的，即任何运动变化的物体都是一系列瞬像，每个时刻一个瞬像。所以，如果“▽”在运动，那么为什么不也画出它的一系列瞬像呢？如果这是时间原理的真实描述，那么画出来的这一个瞬像必定只是可能存在的许多瞬像之一。实际上，照本图的原样，它确实是误导的：它显示的“▽”不是在运动，而是在某一个时刻存在，随后立刻不存在了。如果是这样，那么“现在”就会是固定的时刻。我加了一个标记“当前时刻的运动”以及一个虚线箭头表示“▽”向右运动，但是这无济于事。这张图本身所显示的以及夸克等人的图解（图 11-1）所显示的都是除了强调突出的那一个时刻以外，“▽”没有到达任何别的时刻。

人们最多能说图 11-2 是一幅混合的图示，执拗地以两种不同的方式描绘运动。对于运动的箭头，它阐明了常识的时间理论，而仅仅声明当前时刻是运动的，描绘出来好像是不动的。我们应该怎样修改这幅图示，使它既能阐明对于当前时刻运动的常识时间理论又能阐明箭头运动的常识时间理论呢？通过引入更多“▽”的瞬像，每个时刻一个瞬像，为每个瞬像标明在那一时刻“现在”的位置。那应该是哪里呢？显然，在每一时刻，“现在”就是这一个时刻。例如，在午夜，“▽”必定指向午夜箭头的瞬像；在凌晨1点，它必定指向凌晨1点的瞬像，等等。因此，图示应该如图11-3所示。

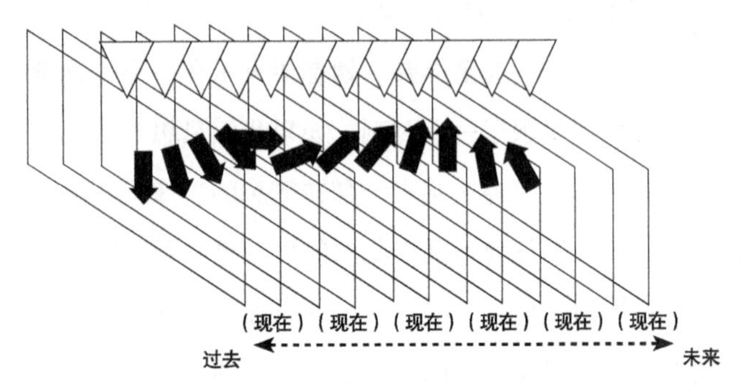

图11–3　在每一时刻，“现在”就是该时刻

这一改进的图示令人满意地阐明了运动，但是现在我们的时间概念被严重地削减了。认为运动物体是其自身一系列瞬时副本的常识观点仍然存在，但是另一个常识观点——时间流——已经不存在了。在这幅图示中，没有“连续的运动点，当前时刻”一个接一个地掠过固定时刻。没有这样一个过程：一个固定时刻在未来开始启动，然后变成现在，最后变成过去。多个符号“▽”和“（现在）”不再用于区分一个时刻与其他时刻，因此是多余的。如果把它们删除，图示也一样阐明翻转箭头的运动。

所以，除去主观因素以外，不存在单个的“当前时刻”。从一个具体时刻的观察者的角度来看，这一时刻的确是特殊的，可以被观察者唯一地称为“现在”，正如同空间中的一个位置，从处于这个位置的观察者的角度来看，可以单挑出来作为“这里”。但是客观上，没有一个时刻比其他时刻更有特权成为“现在”，正如同没有一个位置比其他位置更有特权成为“这里”。主观的“这里”可以随着观察者的移动穿过空间，主观的“现在”也可以类似地穿过时间吗？图 11-1 和图 11-2 究竟是否正确地阐明了从一个具体时刻的观察者的角度所看到的时间？当然不是。甚至在主观上，“现在”也没有穿过时间。经常说现在好像沿着时间前进，因为现在仅仅相对于我们的意识才得以定义，而我们的意识向前掠过时间。但是我们的意识没有也不可能这么做。当我们说意识“似乎”从一个时刻走到下一个时刻时，我们仅仅是在解释常识的时间流理论。但是，认为“我们察觉的”某个时刻从一个时刻运动到另一个时刻与认为一个当前时刻或任何别的时刻从一个时刻运动到另一个时刻没有什么区别。任何事物都不能从一个时刻运动到另一个时刻。在某一个具体时刻存在就意味着永远在那里存在。我们的意识在所有（我们清醒的）时刻存在。

诚然，观察者的不同瞬像感觉到的“现在”时刻不同，但是那不意味着观察者的意识——或任何其他运动变化的实体——穿过时间，如当前时刻被人们所设想的那样。观察者的不同瞬像并不是依次处于现在之中，并不是依次感知他们的现在。他们都有知觉，主观上都处于现在之中。客观上，没有现在。

我们没有感觉到时间流逝或穿行，我们感觉到的是当前的感受同我们现在对过去的感受的记忆之间的差别。我们把这些差别解释为宇宙随时间变化的证据，这是正确的；我们也把它们解释为意识、现在或什么东西穿过时间的证据，这是错误的。

如果运动的现在有一两天奇怪地停止运动，然后又以 10 倍于以前的速度开始运动，我们会感觉到什么？没有什么特殊的感觉，或者说，这个问题毫无意义。这里没有任何东西可以运动、停止或者流逝，也没有任何东西可以有意义地被称为时间的“速度”。在时间上存在的所有东西的形式都被认为是沿着时间轴排列的不变的瞬像，这包括了所有观察者的感觉经验，其中有他们认为时间“流逝”的错误直觉。他们可以想象“运动的现在”沿着直线行进、停止和启动，甚至后退或者彻底消失，但是想象它并不会使它发生，所有东西都不能沿着时间轴运动，时间不能流动。

时间流的观点其实预先假定了在常识的时刻序列时间以外还存在第二种时间。如果“现在”真的从一个时刻运动到另一个时刻，那么它必定是相对于这个外部的时间。但是认真采纳这个观点将导致无穷递归下去，因为我们不得不认为外部时间本身是连续的时刻，其自身“当前时刻”的运动又是相对于另一个外部时间，等等。在每一个阶段，时间流都不会有意义，除非我们将其归因于一个外部时间流，这样无穷无尽下去。在每一个阶段，我们都会有一个无意义的概念；整个无穷体系也没有意义。

这种错误的根源在于，我们习惯于将时间想作外在于所考虑的物质实体以外的一个框架。我们习惯于认为物质实体是能够变化的，所以是以不同时刻存在的一系列自身的副本的形式存在的。但是时刻序列本身（如图 11-1 至图 11-3 所示）是一个例外的实体，它不存在于时间框架以内，它就是时间框架。既然在它以外不存在时间，那么认为它变化或者以连续多个自身的副本形式存在就是自相矛盾的了。这使得这样的图解难以理解。像任何其他物理对象一样，图解本身的确在一段时间内存在，的确由多个自身的副本组成。但是图示描绘的内容——事物的副本序列——只存在一个副本。没有一个准确的时间框架图示能够是运动变化的图示，它必定是静态的。但是在想象它时存在心理上的固有困难。虽然图示是静态的，但是我们不能静止地理解它。它在纸上同时描绘了一系列时刻，为了把它与我们的经验联系起来，我们关注的焦点必须沿着序列运动。例如，我们可能注视一个瞬像，认为它代表“现在”，稍后注视它右边的瞬像，认为它代表新的“现在”。那么我们就可能会把关注的焦点在纯粹图示上的真实运动与事物穿过真正时刻的不可能运动混淆起来。很容易这样。

但是除了用图解阐明常识的时间理论的困难以外，还存在更多的问题。该理论本身包含一个本质的、深刻的含糊之处：它不能决定在客观上现在是一个时刻还是多个时刻，例如图 11-1 描绘了一个时刻还是多个时刻。常识希望现在是一个时刻，从而可以允许时间的流动——允许现在从过去到未来掠过不同时刻。但是常识也希望时间是一系列时刻，所有运动变化由实体在不同时刻的副本间的差异组成。这意味着时刻本身是不变的。所以，具体的时刻不可能变成现在，或者变得不成为现在，因为这些都是变化。所以，在客观上现在不可能是一个单独的时刻。

我们坚持这两个不相容的概念——运动的现在和不变的时刻序列——的原因是我们两个都需要，或者说我们认为需要。在日常生活中我们不断引用这两个概念，尽管不是同时引用。在描述事件时，例如说事件何时发生，我们想的是不变的时刻序列；在解释事件之间的因果关系时，我们想的是运动的现在。

例如，说法拉第“于 1831 年”发现电磁感应时，我们把该事件划入时刻的一定范围，即我们指明了在世界历史的长长的瞬像序列中，在哪一组瞬像中可以找到这一发现。当我们说事件在何时发生时，不涉及时间流，正如同说它在哪里发生时不涉及“距离流”一样。但是只要说事件为什么发生，我们就引用了时间流这个概念。当我们说把电动机和发电机部分地归功于法拉第，其发现的影响直到今天仍然能感觉到时，在我们心里有一幅图画，它描绘了从1831年开始的影响，连续掠过19世纪剩余年代的所有时刻，直到20世纪发电站这一类事物的出现。如果不小心，我们会认为20世纪原先还没有受到1831年的重大事件的影响，随后当影响波及21世纪以及以后时才被它们“改变”了。但是一般情况下，我们是小心的，不同时使用常识时间理论的这两个部分，从而避免这个不一致的想法。只有当我们思考时间本身时，我们才同时涉及这两个部分，这时我们才惊讶于时间的神秘！也许“悖论”是比神秘更恰当的词，因为这里在两个显然自明的观点之间存在明显的冲突。它们不可能同时成立，我们会看到两个都不对。

与常识不同，我们的物理理论是内在一致的，而且它首次获得一致性是通过抛弃时间流概念。诚然，物理学家像其他人一样谈论时间流。例如，牛顿在其著作《原理》中建立了牛顿力学和引力原理，他写道：

绝对的、真实的、数学的时间本身，根据其自身的性质，均匀地流动，与任何外部事物无关。

但是牛顿很聪明，没有把他认为时间流动的断言翻译成数学形式，也没有从中导出任何结论。牛顿的物理理论没有一条引用时间流，后来的物理理论也没有引用时间流或者与时间流概念相容。

为什么牛顿认为有必要说时间“均匀地流动”？“均匀”并没有错，人们可以把它的意思解释为时间的度量对于不同位置和不同运动状态的观察者而言是同样的。这是一个本质的断言（从爱因斯坦以后，我们知道这是不准确的）。但是它本可以如我叙述的那样容易陈述，无需说时间流动。我想牛顿是有意使用熟悉的时间语言，而不是指其字面意思，正如他可以非形式地说太阳“升起”一样。他需要向研究这一革命性工作的读者传达，在牛顿的时间概念里没有创新的和复杂的东西。《原理》给许多词（如“力”和“质量”）指定了精确的技术含义，与它们的日常意义有所不同。但是作为“时间”所指的数字就是常识意义上的时间，就是我们在钟表和日历上看到的数字，在《原理》中的时间概念就是常识的时间概念。

可惜，时间不流动。在牛顿物理中，时间和运动很像图 11-3 所示的那样，只有一个小小不同：我画的连续时刻是彼此分开的，而在所有量子物理以前的物理学中这只是一种近似，因为时间是连续的。我们必须想象，有无穷多、无穷薄的瞬像连续地插在我画的瞬像之间。如果每个瞬像代表在一个具体时刻物理上存在的全部空间中的一切，那么可以认为瞬像面对面地粘在一起，形成单一的、不可改变的块，包含时空中发生的一切（见图 11-4），即全部物理实在。这种图解的一个不可避免的缺点是，在每一时刻，空间的瞬像被画成两维的，而实际上它们是三维的，每一个瞬像是一个具体时刻的空间。这样我们把时间看成第四维，类似于经典几何空间的三个维度。空间和时间像这样作为四维实体被统一考虑，称之为时空。

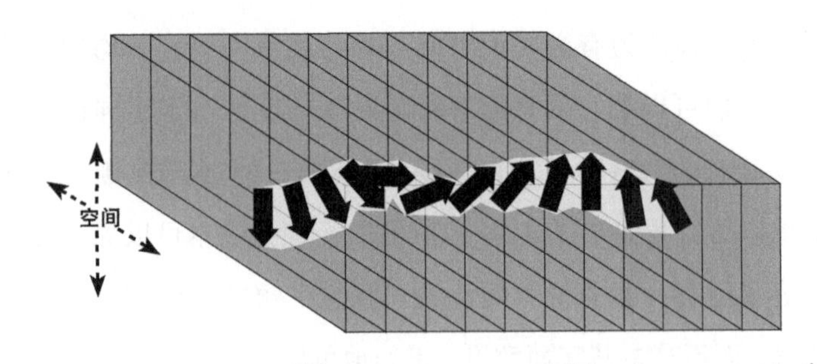

图11-4　把时空看作连续时刻

在牛顿物理中，这一对时间的四维几何解释是可有可无的，但是在爱因斯坦相对论中，它变成这一理论不可或缺的部分。这是因为，根据相对论，以不同速度运动的观察者对于哪些事件是同时的看法不一，即对于哪些事件应该出现在同一瞬像，他们的看法不一。所以，对时空是如何被切成“时刻”的，他们每个人有不同的感觉。不论怎样，只要他们每个人把瞬像以图 11-4 的方式码放起来，那么得到的时空都是相同的。所以，根据相对论，图 11-4 所示的“时刻”不是时空的客观形态：它们仅仅代表一个观察者感知同时性的方式。另一个观察者会以不同的角度画代表“现在”的切片。所以，图 11-4 背后的客观现实（即时空及其物质内容）可以画成图 11-5 的样子。

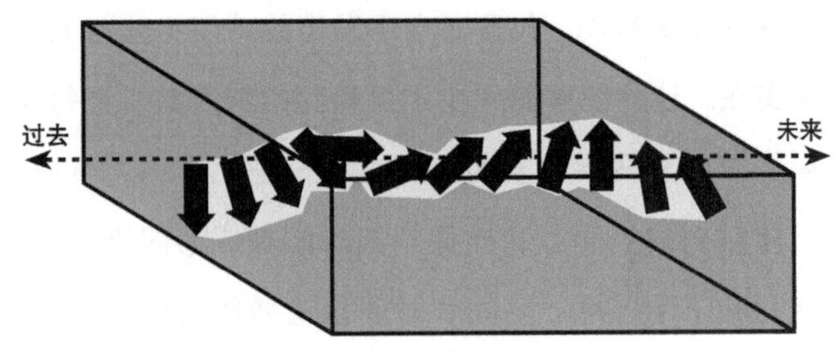

图11-5　运动物体的时空观

时空有时称为“块宇宙”，因为在其中整个物理实在——它的过去、现在和未来——被一次成型地描绘出来，冻结为单一的四维块。相对于时空，所有东西都不动。我们称为“时刻”的东西是某一个穿过时空的切片，当这些切片的内容彼此不同时，我们称其为变化或穿过空间的运动。

我说过，我们所想的时间流是与原因和结果相关联的。我们认为原因在结果之前，运动的现在先抵达原因，然后才抵达结果，而且结果随现在时刻一起向前流动。哲学上，最重要的因果过程是我们的决心和随后的行动。常识的观点是我们具有自由意志，即有时我们能够以几种可能的方式影响未来事件（例如我们身体的运动），并且能够选择哪一个将发生；相反，我们根本不可能影响过去。（我将在第 13 章中讨论自由意志。）过去是固定的，而未来是未定的。对于许多哲学家来说，时间流就是这样一个过程：未定的未来，一个时刻接着一个时刻地变成固定的过去。另一些人说，未来每一个时刻的若干可选择的事件是可能性，时间流就是这样一个过程：一个时刻接着一个时刻，这些可能性之一变成现实性（从而，根据这些人的看法，未来本来根本不存在，直到时间流撞上它才把它变成过去）。但是如果未来真的是未定的（它的确是！），那么这也与时间流无关，因为不存在时间流。在时空物理学（实际上就是从牛顿开始的所有量子物理以前的物理学）中，未来不是未定的。它就在那儿，其内容明确、固定，就像过去和现在一样。如果时空中一个具体时刻是“未定的”（在任一种意义上），那么当它变成现在和过去时，它必定仍然是未定的，因为时刻不可能变化。

主观上，可以说一个给定的观察者的未来“从该观察者的角度来看是未定的”，因为人们不可能测量或观察自己的未来。但是这一主观意义上的未定性不容选择。如果你有一张上星期的彩票，还未得知是否中奖，那么从你的角度看，结果依然未定，虽然客观上它是确定的。但是，不论主观上还是客观上，你都不能改变它。还没有影响它的因素都不再能够影响它了。常识的自由意志理论说，上星期在你还可以选择是否买一张彩票的时候，未来还是客观上未定的，你的确可以有两个或者更多选择。但这是与时空不相容的。所以根据时空物理，未来的未定性是一种错觉，因而原因和自由意志也不过是错觉。我们需要也坚持这一信念，认为未来能够被现在的事件所影响，尤其能够被我们的选择所影响；但是这也许不过是我们的一种方式，以应付对未来无知这一事实。实际上，我们没进行选择。甚至当我们认为自己在考虑选择时，其结果也已经在那里了，在时空的某一适当的切片上，像时空中的其他东西一样不可更改，不受我们深思熟虑的影响。而且那些深思熟虑本身似乎就是不可更改的，甚至在我们知道它们之前就已经存在于给它们分配的时刻上了。

成为某一原因的“结果”意味着受这一原因的影响——被这一原因改变。所以，当时空物理否认时间流的真实性时，它在逻辑上也就不能容纳常识的因果概念。因为在块宇宙中一切都不可更改：时空的一部分不能改变另一部分，就如固定的三维物体的一部分不能改变另一部分一样。

于是，在时空物理时代，所有基础理论都具有这一性质：给定在某一时刻之前发生的一切，物理定律能够确定所有后来时刻发生的事情。瞬像由其他瞬像决定这一属性称为*决定论*。例如，在牛顿物理中，如果人们知道一个孤立系统（如太阳系）中所有物体在某一时刻的位置和速度，那么人们在理论上就能够计算（预言）那些物体在以后所有时刻的位置，也能在理论上计算（追溯）它们在以前所有时刻的位置。

由一个瞬像确定另一个瞬像的物理定律就是把不同瞬像“粘”在一起成为一个时空的“胶水”。虽然不可能，但请让我们想象自己不知怎么地处在时空以外（从而有我们自己的外部时间，独立于时空内的时间），沿着时空内的某一个具体的观察者所看到的每一个时刻把时空切成一个个空间的瞬像，然后把瞬像次序打乱，将它们重新以新的次序粘在一起。从外部，我们能说这不是一个真正的时空吗？几乎肯定可以这么说。原因之一是，在这个被打乱的时空中，物理过程是不连续的，物体可以在一点上突然消失，在另一点又重新出现。原因之二是，更重要的是，物理定律不再成立，至少真正的物理定律不再成立。会存在不同的一组定律，明确地或者隐含地考虑到次序打乱的情况，正确地描述被打乱的时空。

对于我们来说，被打乱的时空和真正的时空之间的差别是很严重的，但是对于那里的居民来说是怎么样呢？他们能发现这种差异吗？现在我们处于靠近胡说的危险之中——我们所熟悉的常识时间理论的胡说。但是请宽恕我，我们会避开胡说。那些居民当然不能发现这种差异。假如他们能，那么他们早就发现了。例如，他们会评论他们所在世界存在的不连续性，发表有关这方面的科学论文，假如他们能够在被打乱的时空中生存下来的话。但是从我们奇妙的局外人的角度看，他们的确生存着，他们的科学论文也存在着。我们可以阅读那些论文，看到它们仍然仅仅包含原来时空的观察结果。

在物理事件时空中的所有记录（包括有意识的观察者的记忆和感觉中的记录）都与原来时空中的记录相同。我们仅仅打乱了瞬像的次序，并没有从内部改变它们，所以那些居民仍然以原来的次序感知它们。

所以，就真实的物理（即时空内的居民感知到的物理）而言，所有这些对时空的切片和重组都是无意义的。不仅是被打乱次序的时空，而且甚至是未粘在一起的瞬像集合，它们在物理上都是与原来的时空相同的。我们把所有的瞬像描写成粘在一起、次序正确，是因为这代表由物理定律确定的它们之间的相互关系。一幅关于以不同次序粘在一起的瞬像图画将代表同样的物理事件——同样的历史，只是多少会有些歪曲那些事件之间的关系。所以，瞬像有其内在次序，这决定于其内容和真正的物理定律。任一瞬像与物理定律一道不仅决定了所有其他瞬像，而且决定了它们的次序以及它自己在序列中的位置。换句话说，每一个瞬像有一个“时间戳”，编码在其物理内容里。

如果要使时间概念不含有错误，不再是一个处于物理实在以外的超越其上的时间框架，那么事情就必定是这样。瞬像的时间戳是存在于宇宙内部的某个自然钟上的读数。在某些瞬像中，例如包含人类文明的瞬像中存在实际的时钟。在其他瞬像中存在物理变量，如太阳或空间中所有物质的化学成分，这些变量可以认为是时钟，因为它们在不同瞬像中取确定的、不同的值，至少在时空的一定区域上是这样。在这两种时钟交叠的地方，我们可以校准、统一它们，使其相互一致。

我们可以用物理定律确定的内在顺序重构时空。从任一瞬像开始，然后计算紧邻的前后瞬像应该是什么样，从剩余的集合中找出这些瞬像，把它们粘在原先瞬像的两边。反复做这一过程，构建起整个时空。这些计算太复杂，在实际生活中不能完成，但是它们在思想实验中是合理的，在思想实验中我们想象自己超脱于真实的物质世界之外。（而且严格说来，在前量子物理学中存在连续的无穷多瞬像，所以刚才描述的过程必须替换为一个极限过程，其中时空用无穷多步拼装起来，但原理是一样的。）

从一个事件可以预测另一个事件并不意味着这些事件有因果关系。例如，电动力学说所有电子负载的电荷相同，所以，利用这一理论我们可以而且经常从一个电子的测量结果预言另一个电子的测量结果。但是任一结果都不是由另一个结果引起的。实际上，就我们所知，电子的电荷值不是由任何物理过程引起的，可能是由物理定律本身“引起”的（虽然就目前所知，物理定律没有预言电子的电荷，仅仅说所有电子有相同的电荷）。但无论怎样，这样一个事件的例子（电子的测量结果）表明即使事件彼此可以预测，但是彼此之间可以完全没有因果关系。

这里还有一个例子。如果我们看到一个完全组装好的拼板玩具中一片的位置，并且知道所有片的形状，而且知道它们都以正确的方式连接好，那么就能够预言所有其他片的位置了。但是，这并不是说其他片处在它们的位置上是由于我们看到的那个片处在它现在的位置上所导致的。这种因果关系是否成立，依赖于这个拼板玩具作为一个整体是怎样形成的。如果我们看到的那一片是第一个被摆放的，那么它的确就是其他片各处其位的原因之一了。如果另外一片是第一个被摆放的，那么我们看到的那个片的位置就是结果，而不是原因了。但是如果拼板玩具是由拼板玩具切割机一次成型造出来的，而且还从未被拆散过，那么这些片的位置就彼此不构成因果关系了。它们不是以某种顺序组装起来的，而是同时造出来的，所处的位置已经遵循了游戏规则，使得这些位置彼此可以预测。不论怎样，它们中任何一个都不是其他位置的原因。

物理定律对于时空中事件的确定就像一个正确连接的拼板玩具的可预测性一样。物理定律由一个时刻发生的事件决定另一个时刻发生的事件，就像拼板玩具规则由一些片的位置决定另一些片的位置一样。但是，如同拼板玩具一样，不同时刻的事件是否彼此有因果关系依赖于时刻是如何形成的。观察拼板玩具，我们不能看出它是不是由一次摆放一片的方式形成的。但是对于时空，我们知道说一个时刻在另一个时刻之后“摆放”是没有意义的，因为那是时间流概念。所以我们知道，虽然某些事件可以由其他事件预言，但是时空中没有一个事件是另一个事件的原因。我再次强调，这些全部是根据前量子物理学认为发生的一切都在时空中。我们所看到的是时空与因果关系的存在是不相容的。这并不是说人们讲某些物理事件彼此有因果关系是错误的，而只是说这一直观与时空物理定律是不相容的。但是这没什么，因为时空物理是错的。

在第 8 章中我说过，一个实体要成为它自身被复制的原因必须具备两个条件：首先，该实体事实上被复制了；其次，它的大部分变种在同样的情况下没有被复制。这一定义包含了这种观点，即原因是那个对结果的发生起决定性作用的因素，这个定义对于一般的因果关系也成立。X 要成为 Y 的原因必须具备两个条件：首先，X 和 Y 都发生了；其次，如果 X 没发生，则 Y 不会发生。例如，阳光是地球上有生命存在的原因，因为阳光和生命都在地球上实际出现了，而且生命在没有阳光的情况下不会进化出来。

所以，思考因果时不可避免地也要考虑因果的变种。人们经常说在其他情况相同的条件下如果这样那样的事件有所不同，那么什么什么就会发生。历史学家可能会断言“如果法拉第死于 1830 年，那么技术会延迟 20 年”。这种断言的意思似乎非常明确，既然事实上法拉第没有死于 1830 年，而且于 1831 年发现了电磁感应，它就显得似乎非常有道理。这相当于说实际发生的技术进步部分地是由于法拉第的发现，因而也由于他还活着。但是在时空物理背景下，推断不存在的事件的未来是什么意思？如果时空中没有法拉第死于 1830 年这样的事件，那么也就没有他死之后这样的事情。当然我们可以想象一个时空包含这样的事件，但是因为仅仅是想象它，我们也就能想象它包含我们想要的任何后果。例如，可以想象法拉第死后技术进步有了加速发展。我们可以设法规避这种不确定性，只想象这样的时空，其中虽然有关事件与实际时空中的不同，但是物理定律是相同的。以这样的方式限制我们的想象，这么做有何根据并不清楚，但不论怎样，如果物理定律相同，那么有关事件就不可能不同，因为定律由以前的历史唯一地决定了它。所以，前面的历史也必须想象成不同的。怎样不同？我们想象的历史变种的后果怎样，关键依赖于我们的“其他情况相同”是什么意思，而这是完全不可确定的，因为有无穷多种方式想象 1830 年以前的事物状态可以导致法拉第在那一年去世。某些状态毫无疑问会导致更快的技术进步，而某些则更慢。在上面的“如果……那么……”陈述句中，我们指的是哪一个状态？哪一个算作“其他情况相同”？想尽一切办法，我们也不会在时空物理中成功地解决这一不确定性。这是一个不可回避的事实：在时空中实际上只有一件事情发生，其他都是幻想。

我们的结论只能是，在时空物理中，前提不成立的条件语句（“如果法拉第死于1830年……”）是无意义的。逻辑学家把这种语句称为反事实条件句，是传统悖论。我们都知道这种语句的意思，但是一旦要把它们的意思说清楚，这意思却好像没了。这种悖论的根源不在于逻辑和语言学，而在于物理学——在错误的时空物理学中。物理实在不是时空，它是一个更庞大更多样的实体，即多重宇宙。作为初步近似，多重宇宙就像非常大量地同时存在的、轻微相互作用的时空。如果时空像一摞瞬像，每一个瞬像是一个时刻的全部空间，那么多重宇宙就像这种摞的庞大集合。即使这样（我们将看到）略微有点儿不准确的多重宇宙图像也已经能够容纳因果关系了。因为在多重宇宙中，几乎肯定有一些宇宙中的法拉第死于1830年，在这些宇宙中的技术发展相对于我们的宇宙是否被延迟了，这是一个事实（不是可观察到的事实，而是不折不扣的客观事实）。反事实语句“如果法拉第死于1830年……”所指的是我们宇宙的哪一个变种，这一点毫无随意性：它就指多重宇宙中实际发生这种事的变种。这就解决了不确定性。求助于想象的宇宙不行，因为我们可以以想要的任何比例来想象任何想要的宇宙。但是在多重宇宙中，各种宇宙的存在是有一定比例的，所以，说一定类型的事件在多重宇宙中“非常稀少”或“非常普遍”是有意义的，说某些事件在“大多数情况下”发生在另外一些事件之后也是有意义的。大部分逻辑上可能的宇宙根本不存在，例如不存在这样的宇宙，其电子的电荷与我们宇宙的电子电荷不同，或者量子物理定律不成立。在反事实语句中隐含地提到的物理定律是其他宇宙中实际遵循的定律，即量子理论定律。因此，可以把“如果……那么……”语句无歧义地理解为“在法拉第死于1830年的宇宙中，大部分宇宙的技术进展相对于我们的宇宙被延迟了”。一般地，在我们的宇宙中，如果X和Y都出现了，而在X没有出现的我们宇宙的大部分变种中Y也没有出现，那么就可以说在我们的宇宙中事件X是Y的原因。

如果多重宇宙确实是时空的集合，那么时间的量子概念就会与传统概念相同。如图11-6所示，时间仍然是一系列时刻，唯一的差别是在多重宇宙的一个具体时刻，存在多个宇宙而非一个。在一个具体时刻的物理实在实际上是由整个空间的许多不同版本的瞬像组成的“超瞬像”。整个时间的全部实在将是所有超瞬像的一摞，就像传统意义上是空间瞬像的一摞一样。因为存在量子干涉，每个瞬像不再完全由同一时空的前面的瞬像所决定（虽然近似意义上还是这样，因为经典物理经常是量子物理的良好近似）。但是，从一个具体时刻开始的超瞬像则恰好完全由前面的超瞬像所决定。这一彻底的决定论不会导致完全可预测性，即使理论上也不行，因为预测需要知道在所有宇宙中发生的事情，而我们的每个副本只能直接感知一个宇宙。无论怎样，就时间概念而言，情况就像时空中由决定性规律联系起来的一系列时刻一样，只是每一个时刻发生的事情更多而已，但是对于任何观察者的任何一个副本，大部分事情都是隐藏起来看不见的。

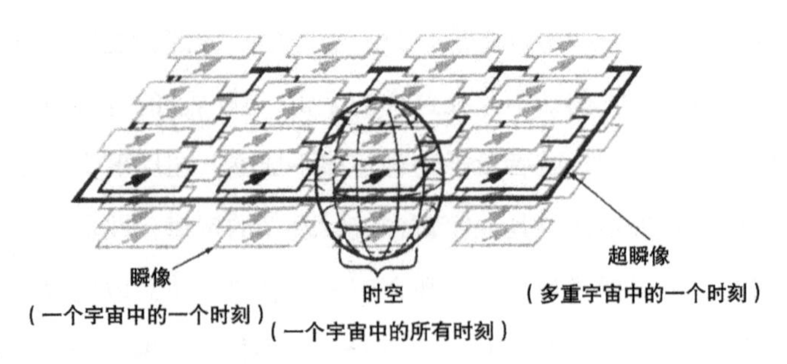

图11-6　如果多重宇宙是相互作用的时空的集合，那么时间仍然是一系列时刻

然而，这还不完全是多重宇宙的情况。一个可行的量子时间理论——也是量子引力理论——已经是几十年来理论物理学干着急却达不到的目标。但是我们已经充分了解到，虽然量子物理定律在多重宇宙层次上是完全决定论的，但是它们没有如图 11-6 所示的那样把多重宇宙划分为分离的时空或划分为超瞬像，其中每个超瞬像完全决定了其他超瞬像。所以，我们知道把时间看作一系列时刻的传统时间概念不可能是对的，虽然在许多场合，即在多重宇宙的许多区域，它的确给出了良好的近似。

为了阐明量子时间概念，我们想象把多重宇宙切成一堆单个的瞬像，就像对时空的处理那样。我们用什么把它们重新黏合起来？如以前一样，唯一可接受的胶水是物理定律和瞬像的内在物理性质。如果在多重宇宙中时间是一系列时刻，那么就必须有可能识别一个给定时刻的所有空间瞬像，从而把它们做成超瞬像。毫不奇怪，事实证明无法做到这一点。在多重宇宙中，瞬像没有“时间戳”。不存在另一个宇宙的某个瞬像与我们宇宙的某个瞬像“同时发生”这样的事情，因为这将再次意味着存在一个超越其上的时间框架，处于多重宇宙之外，多重宇宙内的事件都相对于它发生。这样的框架并不存在。

所以，在其他时间的瞬像和其他宇宙的瞬像之间没有根本的界限。这是量子时间概念与众不同的要点：

其他时间就是其他宇宙的特例。

这种理解首先发端于20世纪60年代对量子引力的早期研究中，尤其是源于布莱斯·德威特的工作，但就我所知，直到1983年才由唐·佩奇和威廉·伍特斯以一般的形式叙述出来。我们称为“我们宇宙中的其他时间”的瞬像仅仅是从我们的角度看与“其他宇宙”不同，而且仅仅在于依照物理定律它们与我们的关系特别紧密。因此，它们就是我们自己的瞬像掌握其存在的大部分证据的瞬像。所以，在发现它们之后几千年，我们才发现了多重宇宙的其余部分，后者通过干涉效应作用于我们，相比起来非常微弱。为了谈论它们，我们发展了特殊的语言结构（动词的过去时和将来时）。为了谈论其他类型的瞬像，我们还发展出了其他语言结构（如“如果……那么……”语句，动词的条件和虚拟态），甚至不意识到它们的存在。传统上我们把这两种瞬像——其他时间和其他宇宙——放在完全不同的概念范畴里。现在我们看到这种区分是不必要的。

现在我们继续从概念上重构多重宇宙。现在我们的堆中有更多的瞬像，但是让我们再次从一个时刻的一个宇宙的单个瞬像开始。如果我们现在在堆中寻找与原来这个瞬像非常类似的其他瞬像，那么我们会发现这个堆与拆散的时空非常不同，原因是我们发现有许多瞬像与原来的瞬像完全一样。实际上，任何存在的瞬像都有无穷多个副本，所以问具有这样那样性质的瞬像在数目上有多少是没有意义的，而只能问在无穷多个瞬像中具有这一性质的占多少比例。为简单起见，当我说宇宙的一定“数目”时，我总是指多重宇宙总数的一定比例。

除了我在其他宇宙中的变种以外，如果我还有若干完全相同的副本，那么哪一个是我？我当然是所有的副本。他们中的每一个都刚刚问过这一问题“哪一个是我？”，任何对这个问题的正确回答都必定给出同样的答案。认为在相同的副本中哪一个是我这样的问题有物理意义，就是认为在多重宇宙之外存在一个参照系，答案可以相对于它给出——“左起第三个是我……”。但是“左”是什么，“第三个”是指什么？只有当我们想象我的瞬像摆放在某一个外部空间的不同位置上时，这些术语才有意义。但是多重宇宙并非存在于一个外部空间之中，正如它并非存在于外部时间之中一样，它包括所有存在的时间和空间。它就是存在着，而且物理上它就是存在的一切。

量子理论不像时空物理那样，一般地它不决定一个具体瞬像中将发生什么；相反，它确定在多重宇宙的所有瞬像中具有给定性质的宇宙占多大比例。因此，作为多重宇宙的居民的我们有时只能对自己的经验做出概率预测，尽管多重宇宙中发生的事情是完全确定的。例如，假设我们掷一枚硬币。典型的量子理论预测是，如果在一定数目的瞬像中让硬币以一定方式旋转，时钟显示一定的读数，那么就会有那个数目的一半的宇宙，其中时钟显示更大的读数，硬币掉下以“正面”朝上，而另一半数目的宇宙中，时钟显示更大的读数，硬币掉下以“背面”朝上。

图 11-7 表示多重宇宙中发生这些事件的小区域。即使在这一小区域中也有大量瞬像要显示，所以我们只能用图上的一个点代表一个瞬像。我们关注的瞬像都包含某种标准形式的时钟，图示的安排使得具有同一时钟读数的所有瞬像出现在垂直的一列中，并使得时

钟读数从左向右增大。当我们沿着图中任一垂直线看时，并非所有经过的瞬像都不同。我们经过一组一组相同的瞬像，以阴影显示。显示最早时钟读数的瞬像位于图示的最左边。我们看到所有这些瞬像都是相同的，硬币在旋转。在图示的右边，我们看到时钟显示最晚的读数，在一半的瞬像中硬币掉下以“正面”朝上，在另一半瞬像中硬币掉下以“背面”朝上。在时钟读数介于中间的宇宙中，有三种类型的宇宙，其比例随时钟读数变化。

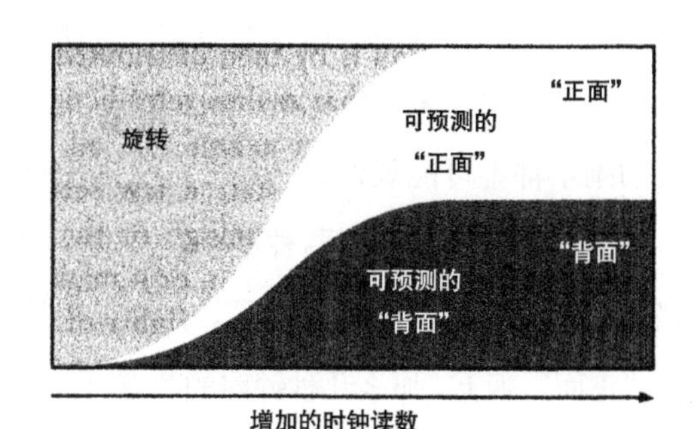

图11-7　包含一个旋转硬币的多重宇宙的一个区域，图中每个点代表一个瞬像

如果你在显示的多重宇宙区域内存在，那么你的所有副本都会首先看见硬币旋转，稍后你的一半副本会看见“正面”朝上，另一半副本会看见“背面”朝上。在中间阶段，你会看见硬币仍处于运动状态，但是从中已经可以预测当它最终停止时哪一面将朝上。观察者的相同副本分化为略微不同的副本，这种分化导致了量子预测的主观概率特性。因为如果在开始你问你注定会看到掷硬币的哪种结果，答案为严格地说，这是不可预测的，原因是问这一问题的你的一半副本会看见“正面”，而另一半会看见“背面”。没有“哪一半”会看见“正面”这样的事情，正如对问题“哪一个是我”没有答案一样。

从实用的角度，我们可以把它看作概率预测，硬币有50%的可能性“正面”朝上，50%的可能性“背面”朝上。

量子理论的决定性，就如经典物理一样，在时间上向前、向后都成立。从图11-7中后面时间的兼有“正面”和“背面”的瞬像集合状态，可以完全确定前面时间的“旋转”状态，反之亦然。无论怎样，从任一观察者的角度看，在掷硬币过程中损失了信息。因为观察者可以感受硬币的初始“旋转”状态，而最后的兼有“正面”和“背面”的状态却不对应于观察者的任何可能感受。所以，早期的观察者可以观察硬币，预言它未来的状态，以及必然的主观概率。但是后来的观察者的副本都不可能观察到必要的信息来倒推“旋转”状态，因为这一信息此时已经分散到两种不同类型的宇宙中去，这使得从硬币的最后状态倒推成为不可能的了。例如，如果我们知道的全部就是硬币“正面”朝上，那么几秒钟前的状态可能是我称为“旋转”的状态，或者是硬币以相反方向旋转，或者它一直就是“正面”朝上。这里不可能倒推，甚至概率倒推也不可能。硬币的早期状态就是不能由后来的“正面”瞬像状态确定，而只能由“正面”和“背面”瞬像的联合状态确定。

划过图11-7的任何水平线都沿着增大的时钟读数穿过一系列瞬像。我们可能会认为这样的直线（如图11-8所示的直线）是一个时空，整个图示是一摞时空，每一条横线代表一个。从图11-8中我们可以读出在水平线定义的“时空”中发生了哪些事件。在一段时间内它包含旋转的硬币，在下一段时间内它包含的硬币的运动方式可以预期将导致“正面”朝上，而以后与之相反，它包含的硬币的运动方式可以预期将导致“背面”朝上，最终它的确显示“背面”朝上。

但是正如我在第 9 章(见图 9-4)所指出的那样,这仅仅是图示的缺陷。在本例中，量子力学定律预言，所有记得看见硬币处于“可预期正面朝上”状态的观察者都不会看见它处于“背面朝上”状态，这就是首先称这一状态为“可预期正面朝上”状态的理由。所以，当事件发生在该直线定义的“时空”中时，多重宇宙的观察者都不会认识它们。所有这一切证实我们不能随意地把瞬像粘在一起，黏合方式必须反映它们之间由物理定律决定的相互关系。沿着图 11-8 中的直线的瞬像之间的相互联系并没有充分证明它们应归属于同一个宇宙。诚然，它们以时钟读数增大的顺序出现，在时空中这些读数是“时间戳”,足以让时空重组起来。但是在多重宇宙中有非常多的瞬像，仅靠时钟读数已经不能确定瞬像的相对位置。为此，我们需要考虑哪些瞬像决定其他哪些瞬像的复杂细节。

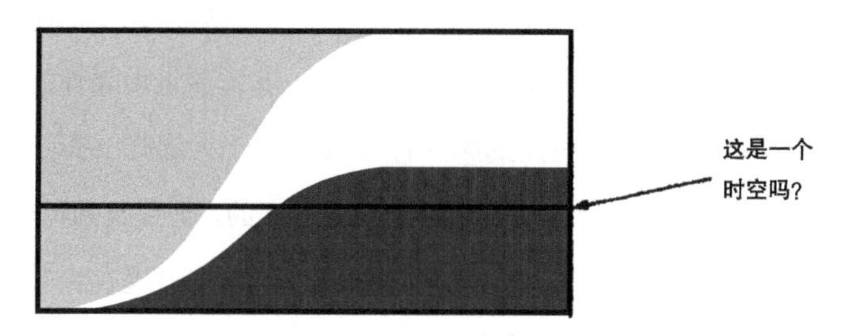

图11-8　时钟读数增大的一系列瞬像不一定是一个时空

在时空物理中，任一瞬像都可以决定任一其他瞬像。我说过，在多重宇宙中一般不是这样。典型地，一组相同瞬像（如硬币“旋转”的那些瞬像）的状态决定了一组等量的不同瞬像(如“正面”和“背面”瞬像）的状态。因为量子物理定律的时间可逆性，这后一组的多值状态的总体也决定了前一组的状态。然而，在多重宇宙的某些区域以及空间的某些位置，某些物理对象的瞬像的确在一段时间内分为链条，链条内每个成员近似地决定了所有其他成员。典型的例子是太阳系的连续瞬像。在这些区域，经典物理定律是对量子定律的良好近似。在这些区域和位置，多重宇宙的确如图 11-6 所示的那样像一组时空，在这一近似水平上，量子时间概念简化为传统时间概念。人们可以近似地区分“不同时间”与“不同宇宙”，时间近似地是一系列时刻。但是如果人们更细致地考察瞬像，或者在时间跨度上向前、向后看得更远，或者在多重宇宙中看得更远，那么这种近似就肯定被打破了。

我们现在可获得的所有实验结果都是与认为时间是时刻的序列这一近似相一致的。我们不指望在地球上可预见的未来的实验中会打破这一近似，但是理论告诉我们，在某些类型的物理过程中，它必定会被彻底打破。首先就是宇宙的起源——大爆炸。根据经典物理，在时间开始的时刻，空间无限稠密，只有一个点那么大小，在此之前没有时刻。根据量子物理（就我们所知），非常靠近大爆炸的瞬像没有排成一定的顺序。时间的顺序性没有开始于大爆炸，而是开始于稍后的时刻。当然，问是多久以后是没有意义的。但是我们可以说，在良好的近似程度以内，产生顺序的最早时刻大约出现在经典物理可以推论的大爆炸开始后的不到 10^{-43} 秒内（普朗克时间）。

第二种类似的打破时间顺序性的情况，据认为发生在黑洞内部以及宇宙的最后坍缩阶段（大坍缩），假如存在的话。在这两种情况下，根据经典物理，物质被压缩到无限稠密状态，就像大爆炸时一样，导致的引力把时空结构撕裂开。

顺便说一句，如果你想知道在大爆炸以前发生了什么，在大坍缩以后又会发生什么，那么你现在不必探究下去了。为什么难以接受在大爆炸以前和大坍缩以后不存在时刻，从而什么也不会发生和存在这一观念呢？因为想象时间走向停止或开始是很难的。但是这时候，时间没有走向停止或开始，因为它根本没动。多重宇宙不会“开始存在”和“停止存在”。这些术语都预先假设了时间流概念。正是对时间流的想象才使得我们想探究在全部实在“之前”和“之后”发生了什么。

第三，据认为在亚微观尺度下，量子效应再次折弯、撕裂时空结构，在这一尺度上存在封闭的时间环——实际上是微小的时间机器。在下一章我们会看到，这种时间顺序的崩溃在大尺度上也是物理上可能的，如旋转的黑洞这类物体附近是否会出现这种现象，这个问题还悬而未决。

所以，虽然我们还不能探测到这些效应，但是最好的理论已经告诉我们，时空物理不是真实世界的准确描述。不论它的近似程度有多高，现实中的时间必定与常识所认为的线性序列完全不同。不论怎样，多重宇宙中的一切就像经典时空中那样完全是确定的。删除一个瞬像，其他瞬像能够完全确定它；删除大部分瞬像，剩下的少数瞬像仍然可以确定删除的所有内容，就像在时空中那样。差别仅仅在于，与时空不同，多重宇宙不是由充当多重宇宙“时刻”的、我称之为超瞬像的、相互决定的层次所组成的。多重宇宙是一个复杂的多维拼板玩具。

在这一多重宇宙的拼板玩具中，既没有时刻序列，也没有时间流，常识的因果概念倒具有完美的意义。我们发现的时空中因果关系的问题是，它是因果自身及其变种的性质。因为这些变种仅仅存在于想象中，而不在时空中，所以我们就撞上了这一物理上无意义的事情：

从不存在的（“反事实”）物理过程的想象的性质中得出本质的结论。但是在多重宇宙中，变种确实以不同比例存在，而且遵循明确的决定性规律。给定这些规律，哪些事件影响了其他哪些事件的发生就是一个客观事实。假设有一组瞬像，它们不一定相同，但是都具有性质 X。假设这一组是存在的，物理定律决定了存在另一组瞬像具有性质 Y。那么 X 成为 Y 的原因的条件之一已经具备了。另一个条件必须与变种有关了。考虑第一组的不具有性质 X 的变种。如果这一组存在，而仍然能够决定存在一些具有性质 Y 的瞬像，那么 X 就不是 Y 的原因：因为即使没有 X，Y 也能发生。但是如果从非 X 变种的组中只能决定非 Y 变种存在，那么 X 就是 Y 的原因。

在这一因果关系的定义中，没有什么在逻辑上要求因在果之前，有可能在非常奇异的情况下，如非常接近大爆炸或在黑洞内部，因不在果之前。但是就日常经验而言，因总是在果之前，这是因为（至少在多重宇宙中我们的周围）不同类型的瞬像的数目往往随时间很快增加，几乎不会减少。这个性质与热力学第二定律有关，就是说有序的能量（如化学能和引力位能）可以完全转化为无序能量（即热能），但是反过来却不行。热能是微观的随机运动。用多重宇宙的术语，这意味着在不同的宇宙中有许多微观上不同的运动状态。例如，在通常放大倍率的硬币的连续瞬像中，似乎是下落过程把一组相同的“可预测正面朝上”的瞬像变成一组相同的“正面朝上”的瞬像。但是在这一过程中，硬币的动能变成了热能。所以，在足够看清个别分子的放大倍率下，后一组瞬像根本不是相同的，它们的硬币都处于“正面朝上”状态这一点是相同的，但是硬币的分子、周围空气的分子以及地面上的分子则处于许多不同的状态。诚然，最初的“可预测正面朝上”瞬像在微观上也不完全相同，因为那里也存在热能。但是在这一过程中产生了热能，说明这些瞬像比起后一组瞬像的差别要小得多。所以，每一组同类的“可预测正面朝上”瞬像决定了——因而也导致了——大量微观上不同的“正面朝上”瞬像的存在。但是单独一个“正面朝上”瞬像本身不能决定“可预测正面朝上”瞬像的存在，所以不是后者的原因。

相对于任一观察者，可能性到现实性的转化——未定的未来到确定的过去的转化——在这一框架下也有意义。再次考虑掷硬币的例子。在掷硬币之前，从观察者的角度来看，未来是不确定的，意思是“正面朝上”和“背面朝上”两种结果都有可能被该观察者看到。从观察者的角度，两种结果都是可能性，虽然客观上它们都是现实性。在硬币落下以后，观察者的副本分化为两组，每一个观察者只看到、记住掷硬币的一个结果。所以，一旦结果成为观察者的过去，对于观察者的每一个副本来说，这个结果就变成单值的、实际的了，虽然从多重宇宙的角度来看，它和过去一样仍是二值的。

让我们总结一下量子时间概念的要点。时间不是时刻的序列，它也不流动，但是我们关于时间性质的直觉大略是对的。某些事件的确是因果关系。相对于一个观察者，未来的确是不确定的，而过去是固定的，可能性的确变成现实性。我们传统的时间理论是错误的原因在于，它们企图在错误的经典物理框架中表达这些正确的直觉。在量子物理中它们是有意义的，因为时间一直是量子概念。我们在称为“时刻”的宇宙中以多个副本的形式存在，每个副本没有直接意识到其他副本的存在，但是有他们存在的证据，因为物理规律把不同宇宙的内容联系起来。有一种倾向认为我们知道的时刻是唯一真实的时刻，或者至少比其他时刻更真实一点儿。但是这不过是唯我主义。所有时刻在物理上都是真实的，整个多重宇宙在物理上是真实的，其他都不是真的。

术　语

时间流：假定的当前时刻沿着未来方向的运动，或者假定的我们的意识从一个时刻到另一个时刻的运动。（这是胡说！）

时空：时间加空间，一起看作一个静态的四维实体。

时空物理学：如相对论这样的理论，认为真实世界是时空。因为真实世界是多重宇宙，所以这种理论最多是一种近似。

自由意志：能够以几种可能的方式之一影响未来事件并选择用哪一种的能力。

反事实条件句：前提是假的条件语句（如"如果法拉第死于1830年，那么会发生X"）。

瞬像（仅用于本章的术语）：一个具体时刻的宇宙。

小　结

时间不流动。其他时间不过是其他宇宙的特例。

时间旅行可能行得通，也可能行不通。但是如果行得通，那么我们已经对它的面貌有了相当好的理论理解，这一理解涉及所有四大理论。

第12章　时间旅行

假定认为时间在某些方面像附加于空间的第四维，那么就会有一个自然的想法：如果可能从一个地方旅行到另一个地方，那么也就可能从一个时间旅行到另一个时间。在前一章中我们看到，与空间运动同一意义上的时间“运动”是没有意义的。但是，当人们说旅行到25世纪或恐龙时代时，其意思似乎是清楚的。在科幻作品中，时间机器通常想象为奇异的飞行器，人们在控制器上设置好要去的日期，等待飞行器旅行到那个日期（有时还可以选择地点），然后就到那儿了。如果选择了遥远的未来，那么人们会在星际宇宙飞船中与有意识的机器人等奇妙的东西对话，或者（与作者的政治信仰有关）徘徊在烧焦的放射性废墟中。如果选择了遥远的过去，那么人们必须躲避霸王龙的攻击，同时翼龙在头顶上盘旋。

恐龙的出现将确凿地证明我们确已抵达远古时代。我们应该能够反复核对这一证据，通过观察一些自然界的长期“日历”，如夜空中星座的形状，或者石块中各种放射性元素的相对比例，更准确地确定日期。物理学提供了许多这种日历，物理定律保证它们在适当校准的情况下彼此一致。根据多重宇宙由一组平行时空组成、每一时空由一摞空间“瞬像”组成这一近似理论，以这种方式定义的日期是整个瞬像的性质，任意两个瞬像被一段时间间隔开，这段时间是这两个瞬像日期的差。一方面是两个瞬像之间的时间间隔，另一方面是我们自己处于这两个不同瞬像时所感觉到的流逝掉的时间间隔，时间旅行就是导致这二者不一致的过程。我们可以参照随身携带的时钟，或者可以估计我们有机会进行多少思索，或者可以根据生理标准测量我们的身体衰老了多少。如果我们观察到外界已经经过了很长时间，而根据所有主观测量，我们经历的时间短得多，那么我们就进入了未来。另外，如果我们观察到外部的时钟和日历显示一个具体时间，随后（主观上）我们观察到它们始终显示一个更早的时间，那么我们就进入了过去。

大部分科幻作者认识到，朝向未来和朝向过去的时间旅行是完全不同类型的过程。这里我不太关注朝向未来的时间旅行，因为到目前为止，这方面的问题较少。甚至在日常生活中，例如在睡眠和清醒时，我们主观感觉到的时间也可能比外界流逝的时间短。可以说，从持续几年的昏迷中苏醒过来的人就已经进入未来那些年了，如果不考虑其身体已经按照外部时间而非主观感觉的时间老化这一事实的话。所以在理论上，类似虚拟现实减慢用户大脑的技术（如第 5 章所设想的）可以用在整个身体上，从而可以用作成熟的朝向未来的时间旅行技术。爱因斯坦的狭义相对论给出一种较温和的办法，即一般说来加速运动或减速运动的观察者所经历的时间比静止或匀速运动的观察者所经历的时间要短。例如，宇航员在往返旅途中加速到接近光速，他经历的时间要比地球上的观察者所经历的时间短得多。这一效应被称为时间膨胀。通过充分加速，从宇航员的角度看，飞行时间可以任意缩短，而地球上度量的时间可以任意延长。所以在给定的、主观上很短的时间内，人们可以旅行到遥远的未来，任意远都行。但是这种未来旅行是不可逆的。回程需要朝向过去的时间旅行，无论多少时间膨胀都不能使飞船在起飞前就返航。

虚拟现实和时间旅行至少在这一点是相同的：它们都系统地改变了通常的外部现实和用户感觉之间的关系。所以，人们会问这个问题：如果通用虚拟现实生成器可以轻易地被编程实现朝向未来的时间旅行，那么有没有办法用它来实现朝向过去的时间旅行呢？例如，如果使我们慢下来可以把我们带到未来，那么使我们快起来是否就会把我们带到过去？不行，外部世界只会显得慢下来，即使大脑运行速度达到无穷快这样不可能的极限，外部世界也只会看起来像是停止在一个特定的时刻。根据上面的定义，这也是时间旅行，但不是朝向过去的，可以称之为“朝向现在”的时间旅行。我记得自己在考试中做最后一分钟检查时就希望有一个能够做朝向现在时间旅行的机器——哪个学生不希望如此呢？

在讨论朝向过去的时间旅行之前，让我们营造一个朝向过去的时间旅行会是怎样的情形？在多大程度上虚拟现实生成器能够被编程，给用户以朝向过去的时间旅行的体验？我们会看到，对这个问题的回答同所有关于虚拟现实范围的问题一样，还同时告诉我们有关物理实在的事情。

依定义，感受过去的环境最显著的特点是，感受到某些物理对象或过程——“时钟”和“日历”——处于只在过去（即过去的瞬像）才出现的状态。虚拟现实生成器当然可以营造处于这些状态的对象。

例如，它可以给人以生活在恐龙时代的感受，或者第一次世界大战中战壕里的感觉，而且它可以使得星座、报纸上的日期等正确地显示那时的时间。有多么正确呢？在营造给定年代的精确程度方面，有没有根本的限制？图灵原理说，通用虚拟现实生成器可以造出来，能够被编程，营造任何物理上可能的环境，所以很清楚，它也能够被编程，营造任何曾经在物理上存在过的环境。

为了营造具有展示过去本领的时间机器（从而也为了营造过去本身），程序必须包括过去那些目的地的环境的历史记录。实际上，不仅仅需要记录，因为时间旅行的体验不仅仅包括看见过去的事件展现在周围。给用户展示过去的记录只是图像生成，不是虚拟现实。因为真正的时间旅行者会参与事件，对过去的环境做出反应，所以时间机器的精确虚拟现实营造如任何环境一样必须是交互的。对用户的每个动作，程序必须计算历史环境会怎样对这个动作做出反应。例如，为了让约翰逊博士相信，号称的时间机器真的把他带到了古罗马时代，我们必须允许他在尤利乌斯•恺撒[1]路过时，不仅是不露面地、被动地观看，而且他想要通过踢当地的石头来检验其体验的真实性。他可能会踢恺撒——或者至少用拉丁语招呼他，希望他能够同样地回答。时间机器的准确的虚拟现实营造的意思是，这种营造对这种交互检验的反应应该与真正的时间机器相同，正如旅行到真正的过去环境一样。在本例中，这应当包括正确地营造尤利乌斯•恺撒的动作和拉丁语讲话。

因为尤利乌斯•恺撒和古罗马是物理对象，所以在理论上它们可以任意精确地营造出来。这一任务仅仅在程度上不同于营造温布

[1] 约公元前100—前44年，罗马将军，皇帝，政治家，历史学家。——译注

尔登中心球场（包括观众）。当然，必要的程序复杂性是巨大的。更复杂的，在理论上甚至是不太可能的任务是，收集为了编写出营造具体人物的程序所必需的信息。但是这里写程序不是我关心的问题。我不是问是否能够找出足够的有关过去环境的信息（或者关于现在或未来环境的信息）来写出程序具体营造该环境。我问的是，在虚拟现实生成器的所有可能的程序中是否包括一个能给出朝向过去的时间旅行的虚拟现实营造的程序，如果包括，这个营造能有多么准确。如果没有程序营造时间旅行，那么图灵原理就蕴含时间旅行是物理上不可能的（因为它说物理上可能的一切都能够被某个程序营造）。表面上看，这里的确有问题。即使存在程序准确地营造过去的环境，利用其来营造时间旅行也似乎会有根本的障碍。这些障碍与那些似乎妨碍时间旅行本身的障碍是一样的，即所谓的时间旅行“悖论”。

典型的悖论是这样的：我建好一台时间机器，并用它旅行到过去，在那里我阻止过去的我建造时间机器。但是如果时间机器没有造出来，那么我就不能用它来旅行到过去，从而也不能阻止建造出时间机器。那么我到底旅行了没有？如果旅行了，那么我就使自己没有时间机器，从而也就没有旅行；如果我没有旅行，那么我就允许自己造出时间机器，从而也就旅行了。有时这称为“祖父悖论”，叙述的形式是利用时间旅行在祖父有孩子之前杀死他。（于是，如果祖父没有孩子，他就不能有孙子，那么谁杀死了他？）这两个形式的悖论是最常提及的，恰巧都要求在时间旅行者和过去的人物之间发生暴力冲突，所以人们发现自己搞不清楚谁会赢。可能时间旅行者被打败，悖论得以避免。但是这里暴力不是问题的本质部分。如果我有时间机器，我可以决定如下：假如今天，我未来的自己从明天出发来拜访我，那么明天我将不用时间机器；假如今天我没有碰上这样的访客，那么明天我使用时间机器旅行到今天访问自己。从这一决定似乎可以得出结论说，如果我用时间机器，那么我就没有用它；如果我没有用它，那么我就用了它。矛盾。

矛盾表明假设是错误的，所以传统上把这种悖论看作是对时间旅行不可能性的证明。有时被质疑的另一个假设是自由意志——时间旅行者是否能够像通常那样选择行动方式。人们的结论是，如果时间机器确实存在，那么人们的自由意志会被削弱。他们会无法形成我描述的那种类型的意图，或者当他们在时间中旅行时，他们会不知怎么地全然忘记了出发前所做的决定。但事实证明，悖论背后的错误假设既不是时间机器的存在性，也不是人们以通常方式选择行动的能力。错误的是传统的时间理论，我前面已经从完全无关的角度证明过，传统的时间理论是站不住脚的。

如果时间旅行真的是逻辑上不可能的，那么它的虚拟现实营造也就是不可能的。如果它要求终止自由意志，那么它的虚拟现实营造也会有这样的要求。时间旅行悖论可以用虚拟现实术语表述如下：就感知能力而言，虚拟现实营造的准确性就是实际营造的环境对想要营造的环境的忠实程度。就时间旅行而言，想要营造的环境是历史上存在过的。但是一旦营造的环境按照要求对用户的刺激做出反应，那么它在历史上就变得不准确了，因为真正的环境没有对用户做出反应：用户没有刺激过它。例如，真正的尤利乌斯·恺撒没有见过约翰逊博士，所以当约翰逊博士通过与恺撒对话来检验营造的忠实程度时，其行为本身就破坏了忠实性，因为它制造了一个历史上不准确的恺撒。营造可以作为忠实的历史图像而表现得准确，或者也可以反应得准确，但二者不可得兼。所以似乎是，不论怎样，时间旅行的虚拟现实营造是本质上无法准确的——这等于说时间旅行不能在虚拟现实中营造。

但是这个结果真的是精确营造时间旅行的障碍吗？通常，模拟环境的实际行为不是虚拟现实的目标，重要的是它能够准确地反应。一旦你开始在虚拟现实营造的温布尔登中心球场打网球，你就使得它的行为不同于真实的行为表现了，但是这并没有使得营造不准确。相反，这正是准确营造所要求的。在虚拟现实中，精确性意味着营造的行为接近原来的环境在有用户在场时将表现出来的行为。只有在营造之初，营造的环境的状态才必须忠实于原来的状态。从这以后，必须忠实表现的不是状态，而是对用户行为的反应。为什么这对于时间旅行的营造是“自相矛盾的”，而对于其他营造（如对于一般旅行的营造）就不是自相矛盾？

之所以显得自相矛盾，是因为在朝向过去的时间旅行的营造中，用户扮演了独特的双重或多重角色。因为涉及这个循环，例如一个或多个用户的副本同时存在、相互作用，所以虚拟现实生成器实际上需要在营造用户的同时对用户的动作做出反应。例如，设想我是虚拟现实生成器的用户，这个生成器正在运行时间旅行营造程序。假设在启动程序时我看见的周围的环境是一间未来的实验室，在中间有一扇旋转门，像大楼入口处的那些门一样，只是这一扇是不透明的，几乎完全包裹在不透明的圆柱体内。进出圆柱体的唯一通道是在它边上开的一个入口。里面的门不停地转动。乍一看，对这个装置，人们能做的就只是进入它，随着旋转门走一圈或多圈，然后出来，别的什么也干不成。但是在入口上方有个招牌：“通向过去之路”。它是一台时间机器，一台幻想的虚拟现实机器。但是如果存在一台真正的朝向过去的时间机器的话，它就会像这样，不是一辆奇异的运输工具，而是一处奇妙的场所。人们不是驾驶它飞到过去，而是沿着穿过它的某一条道路（有可能利用通常的太空飞船），出现在早期年代。

在模拟实验室的墙上有一个时钟，初始显示的时间是正午（见图 12-1）。在圆柱体入口处有一些说明文字，在我读完它们的时候，时间是正午过 5 分钟，不论是我自己感觉的时间还是墙上时钟的时间都是如此。说明文字说，如果我进入圆柱体，随着旋转门走一圈，然后出来，那么实验室的时间将提早 5 分钟。我走进旋转门的一个隔间。当我转圈时，隔间在我身后关上，稍后又到达了入口。我走出来，实验室看起来没变，除了——什么？如果这是朝向过去的时间旅行的精确营造，下一步我究竟能指望感受到什么？

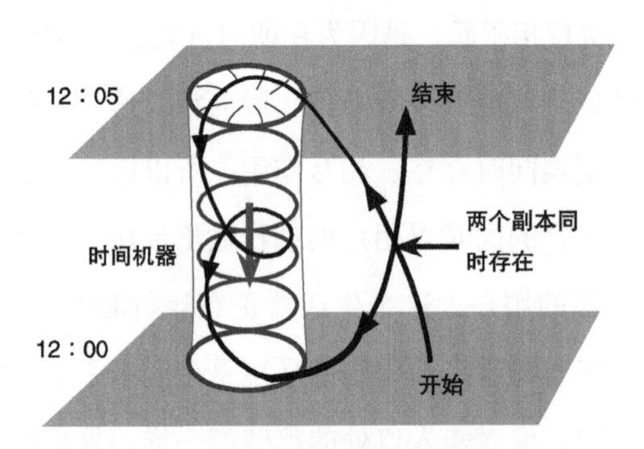

图12-1　时间旅行者所走的时空道路

首先让我回溯一点。假设在入口处有一个开关，其两个位置分别标记着“开干涉”和“关干涉”。初始处于“关干涉”，这种设置不允许用户参与过去的事件，只能观察。换句话说，它没有提供完整的过去环境的虚拟现实营造，而仅仅提供图像生成。

至少以这种更简单的设置，当我从旋转门出来时，关于应该生成什么图像是没有不确定性和悖论的。它们应该是我在实验室中的图像，做着我在正午做的事情。没有不确定性的一个原因是我能够记住那些事件，所以我可以拿自己对于以前发生的事件的记忆来检验关于过去的图像。通过把我们的分析限制到一个小的、短时间内的封闭环境中，我们避免了类似于找出尤利乌斯•恺撒到底长什么样这样的问题。这种问题是关于考古学的最终极限的，而不是关于时间旅行的本质问题的。在本例中，通过记录下我做的每一件事，虚拟现实生成器可以轻易地获得所需信息来产生所需的图像，即不是记录下我在物理实验室中所做的一切（这不过是静静地躺在虚拟现实生成器中），而是记录下我在虚拟的实验室环境中所做的一切。所以，当我从时间机器中出来的时候，虚拟现实生成器停止营造正午过 5 分的实验室，倒卷它的记录，从正午发生的事情的图像开始，它给我演示这些记录，其场景为适应我现在的位置和观察点而适当调整，而且随着我的移动，它像通常那样不停地重新调整视角。于是，我看见时钟重新显示正午，我还看见自己早先的前身站在时间机器前面读着入口上方的招牌，研究说明文字，正像我 5 分钟前所做的那样。我能看见他，他却看不见我。无论我做什么，他（或者不如说它，我的移动图像）对我的存在不做任何反应，过了一会儿，它走向时间机器。

如果我恰好阻塞了入口，那么我的图像仍然会一直走进来，就像我做的那样，因为如果它不这样，那么它就不是准确的图像了。有许多方法给图像生成器编程，让它处理固体物体的图像必须穿过用户位置的情况。例如，图像可以像幽灵一样径直穿过，或者它强行把用户推开。后一种选择给出的营造更准确，因为图像不仅可见，而且在一定程度上可触摸。当我的图像把我撞到一边时，不论有多么粗鲁，我也不会有受伤的危险，因为我并没有物理地在那儿。如果没有足够的地方允许我让开道，那么虚拟现实生成器可以使我不费力地流过窄缝，或者甚至把我远距传物似的瞬间传过障碍物。

我不仅是不再能影响自己的图像。因为我们已经暂时地从虚拟现实切换到了图像生成，所以我不再能影响模拟环境中的任何东西。如果桌子上有一杯水，我不再能把它端起来喝掉，而在穿过旋转门走进模拟的过去以前，这是可以的。通过限制模拟为非交互的、朝向过去的时间旅行，实际上把它变成了 5 分钟具体事件的回放。我必须放弃对环境的控制，宛如把控制权交给了我的前身。

当我的图像进入了旋转门时，时钟的时间又一次到达了 12 点 5 分，虽然根据我自己的主观感觉，模拟进行了 10 分钟。下一步发生的事情依赖于我的动作。如果我待在实验室中，那么虚拟现实生成器的下一步任务必定是把我置于实验室时间 12 点 5 分后发生的事件中。这些事件还没有任何记录，我也没有关于它们的记忆。相对于我、模拟的实验室和物理实在，这些事件还没有发生，所以虚拟现实生成器可以恢复其完全交互式的营造。最终的结果是，我花了 5 分钟处于过去，无法影响它，然后返回我离开时的“现在”，即返回我能产生影响的正常的事件序列。

或者，我可以跟随自己的图像进入时间机器，随着我的图像绕着机器走，又出现在实验室的过去。会发生什么呢？时钟再次显示正午 12 点。现在我可以看见两个前身的图像。其中之一首次看见时间机器，既看不到我也看不到另一个图像。第二个图像似乎看得到第一个图像，但是看不到我。我则两个都能看见。只有第一个图像似乎能影响实验室的一切。这一次从虚拟现实生成器的角度看，在时间旅行的时候没有发生什么特殊的事情。开关仍然在“关干涉”位置，仅仅是继续回放 5 分钟前（从我的主观角度看）的事件图像，而且现在到了我开始看见自己的图像的时候。

又过了 5 分钟，我还可以选择是否重新进入时间机器，这次有我自己的两个图像作陪（见图 12-2）。如果重复这一过程，那么每经过主观上的 5 分钟就会增加一个我的图像。每个图像都似乎能看见比它早出现（以我的感觉）的所有图像，但是看不见比它晚出现的图像。

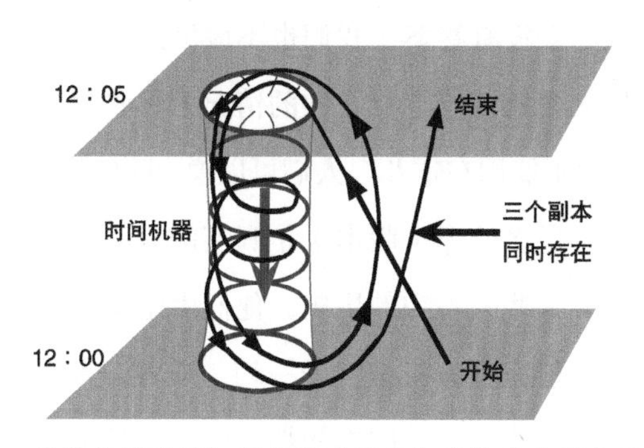

图12–2　重复使用时间机器允许时间旅行者的多个副本同时存在

如果我尽可能长地持续这一体验，那么能够同时存在的我的副本的最大数目将只受限于图像生成器的冲突避免策略。假设它使得我实际上难以和所有我的图像挤进旋转门，那么最终我将被迫不能和它们一道返回过去。我可以等一会儿，进入后面一个隔间，在这种情况下我应该在它们之后到达实验室。但是这仅仅推后了时间机器中的拥塞问题。如果我继续这种循环，最终所有的进入午后 5 分钟阶段的时间旅行“槽”都会被填满，迫使我让自己到达的时间推后,从而再没有办法回到这一阶段。这也是时间机器具有的一个性质，假如它们在物理上存在的话。它们不仅仅是个场所，而且还是一个直达过去的交通容量有限的场所。

时间机器不是交通工具，而是场所或路径，这一事实的另一个结果是人们不能完全自由地选择旅行到什么时间。如本例，人们利用时间机器只能旅行到时间机器已经存在的时间和地点。特别地，人们不可能使用时间机器旅行到它还没有建好的时间。

现在对于从正午到正午过 5 分之间实验室中发生的事件，虚拟现实生成器已经有了许多不同版本的记录。哪一个描绘了真正的历史？这个问题如果没有答案，我们也不应该过于担心，因为它问的是在我们已经人为地抑制了交互性的情况下哪些是真的，这使得约翰逊博士的检验不能用在这儿。人们可以说，只有最后一个版本（即描绘的我的副本最多的那个版本）是真实的，因为以前的版本实际上显示的是这样一些人眼中的历史，他们由于受到人为的非交互性规则的约束而不能完全看见发生的一切；或者，人们可以说，第一个版本（即只包含我的一个副本的那个版本）是唯一真实的，因为它是唯一与我有交互体验的版本。非交互性的全部要点在于：我们临时限制自己不能改变过去。因为后面的版本都与第一个版本不同，所以它们不能描绘过去。它们描绘的只是某人通过通用图像生成器所看见的过去。

人们还可以说,所有版本都一样是真实的。毕竟当一切都结束时，我所记住的不仅仅有那 5 分钟时间内实验室的一个历史，而是好几个这种历史。我一个接一个地体验它们，但是从实验室的角度，它们都发生在同一段5分钟时间内。完全记录我的体验需要对时钟定义的每一个时刻记录实验室的多个瞬像，而不是通常那样每个时刻一个瞬像。换句话说，这是对平行宇宙的营造。事实证明，这最后一个解释最接近真实情况，通过再次做同样的实验，我们可以更清楚这一点。这一次实验把交互开关打开。

关于交互模式（即我可以随意影响环境的模式），我要说的第一件事是，我可以选择发生的事件之一就是我在非交互模式中描述过的事件的准确顺序，即我可以回去遇见我的一个或多个副本而表现得（假如我是一个好演员）就仿佛没看见他们一样。不论怎样，我必须仔细观察他们。如果我想要重建把交互开关关掉时实验中所发生的事件序列，那么我必须记住我的副本们的所作所为，从而使我在后来访问到这一时间时能够自己完成一切。

在这一局的开始，当我首次看见时间机器时，我马上看到它吐出我的一个或多个副本。为什么？因为交互开关开着。当我开始在正午过5分使用时间机器时，我有权利影响返回到的过去，而这一过去就是现在正午正在发生的一切。所以，未来的我或我们正在施展他们的权利，影响正午的实验室，影响我，特别是会被我看见。

我的副本干着他们自己的事。考虑虚拟现实生成器在营造这些副本时必须执行的计算任务，现在有一个新的因素使得这一任务比非交互模式下更困难得多。虚拟现实生成器怎样确定我的副本将要做什么？它还没有这一信息的记录，因为在物理时间中这一局才刚刚开始，但是它必须立刻营造未来的我给我看看。

只要我决心假装看不见这些营造，然后模拟我看见的他们的所作所为，那么他们就不难通过准确性检验。虚拟现实生成器只需要让他们做点什么——任何我能做的事情，或更准确地说是我有能力模拟的任何行为。考虑到我们假设的虚拟现实生成器所基于的技术水准，这一任务应该不会超出它的能力范围。它有我的身体的精确数学模型，一定程度地直接接触我的大脑。利用这些，它可以计算出我能够模拟的某些行为，然后让我的初始营造版本去执行这些行为。

于是我开始实验，看见我的一些副本从旋转门里出来，做着一些事情。我假装不去注意他们，过了 5 分钟，我自己绕着旋转门走一圈，模仿我刚才看见的第一个副本的动作。5 分钟后，我又走一圈，模仿第二个副本，依此类推。同时，我注意到有一个副本总是重复我在第一个 5 分钟时间内所做的事情。在时间旅行结束时，虚拟现实生成器又会有几份午后 5 分钟内发生的事情的记录，但是这一次所有这些记录都是相同的。换句话说，只有一个历史发生了，即我碰见了未来的自己，但是假装没看见。后来我变成了那个未来的自己，向回旅行，碰见了过去的自己，显然未被注意。这一切都是有条不紊、没有矛盾的——也不现实。它能够被实现是由于虚拟现实生成器和我参与了一个复杂的、相互参照的游戏：我模仿它，同时它又模仿我。但是当正常的交互开关打开时，我可以选择不玩这个游戏。

如果我真的有机会接触虚拟现实时间旅行，那么我当然想要检验营造的真实性。在上面讨论的情况中，一旦我看见自己的副本，检验就开始了。我再也不是忽略他们，而是马上与他们交谈起来。检验他们的真实性，我有比约翰逊博士检验尤利乌斯·恺撒的真实性好得多的条件。即使为了通过初始检验，我的被营造的版本实际上也必须是人工智能生命。不仅如此，至少在对外界刺激的反应方面，它必须与我非常类似，使我能够相信，它就是对 5 分钟后的我的准确营造。虚拟现实生成器所运行的程序，其内容和复杂性必须与我的心智相类似。重申一下，这里关心的问题不是编写这样的程序的难度问题：我们探究的是虚拟现实时间旅行的原理，不是其可行性。我们设想的虚拟现实生成器从哪里得到程序无关紧要，因为我们问的是在所有可能的程序中是否包括准确营造时间旅行的程序。但是在理论上，虚拟现实生成器的确有办法发现我在不同情况下的所有可能的行为方式。这些信息在我的大脑的物理状态中，理论上充分精确的测量可以把它们读出来。一种方法（可能是难以接受的）是，虚拟现实生成器使我的大脑在虚拟现实中与测试环境相互作用，记录下它的行为，然后也许通过让它向回运行，恢复到初始状态。这种方法也许是难以接受的，原因是我总会感受这一测试环境，虽然事后我不应该回忆它，但是我想要虚拟现实生成器给我的是我指定的感觉，而不是别的感觉。

无论怎样，就目前需要而言，重要的是既然我的大脑是物理对象，图灵原理说它落在通用虚拟现实生成器的全部本领以内，所以理论上我的副本有可能通过检验，证明他与我足够相似。但是我想要检验的不只是这个，我主要想检验时间旅行本身是否被真正地营造了。为此，我不仅仅想要查明这个人是否是真正的我，而且还要知道他是否真正地来自未来。我可以通过向他提问来部分地检验这一点。他应该说他记得5分钟前处在我的位置上，然后他绕着旋转门走一圈，碰见我。我还会发现他正在检验我的真实性。为什么会这样呢？因为检验他与未来的我的相似度的最严格、最直接的方法就是一直等到我已经通过了时间机器，然后查两件事：第一，我发现的自己的副本的行为是否与我记得的自己的行为一样；第二，我的行为是否与我记得的副本的行为一样。

在这两方面，该营造肯定不能通过检验！我只要表现得与我记得的自己的副本的行为稍稍不太一样就成了。使得他的行为与我的行为不一样几乎同样容易：我需要做的仅仅是问他一个问题，这个问题是我在他的位置上没有被问过且答案很明显的问题。所以，不论他们在外表与个性方面有多么像我，从虚拟现实时间机器中走出来的人都不是我即将变成的那个人的真实营造。他们也不可能是——毕竟，我有强烈的意愿，当轮到我使用时间机器时，我故意表现得与他们不同。因为虚拟现实生成器现在允许我自由地与营造的环境交互，所以没有什么能阻止我完成这一意愿。

总结一下。在实验开始时，我碰见一个人，可以认出来是我，只是稍有点儿不同，这些不同一致地指向他来自未来的特点：他记得午后过 5 分钟的实验室，从我的角度看，这时候还没有出现呢。他记得从那时候出发，穿过旋转门，在正午出来。他记得，在这一切之前，在正午开始这一实验，首次看见旋转门，看见他自己的副本们走出来。他说根据他的主观感觉，这些发生在 5 分钟以前，但是根据我的感觉，整个实验还没有持续 5 分钟，等等。虽然他通过了所有检验，证明确系我来自未来的版本，但是可以证明它不是我的未来。当我检验他是否是我将要变成的那个具体的人时，他就不能通过检验了。类似地，他告诉我，我没有通过检验，证明是过去的他，因为我的行为不完全与他记得的自己的行为相符。

所以，当我旅行到过去的实验室时，我发现这与我刚刚离开的过去的实验室不同。我在那里碰到的我的副本的行为与我记得的自己的行为不完全一样，因为他与我之间存在的交互。所以，如果虚拟现实生成器要记录在这一时间旅行序列中发生的一切，那么它必须为实验室时钟定义的每一个时刻存储多个瞬像，而这一次它们都是不同的。换句话说，在5分钟的时间旅行期间会有多个不同的平行的实验室历史，我轮流经历了其中的每一个历史。但这一次，我是交互地感受它们的，所以没有借口说其中某一个不如其他历史那么真实，所以这里营造的有点儿像多重宇宙。如果这是物理的时间旅行，那么每个时刻的多个瞬像就是平行宇宙。因为有了量子时间概念，我们不会对此感到惊讶。我们知道，那些摞起来大致形成日常经验中的一个时间序列的瞬像实际上是平行宇宙。通常我们感觉不到同时存在的其他平行宇宙，但是有理由相信它们是存在的。所以，如果我们有某种还不知道的办法旅行到过去，那么为什么我们要求这种方法必须把我们的每一个副本都带到它们各自经历过的那个瞬像中去？为什么要求我们接待的来自未来的每一个来访者都必须来自我们最终将要进入的那个未来瞬像？我们的确不应该这么要求。要求允许与过去的环境交互意味着要求改变它，依定义，也就意味着要求处于与我们记忆中的瞬像不同的另一个瞬像中。只有在上面讨论的非常不自然的极端情况下，即在相遇的副本之间没有发生实际的交互，而且时间旅行者设法使所有平行历史相同的情况下，时间旅行者才能回到同一个瞬像中（或者相同的瞬像中，可能都一样）。

现在开始最终测试虚拟现实时间机器。请让我故意设计一个悖论。我形成如上所述的坚定决心：我决定，如果正午时有我的副本从时间机器中出来，那么正午过5分时或者整个实验期间，我不进入机器；但是如果没有人出来，那么正午过5分时我进入时间机器，正午时出来，然后不再使用时间机器。会出现什么结果？是否会有人从时间机器中出来？是，也不是！这取决于我们谈论的是哪个宇宙。记住正午时实验室中发生了不止一件事情。假设我没看见有人从时间机器中出来，如图 12-3 中右边标记为“开始”的点所示，那么按照我的坚定决心，我等到正午过 5 分，然后绕着熟门熟路的旋转门走一圈，正午时出来，我当然会看到另一个我站在图 12-3 左边标记为“开始”的点上。在我们交谈时，我们发现他与我有同样的决心。所以，因为我已经进入了他的宇宙，他的行为将与我的行为不同。按照与我同样的决心，他不再使用时间机器。从这时起，他与我在整个模拟期间可以持续交互，在这个宇宙中会有两个我。在我离开的那个宇宙，12 点 5 分以后实验室仍然是空的，因为我不会再回去了。我们没有碰上悖论，两个我都成功地履行了我们共同的决心。因此，这一决心在逻辑上并非不能实现。

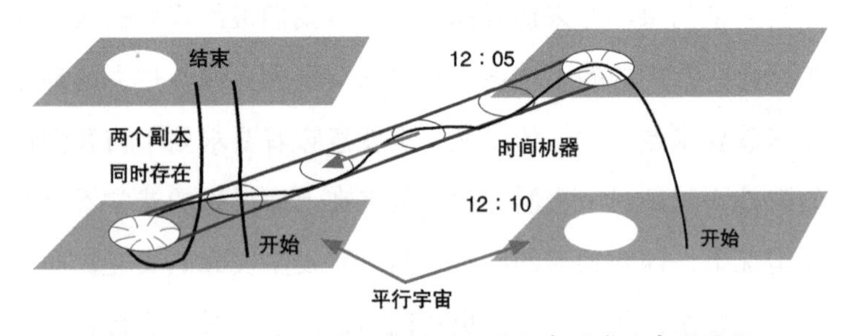

图12-3　想要“设计悖论”的时间旅行者的多重宇宙路径

在这个实验中，我和另一个我拥有不同的经历。他看见有人在正午时从时间机器中出来，而我没看见。如果我们的角色对换，我们的感受会同样地忠实于决心，同样地没有自相矛盾，即我会看见他在正午时从时间机器中出来，然后自己不再使用它。在这种情况下，我们两个最终都会处于我开始所在的宇宙。在他开始所在的宇宙中，实验室仍然空着。

对这两个自洽的可能性，虚拟现实生成器会给我营造哪一个呢？在营造这一本质上多重宇宙过程期间，我只扮演我的两个副本之一，程序营造另一个副本。在实验开始时，这两个副本看起来相同（虽然在物理实在中，他们是不同的，因为只有一个与虚拟环境以外的物理的大脑和身体相连）。但是在实验的物理版本中——如果物理上存在时间机器——包含我的两个即将相会的副本的两个宇宙初始时是完全相同的，两个副本同样真实。在我们相会（在一个宇宙中）或没有相会（在另一个宇宙中）的多重宇宙时刻，这两个副本变得不一样了。问我的哪个副本有哪一种感受是没有意义的：只要我们是相同的，就不存在“哪个”我们这种概念。平行宇宙没有隐藏的编号：它们仅仅依靠它们里面发生的事件来区分。因此，在为了我的一个副本营造这一切时，虚拟现实生成器必须为我创造出存在两个相同副本的效果，随后这两个副本变得不同，具有不同的感受。它通过等概率随机地选择扮演两个角色中的哪一个（因此，考虑到我的意愿，也选择我扮演的角色），能够使这一切确确实实发生。因为随机选择实际上意味着抛掷一个不偏不倚的电子硬币，而不偏不倚的硬币就是在抛掷它的宇宙中有一半宇宙显示“正面朝上”，另一半宇宙显示“背面朝上”，所以在一半宇宙中我扮演其中一个角色，在另一半宇宙中扮演另一个角色。这恰恰就是真正的时间机器中发生的事情。

我们已经看到，虚拟现实生成器准确营造时间旅行的能力依赖于它拥有用户心智状态的详细信息。这可能会使人有点儿疑惑悖论是否已经真的避免了。如果虚拟现实生成器预先知道我要做什么，我真的可以随意完成我选择的任何检验吗？这里我们不需要探讨关于自由意志本质的深入问题。在这个实验中，我的确可以随意做我想做的任何事情，这个意思是说，对于我选择的对模拟的过去的各种可能的反应方式（包括随机方式，如果我想要的话），虚拟现实生成器都允许我以这种方式反应。我与之相互作用的所有环境都受到我的行为的影响，而且反作用于我，其方式恰如没有发生时间旅行时的情况一样。

虚拟现实生成器需要我的大脑的信息，其原因不是为了预测我的行为，而是为了营造我在其他宇宙中的副本的行为。它的问题是，在这种情况的真实版本中会存在我的平行宇宙副本，他们初始是一样的，从而具有与我相同的嗜好，做出相同的决定。（在多重宇宙中更远的地方还存在其他副本，从实验一开始就已经与我不同，但是时间机器永远不会让我碰见那些副本。）如果有其他的方法营造这些人，那么虚拟现实生成器就不需要我的大脑的信息，也不需要我们一直面对的庞大的计算资源。例如，如果有人对我很了解，能够以一定的准确度模仿我（不算外表、口音这一类外部属性，这些是相对容易营造的），那么虚拟现实生成器可以利用这些人扮演我的平行宇宙副本的角色，从而能够以同样的准确度营造时间旅行。

真正的时间机器当然不会面临这些问题。它仅仅提供一些途径，使得已经存在的我和我的副本沿着这些途径能够相会，而且当我们相会时，它既不限制我们的行为，也不限制我们的交互。这些途径彼此联系的方式——时间机器将导向哪些瞬像——将受到我的物理状态的影响（包括我的心智状态）。这与通常情况没有不同。在通常情况下，我的物理状态反映在我对不同行为方式的嗜好中，影响发生的事件。这与日常经验之间的重大区别是，我的每一个副本都潜在地对其他宇宙具有重大影响（通过旅行到这些宇宙中去）。

我们能够旅行到其他宇宙的过去，而不是自己宇宙的过去，这真的等于时间旅行吗？是否应该称为宇宙间旅行而不是时间旅行呢？不是的。我描述的过程的确是时间旅行。首先，事实并非我们不能旅行到我们以前所在的瞬像。如果我们恰当地安排，那么我们就能去。当然，如果我们改变过去的事情，使它不同于我们所在的过去的样子，那么我们会发现自己处于不同的过去。完全成熟的时间旅行会允许我们改变过去。换句话说，它允许我们使过去变得不同于我们记得的样子（在本宇宙中）。意思就是，使它不同于它在我们没有去那里做任何改变的瞬像中的实际的样子。依定义，那些瞬像包括我们记得曾经待过的瞬像。

所以，想要改变我们曾经待过的过去的具体瞬像确实是没有意义的，但是这与时间旅行无关。这是一种直接起源于没道理的经典时间流理论的胡扯。改变过去意味着选择处于哪一个过去瞬像，不是把某个具体的过去瞬像变成另一个瞬像。在这方面，改变过去与改变未来没有不同，后者我们一直在做，每当我们做出选择时都在改变未来：我们改变了它本来要处于的状态，假如选择有所不同的话。这种思想在经典的时空物理中是无意义的，因为它认为唯一的未来是由现在决定的。但是在量子物理中这种思想的确是有意义的。当我们做出选择时，我们就改变了未来，在我们选择的不同的其他宇宙中，它会是另一个样子。但是不论怎样，未来的任何具体瞬像都没有改变。它不能变，因为不存在它改变时赖以参照的时间流。“改变”

未来意味着选择我们将处于哪个瞬像，“改变”过去的意思完全一样。因为没有时间流，所以就不存在改变我们所记得的曾经待过的某个过去瞬像这样的事。无论怎样，如果我们能够设法物理地接触过去，那么我们就没有理由不能改变它，就像我们能改变未来一样，即通过不同的选择决定处于不同的瞬像。

关于虚拟现实的讨论，有助于理解时间旅行，因为虚拟现实概念需要人们认真对待“反事实事件”，因而时间的多重宇宙量子概念在虚拟现实中营造时显得较自然。看到朝向过去的时间旅行落在通用虚拟现实生成器的全部本领范围内，我们知道朝向过去的时间旅行的想法是完全有道理的。但是这不是说它必定在物理上是可实现的。毕竟，超光速旅行、永动机和许多其他物理上不可能的东西在虚拟现实中都是可能的。关于虚拟现实，不论做多少推理都不能证明给定的过程是物理定律允许的（虽然它能证明其是物理上不允许的：如果我们得到相反的结论，那么根据图灵原理，这蕴含着时间旅行在物理上是不可能发生的）。那么，关于虚拟现实时间旅行的正面结论在物理上告诉我们什么呢？

它告诉我们，如果时间旅行的确发生了，那么它会是什么样，它告诉我们朝向过去的时间旅行必定是在几个相互作用且彼此联通的宇宙中发生的过程。在这一过程中，每当参与者在时间中旅行时，他们通常是从一个宇宙旅行到另一个宇宙。宇宙相联的精确方式除了依赖于其他因素以外，还依赖于参与者的心智状态。

所以，要使时间旅行是物理上可能的，就必须存在多重宇宙，而且多重宇宙的物理规律必须保证，在存在时间机器和潜在的时间旅行者的情况下，宇宙以我描述的方式互联，而不是以其他方式互联。

例如，不论发生什么事情，如果我不打算使用时间机器，那么我的时间旅行副本都不能出现在我的瞬像中，即我的使用时间机器的副本所在的宇宙都不能与我的宇宙相联。如果我确实打算使用时间机器，那么我的宇宙必须与我同样确实使用时间机器的另一个宇宙相联。如果我打算设计一个“悖论”，那么我们已经看到我的宇宙必须与另一个宇宙相联，在那个宇宙中我的副本与我有同样的意愿，但是履行这一意愿的结果是使其行为与我不同。奇怪的是，这些恰恰都是量子理论所预言的。一句话，结论是：如果的确存在通向过去之路，那么走在这条路上的旅行者可以随意与其环境相互作用，其方式恰如这条路不通向过去时的情况一样。无论怎样，时间旅行都是自洽的，也没有对时间旅行者的行为附加特别的限制。

这给我们提出一个问题：是否在物理上有可能存在通向过去之路？已经对这一问题开展了大量研究，仍然存在大量争议。通常的出发点是构成爱因斯坦广义相对论（预言性）基础的一组方程，这是目前关于时间和空间的最好的理论。这些方程被称为*爱因斯坦方程*，有许多解，每个解描述时间、空间和引力的一个可能的四维状态。爱因斯坦方程当然允许存在通向过去之路，已经发现许多解具有这一性质。直到最近公认的做法是忽略这些解，但是原因不是源于该理论内部，也不是源于物理学内的论证，而是因为物理学家认为时间旅行好像会“导致悖论”，因此爱因斯坦方程的这些解必定是“非物理的”。这一武断的事后修正使人回想起广义相对论早年发生过的事情，当时描述大爆炸和宇宙膨胀的解被爱因斯坦本人所拒绝。他想要改变方程，使其描述的宇宙是静态的。后来他称这是他一生中最大的错误。宇宙膨胀由美国天文学家埃德温•哈勃用实验证实了。

由德国天文学家卡尔·史瓦西得到的首次描述黑洞的解，许多年来被认为是“非物理的”而被错误地拒绝。它们描述了违反直觉的现象，如理论上不可逃逸的区域以及黑洞中心引力变得无穷大。现在的流行观点是，黑洞确实存在，而且确实具有爱因斯坦方程预言的性质。

严格地说，爱因斯坦方程预言，在巨大的自旋的物体（如黑洞）周围，只要它们自旋得足够快的话，通向过去的时间旅行是有可能发生的，在某些其他情况下也有可能发生。但是许多物理学家怀疑这些预言是否实际。还没有发现自旋得足够快的黑洞，而且有争论（还没有定论）说似乎不可能人工地让它自旋得那么快，因为人们射入的任何快速旋转的物质可能被甩出来，不能进入黑洞。怀疑论者也许是对的，但是至于他们不愿意接受时间旅行的可能性，则源于他们认为这会导致悖论，还没有被证实。

即使更充分地理解了爱因斯坦方程，关于时间旅行问题，它们也没有提供最后的答案。广义相对论早于量子理论，也不与它完全相容。还没有人能够成功地给出令人满意的量子版的相对论——量子引力理论。但是，从我给出的论证中可以看出，在时间旅行中量子效应是主要的。典型的量子引力理论的候选版本不仅允许在多重宇宙中存在朝向过去的关联，而且预言这种关联处于自发地不断形成和破坏的过程中。这一过程在整个时空中发生着，但是仅仅在亚微观尺度上。由这种效应形成的典型通路大约有 10^{-35} 米宽，开放时间为一个普朗克时间（约 10^{-43} 秒），因此回溯到过去仅仅大约一个普朗克时间。

朝向未来的时间旅行，基本上只需要高效的火箭，离现在不算太遥远，在可预见的未来是有信心实现的技术。朝向过去的时间旅行，需要操纵黑洞，或者某种类似的对时空结构的强烈的引力破坏，即使可能也只有在遥远的未来才能实现。目前我们知道没有物理定律不允许朝向过去的时间旅行；相反，现在掌握的物理定律认为时间旅行是可能的。未来基础物理的新发现可能会改变这一点。有可能发现时间机器周围的时空量子波动变得太猛烈，实际上封住了时间机器的入口（比如，斯蒂芬•霍金论证，他的一些计算证明这是有可能的，但是其论证不是结论性的）。或者某种现在还不知道的现象可能会排除朝向过去的时间旅行的可能性，或提供新的更简便的方法实现它。人们无法预测未来的知识增长，但是如果基础物理的未来发展仍然在理论上允许时间旅行，那么实际实现它就肯定变成一个纯粹技术问题，最终会被解决。

因为没有一台时间机器能够提供途径通向在它存在之前的时间，也因为量子理论断定的宇宙互联的方式，所以对于我们利用时间机器能够获得的知识有一些限制。一旦我们建成一台时间机器，而以前没有建成过，我们会看到来自未来的访问者或者至少一些消息从机器中冒出来。它们会告诉我们什么呢？它们当然不会告诉我们关于我们自己的未来的消息。那种噩梦般的预言说无论我们怎样想方设法都无法逃避或必然导致命中注定的未来的大毁灭，这不过是神话和科幻作品的材料。来自未来的访问者不可能比我们更了解自己的未来，因为他们并非来自那里。但是他们可以告诉我们关于他们的宇宙的未来，而他们的过去是与我们相同的。他们可以带来记录新闻的磁带和当前事务的计划，以及从明天开始往后的报纸。如果他们的社会做过某个错误的决定导致了灾难，那么他们可以警告我们。我们可以听，也可以不听他们的建议。如果听从了，那么我们可能会避免这一灾难，或者——无法保证——我们可能会发现结果比他们碰到的还糟糕。

但是平均来看，我们应该从研究他们的未来历史中获益匪浅。虽然它不是我们的未来历史，虽然知道可能临近的灾难不等于知道怎样处置它，但是从这些详细的、从我们的角度看是可能发生的事件的记录中，我们也许会学到很多东西。

来访者可能会带来伟大的科学艺术成就的细节。如果这些成就是在另一个宇宙的不远的将来做出来的，那么有可能在我们的宇宙中存在创造它们的那些人的副本，而且他们可能已经为这些成就而努力了。他们突然看到自己的工作完整地呈现在眼前，会心存感激吗？这里又存在一个明显的时间旅行悖论。由于它似乎不会产生矛盾而仅仅引起好奇，所以在小说中对它的讨论比在反对时间旅行的科学论证中更多（虽然有些哲学家，如迈克尔·达米特认真地考虑过它）。我称之为时间旅行的*知识悖论*。这类故事典型地是这样讲的：一位未来的历史学家有兴趣研究莎士比亚，他利用一台时间机器拜访这位伟大的剧作家，当时莎翁正在撰写《哈姆雷特》。他们有一场对话，期间这位时间旅行者给莎士比亚看了哈姆雷特的那段“生存还是毁灭”的独白内容，这是他从未来带过来的。莎士比亚很喜欢，把它写进了剧本中。在故事的另一个版本中，莎士比亚死了，时间旅行者冒充他的身份，假装写剧本而获得成功，剧本是他悄悄从《莎士比亚全集》中抄下来的，而全集是他从未来带过来的。还有一个版本，时间旅行者因找不到莎士比亚而被困住，通过一些偶然的线索，他发现自己可以假冒莎士比亚剽窃其剧作。他很喜欢这种生活，几年以后他意识到他已经变成了那个莎士比亚：不会有另一个莎士比亚了。

顺便提一句，这些故事中的时间机器必须由某个地外文明提供，他们在莎士比亚时代以前已经掌握了时间旅行技术，而且允许我们的历史学家使用他们珍贵的、不可恢复的一个槽旅行回到那个时代；或者有可能（我猜可能性更小）在某个黑洞附近存在一个可用的、自然产生的时间机器。

所有这些故事都叙述了一串或不如说一圈完全无矛盾的事件。它们之所以令人费解，值得称为悖论，其原因在别的方面。原因是，在每一个故事中，没有任何人撰写就产生了伟大的文学作品：没有人最早写它，没有人创造过它。这一命题虽然在逻辑上是一致的，却与我们关于知识来源的理解之间产生深刻的抵触。根据我在第3章中阐述的认识论原理，知识并非与生俱来就是完备的，它只是作为创造性过程的结果而存在，是一步一步的演化过程，总是从问题出发，伴随着暂时性的新理论、批判和排错而前进，达到新的更好的问题—情景。这就是莎士比亚写他的剧本的方式，是爱因斯坦发现他的场方程组的方式，也是我们大家成功地解决生活中各种大小问题的方式，以及创造价值的方式。

这也是产生新物种的方式。在这种情况中，类比于“问题”的是生态位，“理论”是基因，暂时的新理论是变异的基因，“批判”和“排错”是自然选择。知识由人类有意识的行为所创造，生物适应性由盲目的、无意识的机制所创造。我们描述这两个过程所用的词语是不同的，这两个过程在物理上也不相似，但是支配它们的认识论的详细规律是相同的。在一种情况中它们被称为波普尔的科学知识增长理论，在另一种情况中称为达尔文的进化论。人们也可以形成物种方面的知识悖论。例如，在时间机器中我们把一些哺乳动物带到恐龙时代，那时候哺乳动物还没有进化出来。我们把哺乳动物放出来。恐龙死光了，哺乳动物接任，于是新的物种未经进化就已经存在。甚至更容易看出为什么这一版本在哲学上是不能接受的：它蕴含着非达尔文式的物种起源，尤其是创世说。诚然，这里并没有涉及传统意义上的造物主，但是这个故事中的物种起源显然是超自然的：关于物种对其生态位的具体而复杂的适应性是如何产生的，这个故事没有给出任何解释，并且排除了存在解释的可能性。

于是，知识—悖论情景违反了认识论原理，或者你也可以说它违反了进化论原理。它们是自相矛盾的，只是因为它们涉及无中生有地创造出复杂的人类知识或复杂的生物适应性。关于其他种类的物体或信息的类似的循环故事就不是自相矛盾的。看看海滩上的一颗卵石，然后你旅行到昨天，发现这颗卵石在另一个地方，然后把它移动到你将要发现它的地方。为什么你会发现它在那个位置？因为是你把它移动到那儿的。为什么你把它移动到那儿？因为你发现它在那儿。你已经使得某种信息（卵石的位置）在自洽的循环中存在。但那又怎样？卵石必须待在某个地方。只要这个故事不是为了知识或适应性而涉及无中生有，它就不是悖论。

以多重宇宙的观点看，拜访莎士比亚的时间旅行者并非来自这个莎士比亚副本的未来。他可以影响甚至代替他拜访的这个莎士比亚副本，但是他不能拜访他出发时所在的那个宇宙中存在的那个副本，而写剧本的正是这个副本。所以剧本有真正的作者，故事中不存在想象的那种循环悖论。即使存在通向过去的路径，知识和适应性也只是渐渐产生的，是人类创造性和生物进化作用的产物，而非其他方式产生的。

我希望我可以说这一要求也被支配多重宇宙的量子理论规律所严格贯彻了，我希望如此。但是这是难以证明的，因为难以用现在的理论物理语言表达要求的这一性质。什么样的数学公式能把“知识”或“适应性”与无价值的信息区分开？什么样的物理属性能把“创造性”过程与非创造性过程区分开？虽然我们还不能回答这些问题，但是我认为情况并非不可救药。还记得第 8 章的结论——关于多重宇宙中生命和知识的意义吗？在那里我指出（其原因与时间旅行毫无关系），知识创造和生物进化在物理上是意义重大的过程。原因之一是这些过程也只有这些过程对平行宇宙产生了特殊的效应，即通过使宇宙们变得相似创造出跨宇宙结构。当某一天我们理解了这一效应的细节，也许就能够通过宇宙的趋同性来定义知识、适应性、创造性和进化。

在我“设计悖论”时，最后在其中一个宇宙中有我的两个副本，在另一个宇宙中没有我的副本。一般规则是，在发生时间旅行以后，所有宇宙中我的副本总数是不变的。类似地，通常的有关物质、能量及其他物理量的守恒定律对于多重宇宙这一整体仍然成立，但是在任一宇宙中不一定成立。但是，不存在知识的守恒定律。拥有时间机器会允许我们接触到来自全新源头的知识，即来源于其他宇宙的心智的创造性。他们也可以从我们这里学到知识，所以人们可以不严格地称之为跨多个宇宙的知识“交易”——实际上是购进包含知识的人造物品的交易。但是人们不能太严格地对待这个类比。多重宇宙不会是自由贸易区，因为量子力学定律对于哪些瞬像可以关联到其他哪些瞬像附加了严格的限制。首先，只有在两个宇宙相同的时刻它们才首次相联：它们相联也就使它们开始分离。只有当差异积累起来，而且在一个宇宙中创造了新知识，并在时间上回溯送给另一个宇宙中时，我们才能接收到我们的宇宙还未产生的知识。

思考这一宇宙间知识"交易"的一个更准确的方式是，把所有知识产生过程、整个文化与文明以及每一个人心智中的全部思维过程，还有整个进化中的生物圈想象成一个巨大的计算，整体运行着一个自驱动、自生成的计算机程序。更具体地，如我已经提到的，这是一个正在营造着一切存在事物的虚拟现实程序，其精确度不断增长。在其他宇宙中，有其他版本的虚拟现实生成器，有些相同，有些很不一样。如果这种虚拟现实生成器接触到时间机器，它就能够收到它在其他宇宙中的副本完成的一些计算结果，只要物理定律允许必要的信息交换。从时间机器中获得的每一条知识都能在多重宇宙中的某个角落找到其原创者，但是可能有益于数不清的各种宇宙。所以，时间机器是一种计算资源，允许某些类型的计算以极高的效率运行，比在任何单个计算机上的效率高得多。它获得这种效率实际上是通过把计算任务分摊给自己在不同宇宙中的副本去完成的。

在没有时间机器的情况下，宇宙间几乎没有什么信息交换，因为在这种情况下物理定律预言它们之间没有什么因果联系。在良好的近似程度内，一组相同瞬像中创造的知识几乎不能到达其他瞬像，即那些组成前一组瞬像的未来时空的瞬像。但这只是一种近似。干涉现象是邻近宇宙间因果联系的结果。在第 9 章中已经看到，即使这种细微的联系也能用来在宇宙间交换有意义的、计算上有用的信息。

关于时间旅行的研究提供了一个舞台，虽然目前只是一个理论上的、思想实验的舞台，但从中可以明显地看出我所谓的“四大理论”之间的某些联系。所有四大理论在解释时间旅行时都扮演了重要角色。时间旅行可能在某一天实现，也可能无法实现。但是如果能实现，它应该不会要求根本改变世界观，至少对于那些与本书所阐述的世界观有广泛共识的人是这样。它可能建立的过去与未来之间的所有联系都是可理解的、无矛盾的。它所要求的、表面上无联系的知识领域之间的联系，无论怎样都是存在的。

术　语

时间旅行：只有朝向过去的时间旅行才真正值得用此名。

朝向过去：在朝向过去的时间旅行中，对于外部时钟和日历定义的同一时刻，旅行者主观上相继多次感觉到。

朝向未来：在朝向未来的时间旅行中，旅行者到达后来的时刻，其主观感觉的时间要比外部时钟和日历定义的时间短。

时间机器：一种使用户能够旅行到过去的物理对象。最好把它想成场所或通路，而不是交通工具。

时间旅行悖论：如果时间旅行是可能的，则是由时间旅行者所带来的表面上不可能的情形。

祖父悖论：一个悖论，说一个人旅行到过去，然后阻止自己这么做。

知识悖论：一个悖论，说通过时间旅行，知识从无中诞生。

小　结

时间旅行有可能在某一天实现，也可能无法实现，但是它并非悖论。如果某人旅行到过去，他仍然具有正常的行动自由，但是一般最后会处于另一个宇宙的过去。时间旅行研究是一个理论研究领域，所有四大主要理论在其中都很重要：量子力学，带来了平行宇宙和量子时间概念；计算理论，因为虚拟现实和时间旅行之间的联系，也因为时间旅行的显著特点，可以作为新的计算模式来分析；认识论和进化论，因为它们限制了知识产生的方式。

这四大理论不仅作为真实世界结构要素相互关联，而且在这四大知识领域之间还存在显著的相似性。所有四个基本理论都有不寻常的境遇，被这些领域中从事研究的大多数人同时既接受又拒绝，既依赖又怀疑。

第13章　四大理论

人们普遍对科学历程持有这样一种成见：年轻的理想主义革新派和科学“当权派”的老顽固们进行着针锋相对的斗争。老顽固们墨守成规，既是正统观念的捍卫者又是它的俘虏，对任何挑衅行为都勃然大怒。他们表现得很不理智，拒绝听取任何批评，忙于辩论或接受证据，总是试图压制革新派的思想。

托马斯•库恩写过一本很有影响的书《科学革命的结构》，将这种成见上升到哲学高度。库恩认为，科学当权派由其成员对所有主流理论的共同信念所定义，这些主流理论共同形成一个世界观，又称范式（paradigm）。一个范式是一个心理的和理论的框架，其信奉者通过这套框架来观察并解释自己感受的一切。（在任何合理的自成一体的知识领域，例如物理学内部，人们也可以讨论该领域的“范式”。）一旦任何观察结果似乎违背了有关范式，其信奉者就干脆视而不见，当面对证据时，他们被迫把这看成是“反常”、实验误差、舞弊——任何东西都行，只要允许他们保持范式不受侵犯。所以库恩认为，欢迎批评、不轻易接受理论、实验检验的科学方法以及一旦被驳倒时大胆抛弃主流理论的态度，这一切科学价值观基本上是神话，当处理重大科学问题时人是不可能做到的。

库恩承认，对非重大的科学问题，的确会发生某种意义上的科学历程（如我在第3章中所说的），他认为科学在“常规科学”和“革命性科学”两种时代中交替前进。在常规科学时代，几乎所有科学家都相信主流的基本理论，并竭尽全力将他们的观察结果和次要理论纳入这一范式。他们的研究包括对理论的边边角角进行修修补补、改进理论的实际应用、分类、重述、证实。在可行的情况下，他们也可以用一下波普尔意义上的科学方法，但是他们不会做出基本发现，因为他们从未质疑基本问题。这时来了几个年轻的捣乱分子，他们否认现有范式的一些基本信条。这并不是真正的科学批评，因为捣乱分子也经不起理性推敲，他们仅仅是通过一个新的不同的范式来看这个世界。他们是怎样获得这一范式的？由于积累的证据造成的压力，在旧范式下的解释非常生硬，终于使他们明白过来。（还算不错吧，虽然在假设一个人无视证据的情况下，很难看出他怎么会屈从于证据的压力。）但不管怎样，“革命性”科学时代从此开始。而大多数人仍在旧范式里从事常规科学研究，他们采用各种正当或不正当的手段进行反击：干预出版，从学术职位上排斥异己，等等。异见者设法寻找出版途径，他们嘲笑老顽固们并试图渗入有影响力的研究机构。新范式的解释能力，从它自己的角度来说（从旧范式的角度，它的解释显得荒诞，不令人信服），足以吸引来自无拘无束的年轻科学家阶层的新人。两方都可能有背叛者。一些老顽固死了。最终一方战胜了另一方。如果异见者赢了，他们就变成了新的科学当权派，像当年的老当权派一样，他们也会盲目地捍卫他们的新范式；

如果异见者输了，他们就变成了科学史的一条脚注。不论怎样，“常规”科学又恢复了。

库恩的这一科学历程观点，对许多人来讲似乎很自然。它似乎用我们都熟悉的日常人类属性和冲动解释了为什么科学迫使现代思想不断接受刺激发生改变，如根深蒂固的歧视和偏见，对自己的错误视而不见，利用既得利益压制异见，渴望平静的生活，等等；相反，年轻人容易有叛逆精神，追求新奇，乐于犯禁，争夺权力。库恩思想的另一个吸引人之处是他揭穿了科学家的底细，他们不再是崇高的真理追求者，用猜想、批评和实验验证这些理性方法来解决问题，不断创造更好的对世界的解释。库恩揭露他们不过是两军对垒，为了争夺领土控制权而进行无休无止的明争暗斗。

范式思想本身是无懈可击的。我们的确是通过一组理论来观察并理解世界的，这组理论构成了一个范式。但是库恩的错误在于认为持有一种范式就会使人对另一种范式的优点视而不见，或者阻碍人们转换范式，或者使人不能同时理解两种范式。（关于这个错误的更广泛深入的讨论，参见波普尔的《框架的神话》。）诚然，如果在旧理论的概念框架中评估新的基础理论，我们有可能低估或完全漠视了新理论的解释能力，这个危险总是存在的。但这只是一个危险，只要我们足够小心，保持理性的正直，它是可以避免的。

的确，包括科学家在内的人，尤其是那些掌握权力的人容易对现行做法心存依恋，当自己对旧理论感觉良好时就会对新思想持怀疑态度，这是事实。没人能说所有科学家在评判思想时都表现出同样的严谨理性。盲目忠实于已有范式的确是科学争论的常见原因，正如其他领域一样。但是作为科学历程的描述或分析，库恩的理论存在致命的缺陷。它用社会学或心理学的语言解释了从一个范式到另一个范式的更替，而非主要关注于竞争性解释的客观优点。除非把科学理解为寻求解释的过程，否则无法理解为什么科学不断找到新的解释，而且每一个解释在客观上都比前一个更好这个事实。

因此，库恩被迫断然地否认了在连续的科学解释间存在客观上的进步，甚至否认这种进步在理论上的可能性。他写道：

许多科学哲学家希望走这一步，而我却反对。即他们希望把理论作为对自然的表示，作为关于“真实存在的事物”的陈述而加以比较。即使历史上两个理论都不是真理，他们仍然企图为后者比前者更接近真理寻求意义。我认为找不到这种东西。（拉卡托斯、马斯格雷夫编：《批判与知识增长》）

因此，在库恩的理论体系中，客观的科学知识的进步是不能解释的。在库恩看来，用自己的范式看自己的解释比前一个更好，这毫无益处。它们的客观区别是存在的。我们现在能够飞行，然而在大部分人类历史长河中，人们只能梦想飞行。古人不会无视我们飞行器的效力，只是因为在他们的范式里，他们无法想象出飞行器是怎么飞的。我们能飞行的原因在于我们充分理解了“真实存在的事物”，足以制造出飞行器。古人造不出来是因为他们的理解在客观上逊于我们的理解。

如果将科学进步的客观现实嫁接到库恩的理论上，那就意味着全部基本创新都归功于少数破旧立新的天才。科学界的其他人等虽有一定用处，但是在重大问题上，他们只是阻碍了知识的进步。这个浪漫的看法（经常独立于库恩的思想被单独提出来）也不符合实际。的确有单枪匹马使整个科学发生革命的天才，如本书中提到的几个人——伽利略、牛顿、法拉第、达尔文、爱因斯坦、哥德尔、图灵。但总的来讲，这些人仍然通过正常的工作、发表著作得到承认，尽管不可避免地面临墨守成规和趋炎附势的人的反对。（伽利略被陷害了，但不是被反对的科学家所陷害。）虽然大多数的确遇到了非理性的反对，但是没有一个遵循了“反传统斗士大战科学当权派”的模式。大多数通过与坚持旧范式的科学家交流得到了有益的收获和支持。

有时候我会发现自己在基础科学争论中属于少数派，但是我从来没有遇到过库恩描述的那种情况。当然，就像我说过的，科学界的大多数人并不总是十分坦然地面对批评，离理想的境界还有距离。然而，在从事科学研究时，他们恪守着“正当的科学规范”，这一点还是极其显著的。你只要参加过“难”科学基础领域的讨论班，就可以看到研究员的表现和普通人的表现是很不一样的。假设在讨论班上我们看到一个博学的教授、整个领域公认的学术带头人在作报告，讨论班里坐满了来自学术研究各个阶层的人，从刚涉足这一领域仅几个星期的研究生到与主讲人声望匹敌的教授。学术等级是一个复杂的权力结构，与一个人的职业生涯、影响力和声望始终利害攸关，如同政府内阁或公司董事会一样，甚至有过之。但是只要讨论班继续进行，你会很难区分参加者的等级头衔。资历最浅的研究生提出一个问题：“你的第三个方程真的是从第二个方程导出的吗？你省略的那一项肯定是不能忽略的。”教授肯定那一项是可以忽略的，学生的判断是错的，有经验的人是不会犯这种错误的。那么下面会发生什么呢？

在类似的情形下，一个有权势的总经理在自己的商业决策受

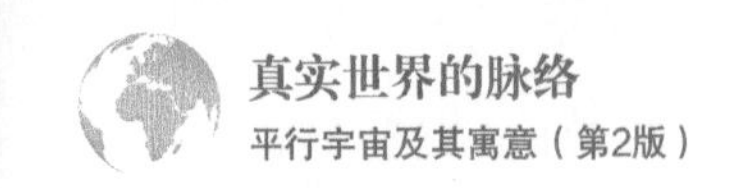

到狂妄的新人挑战时，他可能会说：“听着，我做的决策比你吃的饭还多，我说这个方案行，那就是行！”一位资深政治家面对来自一个野心勃勃的无名党员的批评时，他可能会说：“你的屁股到底坐在哪一边？”即使我们这些教授，在非研究场合（比如给本科生上课）也可能盛气凌人地说：“你最好先学会走，再学跑。好好读课本，不要浪费自己和我们大家的时间。”但是在学术讨论班里，这种对批评的回应会引起一阵尴尬窘迫的气氛，人们会转移目光，假装忙于研究笔记，也可能会假笑或斜瞟，所有人都会震惊于这种完全不合适的态度。在这种情形下，即使是在全领域最资深的人教训最资浅的人的时候，迎合权威（至少是公开的）也是完全不可接受的。

所以，这位教授会认真对待学生的问题，并以简洁而充分的论证来捍卫引起争议的方程。教授尽量不表现出对这种来自低级别人士的批评所感到的厌烦。下面人提出的大多数问题如果成立的话，会削弱甚至完全否定教授一生的工作价值。但是将公认的真理曝光于各种激烈的批评意见之下，恰恰是举办讨论班的目的之一。每个人都知道真理并非明显的，而明显的不一定是真理。思想是被接受还是抛弃，依据的是其内容而非来源。最伟大的头脑也可能犯轻率的错误，而看起来最不起眼的反对意见也许正是伟大的新发现的钥匙。

所以当讨论班的参加者沉浸在科学中时，他们的确在很大程度上表现出科学理性。但是一旦讨论班结束了，让我们跟随这群人走进餐厅，就会发现他们立刻恢复了人的社会行为常态。教授受到敬重，和地位相当的人坐在同一餐桌，挑选的几个低级别的人也被允许陪坐在同一餐桌。话题转向天气、闲谈或者（尤其是）学术政治。只要谈起这些话题，所有普通人在类似场合下常见的武断和偏见、傲慢和忠诚、威胁和谄媚都会重新抬头。但是如果话题碰巧转向讨论班的主题，科学家们会马上恢复成为科学家了。他们又开始寻求解释，证据和论证主导一切，级别变得与讨论过程无关。这至少是我在自己研究领域中的体会。

尽管量子理论发展史上出现过很多例科学家非理性地顽固坚持所谓的“范式”，但我们很难给库恩的范式更替理论找到更显著的反例了。量子理论的发现无疑是一次概念革命，也许是自伽利略以来最伟大的革命，的确也有一些“老顽固”永远不肯承认它。但是物理学界的主要人物，包括几乎所有那些被认为是物理学当权派的人物，全都马上准备放弃传统范式。大家很快就取得了共识，即新理论要求与关于真实世界结构的传统概念彻底分道扬镳，唯一的争论是关于新概念到底是什么。过了不久，物理学家尼尔斯·玻尔和他的“哥本哈根学派”确立了新的正统观念。这一新的正统观念虽然得到大多数物理学家的公开赞成（爱因斯坦是一个著名的例外），但是它从未被广泛地认同为*真实世界的描述*，不足以称为范式。引人注意的是，它的中心命题不是新的量子理论真实地反映了客观实在；相反，它的基础恰恰是量子理论，至少以它目前的形式，是错误的！根据“哥本哈根解释”，量子理论方程只适用于物理实在未观察到的那些方面。在观察的一刹那，马上换成了另一种物理过程，这个过程涉及人类意识和亚原子物理过程之间的直接相互作用。意识的某一具体状态变成为真实的，而其他状态仅仅是可能的。哥本哈根解释仅仅粗略地勾勒了这一宣称的过程，把更详尽描述的任务留给后人，要不然就是人类永远无法理解。至于穿插在有意识观察之间的没有观察到的事件，则是“不允许发问”的！处于实证主义和工具主义全盛时期的物理学家们怎能接受这样一种不实在的构造作为基础理论的正统呢？这个问题只能留给历史学家了。我们在这里不需要关心哥本哈根解释的神秘细节，因为它的动机本质上是在回避实在是多值的这一结论，单凭这一点，它就与任何量子现象的真正解释不相容。

20 多年以后，休•埃弗里特（当时是普林斯顿大学的研究生，他的导师是杰出的物理学家约翰•惠勒）首先提出量子理论蕴含了多重宇宙的存在。惠勒并不接受这个看法，他当时（现在仍然）认为玻尔的观点是正确解释的基础，虽然还不完善。但是惠勒是不是表现得像库恩描述的那样呢？他是不是设法压制学生的异端想法呢？没有！相反，他怕埃弗里特的新思想得不到充分重视，所以亲自写了一篇短文，与埃弗里特的论文共同发表在《现代物理学评论》上。惠勒的论文解释并有力地捍卫了埃弗里特的想法，以至于许多读者以为这个观点是他俩共同提出的。因此，多重宇宙理论多年来被误写为“埃弗里特—惠勒理论”，这使惠勒非常苦恼。

惠勒执着坚持科学理性的事例可能有点儿极端，但这决不是唯一的。在这点上我必须提及另一位杰出的物理学家布赖斯•德威特，他原先是反对埃弗里特观点的。德威特在与埃弗里特的有历史意义的通信中，对埃弗里特的理论提出了一连串详细的技术反驳，但都被埃弗里特一一驳回。德威特在辩论最后写了一篇非正式短信，指出每次他做决定的时候，感觉不到自己“分裂”成多个不同的副本。埃弗里特的回答颇似当年伽利略和宗教法庭的辩论。“你感觉到地球在动吗？”他问道。要点就是量子理论解释了为什么人感觉不到这样的分裂，正如伽利略的惯性理论解释了为什么人感觉不到地球的运动一样。德威特认输了。

尽管如此，埃弗里特的发现并没有得到广泛接受。不幸的是，在哥本哈根解释之后和埃弗里特解释之前的那一代人里，大多数物理学家放弃了寻找量子理论解释的想法。我说过，那是科学哲学上实证主义盛行的时期。典型的物理学家对有史以来最深刻的物理实在理论的态度变成为（现在仍然是）：拒绝接受（或不理解）哥本哈根解释，伴之以所谓的*实用工具主义*态度。如果工具主义是一种教义，认为理论仅仅是为了做出预言的“工具”，因而解释是无意义的，那么实用工具主义就是一种实践，它使用科学理论，却不知道也不关心理论的含义。就这点而言，库恩关于科学理性的悲观主义是被证实了。但是库恩所讲的关于新范式如何替代旧范式的过程却完全没有被证实。在某种意义上，实用工具主义本身变成为“范式”，物理学家采用它代替传统的客观实在思想。但是这不是那种人们用来理解世界的范式！总之，不管物理学家做什么，他们看待世界的方式再也不是通过经典物理范式了，即那种客观实在论和决定论的缩影。自从三百多年前，伽利略在与宗教裁判所的理性辩论中赢得了胜利以来，经典物理范式席卷了整个科学领域，从未遇到挑战。尽管如此，大多数物理学家几乎是在量子理论提出伊始就放弃了经典范式。

实用工具主义之所以可行，仅仅是因为在大多数物理学分支中，量子理论并没有应用它的解释能力。它只是被间接地应用于检验其他的理论，而且只用到它的预言能力。因此，一代代物理学家发现，只要将干涉过程（如两个基本粒子碰撞时千万亿分之一秒间发生的过程）看作一个“黑箱”就足够用了：给它一个输入，就观察到一个输出。物理学家们根据量子理论方程从输入预言输出，但是他们既不知道也不关心输出作为输入的结果是怎样得到的。然而，物理学里有两个分支不能采取这种态度，因为它们的整个目的就是研究量子力学实体的内在工作方式。这两个分支就是量子计算理论和量子宇宙学（将物理实在看作一个整体的量子理论）。毕竟，如果“计算理论”不研究输出是如何从输入得到这个问题的，那就必定是拙劣的！至于量子宇宙学，我们既不能在多重宇宙的开端提供输入，也不能在其终点测量输出，它的内在工作方式就是存在的一切。因此，这两个领域的绝大多数研究人员采用的是完整的多重宇宙形式的量子理论。

埃弗里特的故事的确是富于创新的年轻人挑战主流的一致观点，而且基本上被忽视的故事。几十年以后，他的观点才逐渐成为新的一致观点。但是埃弗里特创新的基础并不是说主流理论是错误的，而是说它是正确的！当权者只是把他们自己的理论当成工具来使用，远远不能只从这个理论的角度来思考问题，也拒绝这么思考。然而以前是一旦有了更好的理论，他们马上就放弃了旧的解释范式——经典物理学，一点儿不觉得难受。

在构成真实世界结构的解释的另外三个主要理论——计算理论、进化论和知识论中，也出现了同样的奇怪现象。在这些领域，现在主流的理论虽然已经取代了其前任和其他竞争理论，即它已经以实用的方式被常规地应用起来了，但是却没有被接受为新的“范式”，就是说这些领域的工作人员还没有把它们理解为真实世界的基本解释。

以图灵原理为例，几乎没有人怀疑过它是实用真理，至少没有怀疑其弱形式（例如通用计算机能够营造任何物理可能的环境）。彭罗斯的批评是罕见的例外，因为他明白与图灵原理相对抗需要在物理学和认识论两方面都构想全新的理论，还需要关于生物学的有趣的新假设。彭罗斯和其他所有人实际上都还没有对图灵原理提出任何可行的对立原理，因此图灵原理仍然是主流的计算理论基础。但是该主流理论的简单逻辑结论（即人工智能）在理论上是可能的这一命题却完全不是显而易见的。（人工智能是具有人类心智属性的计算机程序，它具有智能、意识、自由意志和感情等，但它运行在硬件上,而不是运行在人脑中。）人工智能的可能性在知名的哲学家（不幸，包括波普尔）、科学家、数学家以及至少一位杰出的计算机科学家中间爆发过激烈的争论。但是那些反对者中几乎没有人意识到自己正在和一门基础学科的公认的基本原理相对抗。他们没有像彭罗斯那样为这门学科想出另一个可替代的基础。这就好像是他们否认我们旅行到火星的可能性，却没注意到我们最好的工程学和物理学理论都在说我们能做到。这样他们就违反了一条基本的理性原则：好的解释切莫轻易丢掉。

但是不仅仅人工智能的反对者没有将图灵原理纳入自己的范式，其他人也是一样。图灵原理提出40多年后才有人研究它对物理学的寓意，又过了十几年才发现了量子计算，这个事实就足以说明这一点。人们在计算机科学中接受图灵原理并在实际中使用它，但却没有将它融入整个世界观。

在所有实用的意义上，波普尔的认识论已经成为关于科学知识的本质和增长的主流理论。当一个领域的实验要被该领域的理论家接受为“科学证据”，或者被有名望的期刊接受发表，或者被医生用来选择不同治疗方案时，它们的指导原则都采用现代的口号，也就是波普尔的格言：实验检验、接受批评、理论解释以及承认实验过程是易错的。在科学通俗报导中，科学理论更多地表现为大胆的猜想，而不是从积累的数据中推理出来，科学和（比如）占星术之间的区别也能够正确地用可检验性而不是确认的程度来解释。在学校实验室里，“形成假设并用实验验证”已经蔚然成风。学生们不再像我和我的同代人那样“通过实验学习新知”了。那时候，老师给我们提供仪器，告诉我们做什么，但是不告诉我们实验结果应该遵从什么理论，而是希望我们自己归纳出这样的理论。

尽管波普尔的认识论成为这个意义上的主流理论，但是几乎没有人把它当作世界观的一部分。库恩的范式更替理论的流行就表明了这一点。更严重的是，几乎没有哲学家同意波普尔的这一观点，即不存在“归纳问题”，因为我们事实上不是通过观察获得或证明理论的，而是通过解释性的猜想和反驳来推进的。这并不是因为许多哲学家是归纳主义者，或者非常不同意波普尔对科学方法的描述和规定，或者认为科学理论因其猜想的地位而是不可靠的，而是因为他们不接受波普尔对事物运行方式的解释。你看，埃弗里特的故事又重演了。尽管科学（不管在哪里成功）总是遵循波普尔方法论，大多数人的观点仍然认为波普尔方法论存在基本的哲学漏洞。波普尔异端学说总是声称它的方法论自始至终正确有效。

达尔文进化论在其领域也是主流理论。没有人认真地怀疑过，通过自然选择、利用随机变异作用于种群的进化，是“物种的起源”，通常也是生物适应性的起源。严肃的生物学家和哲学家都不会相信物种起源的神创论或拉马克进化论。（拉马克主义是一种被达尔文主义取代的进化论，是进化论中的归纳主义。它将生物适应性归因于生物体对生命过程中经过努力奋斗而后天获得的特征的继承性。）然而正如其他三大理论一样，反对将纯粹达尔文主义当作生物圈里各种现象的解释的声音屡见不鲜。一类反对意见围绕这个问题：仅仅通过自然选择，生物圈的历史是否有足够长的时间让如此庞大的复杂性演化出来？这种反对意见没有得到任何可靠的对立理论的支持，除了天文学家弗莱德•霍伊尔和钱德拉提出的一个假设的想法，即作为生命基础的复杂分子来源于外太空。但是这种意见与其说是反对达尔文模型，还不如说它认为在我们观察到的生物圈内的适应性的起源方面，还有些基本问题仍没得到解释。

达尔文主义曾被批评为自我循环，因为他引用“适者生存”作为解释，而“适者”又反过来被定义为那些生存下来的。另一方面，如果独立定义“适者”的话，那么进化“偏爱适者”的想法似乎并不符合事实。例如，生物适应性最直观的定义是“物种在特定生态位的生存适应性”，在这个意义下，老虎可以被认为是占据其生态位的最优机器。对这种“适者生存”的标准反例是一些适应性，如孔雀的尾巴，它似乎使孔雀更不适应于利用它的生态位。这些反对意见似乎削弱了达尔文理论实现初衷的能力，即解释生物体表面上的“设计”（即适应性）是如何由“盲目”的物理定律作用在无生命物质上而产生的，无需一个有目的的“设计者”干预。

理查德•道金斯的创新在于重申主流理论依然是正确的，这体现在他的两部书《自私的基因》和《盲人钟表匠》里。他认为目前对原汁原味的达尔文模型的反对意见没有一个经过仔细推敲有任何真材实料。换句话说，道金斯认为达尔文的进化论的确对生物适应性的起源给出了全面的解释。他以现代的复制子理论的形式详细阐述了达尔文理论。能够让自己在给定的环境下得到最好复制的复制子最终将取代所有的变种，因为根据定义，这些变种不能像它那样好地复制自己。存活下来的并不是最适应的物种变种（达尔文自己还没太明白这点），而是最适应的基因变种。这样导致的一个后果是，有时一个基因取代其他基因变种（例如较小尾巴的孔雀基因）的方式（例如生殖选择）不是特别有利于物种或生物个体，但是整个进化符合最佳复制基因的“利益”（即复制），所以有“自私的基因”之说。道金斯详细地反驳了每一条反对意见，证明达尔文理论在正确解释下并没有他们宣称的漏洞，的确解释了适应性的起源。

道金斯版的达尔文理论才是实际意义上的主流的进化理论，但是它远未成为主流的范式。许多生物学家和哲学家仍然疑神疑鬼地觉得这个解释中存在基本的缺陷。比如，就像库恩的“科学革命”论挑战波普尔的科学观一样，存在相应的演化理论挑战达尔文的进化观。这就是*点断平衡理论*（the theory of punctuated equilibrium），它认为进化发生在短促时间内，相邻两次之间相隔以长期无选择的变化。这一理论甚至有可能是符合事实的。实际上它和“自私的基因”理论并不矛盾，正如波普尔的认识论与认为“概念革命不是每天都发生”或者“科学家经常拒绝根本性创新”这样的观点并没有多大矛盾一样。但是正如库恩的理论一样，点断平衡理论以及其他各种演化模式的提出原本是为了解决主流进化论中所谓的被忽略的问题，结果却暴露出达尔文理论的解释能力还没有被充分理解。

作为主流理论，被普遍拒绝接受为解释，而目前又没有认真的对立解释存在，这对于所有四大理论来说有一个非常不幸的结果，那就是这些主流理论的提出者——波普尔、图灵、埃弗里特、道金斯以及他们的支持者——发现自己总是在和过时的理论进行辩论。波普尔和他的大多数批评者之间的争论其实就是关于归纳问题（在第3章和第7章中讨论过）。图灵在他生命的最后几年实际上是在捍卫这个主张，即人脑的运转方式并不是超自然的。埃弗里特在科研工作没有进展后离开了研究领域，多重宇宙理论几乎是由德威特单枪匹马地支持了几年，直到20世纪70年代，量子宇宙学的进展迫使它在本领域实际应用中被接受了。但是反对将多重宇宙理论作为解释的人们几乎没有发展出对立解释。（我在第4章提到的波姆的理论是一个例外。）相反，正如宇宙学家丹尼斯•夏默曾评论道："每当谈到怎么解释量子力学时，辩论水平顿时降为零。"多重宇宙理论的倡导者经常面对一种对哥本哈根解释的执拗而又不合逻辑的向往，然而几乎没有人还继续相信它。最后，道金斯不知怎么变成了科学理性的知名捍卫者，他反对神创论，反对自伽利略以来早已过时的前科学世界观。最令人沮丧的是，我们关于真实世界结构的最好的理论的倡导者们不得不花大量的智力和精力于琐碎地反驳、再反驳那些早已证明是错误的理论，而无暇改进我们最深刻的理论；否则，图灵或者埃弗里特就可以轻易地发现量子计算理论了，波普尔可能已经详细阐明了科学解释理论。（公平地讲，我得承认波普尔的确理解并详细阐述了他的认识论和进化论之间的某些联系。）道金斯也可能早已发展出他自己的思想复制（拟子）进化理论了。

直截了当地说，作为本书主题的真实世界结构的统一理论仅仅是这4个各自领域的主流基本理论的结合。在这一意义上，它也是把那4个领域作为一个整体的“主流理论”。这4个理论之间的一些联系甚至已经得到广泛承认了。因此，我的论点也具有“主流理论终究是正确的”这种形式。我不仅主张把每个基本理论认真地看作各自主题的解释，而且认为把它们组合起来看，它们使我们对统一的真实世界结构的解释水平达到新的高度。

我还认为，这四大理论没有一个能独立于其他三个理论而得到正确的理解。这也许就是为什么这些主流理论至今没能说服人的原因。所有这四大解释有一个共同的不令人待见的性质，即“理想化和不切实际”，“狭隘”或“幼稚”，以及“冷血”、“机械”、“缺乏人性”。这招致了各种各样的诟病。我相信这些批评背后的情感中有一定的真实性。例如，有些人否认人工智能的可能性，结果发现自己实际上否认了大脑是一个物理实体，这些人中有一些其实只是要表达一种更加理性的批评：图灵关于计算的解释似乎（甚至在理论上）没有为将来用物理术语解释意识和自由意志这些精神属性留下余地。这样的话，人工智能热衷者就不太好唐突地反驳道：“图灵原理保证了计算机能做人脑能做的一切事！”当然这样反驳是对的，但是这个回答是就预言而言，而问题是关于解释的。这里存在一个解释缺陷。

我认为要想填补这个缺陷，非得引入其他三大理论不可。现在，如我说过的，我猜大脑是传统计算机，而不是量子计算机，所以我认为不应该把意识解释成某种量子计算现象。然而我认为，计算和量子物理的统一，或许是更广泛的所有四大理论的统一，是基础哲学的进展所必需的，这一进展最终将导致对意识的理解。为了避免读者觉得这太莫名其妙，让我拿“生命是什么”这个早年的问题进行类比。这个问题是被达尔文解决的。解决的要义在于理解：生物体表面上看来复杂和有目的的设计并不是一开始就创造于物理实在中的，而是物理定律作用的涌现结果。物理定律像造物主一样，并没有特别规定大象和孔雀的形状，没有提及输出尤其是涌现的结果是什么样。物理定律仅仅规定原子这类东西相互作用的规则。将自然法则看作一组运动定律的观念是近代才出现的事。我认为这特别要归功于伽利略，部分地归功于牛顿。以前的自然法则观念是法则规定发生的现象，例如开普勒的行星运动定律描述了行星怎样沿椭圆轨道运动。这与牛顿定律完全不同，后者是现代意义上的物理定律。它并没有提到椭圆轨道，但是在适当条件下，它能够重现（并校正）开普勒的预言。用开普勒的“物理定律”观念是不可能解释生命是什么的，因为那样一来，人们就必须寻找能规定大象的定律，正如开普勒定律规定椭圆轨道一样。但是达尔文却能够探究没有提及大象的自然法则怎么能够产生出大象，正如牛顿定律产生出椭圆轨道一样。虽然达尔文没有用到任何一条牛顿定律，但是没有牛顿定律背后的世界观，达尔文的发现会是不可思议的。我认为关于“意识是什么”这个问题的解决依赖于量子理论，其意义也在于此。它不会援引任何具体的量子力学过程，但是它会严重地依赖于量子力学世界观，尤其是多重宇宙世界观。

我的证据是什么？我已经在第 8 章中给出过一些证据，那里我讨论过多重宇宙的知识观。虽然还不知道意识是什么，但是我们知道它与大脑中知识的增长和表示有很明显的密切联系。在我们能用物理语言解释知识之前，似乎是不可能解释意识是什么物理过程的。这样的解释在传统计算理论中是令人困惑的，但是正如我解释过的，在量子理论中却有一个很好的基础：知识可以理解为绵延横跨大量宇宙的复杂现象。

另一个跟意识有关的精神属性是自由意志。众所周知，自由意志在传统世界观下是非常难以理解的。人们常常把自由意志和物理学难以调和的矛盾怪罪于决定论，但是错的不是决定论，而是传统的时空观（如我在第 11 章中已经解释的）。在时空中，我的未来的每个时刻总会有事情发生在我身上。尽管将来发生的事是不可预言的，它也已经存在于时空的某个截面了。谈论我改变了那个截面上的事是没有意义的。时空不会改变，因此在时空物理中，人们不能想象原因、结果、未来的不确定性和自由意志。

所以，只要仍使用传统定律，用不确定的（随机的）运动定律代替确定的运动定律，并无助于自由意志问题的解决。自由与随机无关。我们珍视自由意志，就在于它是我们用行动表达自己个性的能力。谁会珍视随机性呢？我们认为自由的行动并不是那些随机的或不确定的行动，而是在大体上早已被我们是谁、我们想什么以及争论什么所决定了的。（虽然它们大体上已经确定了，但由于复杂性，在实际中可能仍是高度不可预言的。）

考虑这个关于自由意志的典型陈述："经过深思熟虑，我选择做 X；我本来可以不这么选；这个决定是正确的；我擅长做这样的决定。"在传统世界观中，这样的话纯属胡言乱语。而在多重宇宙世界观下，这句话有直截了当的物理表示，如表 13-1 所示。（我并不是在建议用这样的表示定义道德或审美价值，我仅仅是指出，由于量子实在的多重宇宙特性，自由意志及其相关概念现在与物理能相容了。）

表13-1　关于自由意志的一些陈述的物理表示

经过深思熟虑，我选择做X	经过深思熟虑，我的一些副本（包括正在说话的这个）选择做X
我本可以选择别的	我的其他副本选择别的
这个决定是正确的	我选择X所反映的道德或审美价值，其表示在多重宇宙中重复出现的频率比其他价值观的表示更加普遍得多
我擅长做这样的决定	我的那些选择了X以及在其他类似情形下也做出了正确决定的副本大大多于那些不这么选择的副本

这样看来，只要在多重宇宙的背景下理解图灵计算概念，这一概念似乎并没有和人类价值观念那么脱节，也不构成理解人类的自由意志这类属性的障碍。这一例子也为埃弗里特的理论洗清了不白之冤。表面上，理解干涉现象的代价是招致或恶化了许多哲学问题。但是在这里以及本书的许多其他例子里，我们看到的情形恰恰相反。多重宇宙理论对解决长期存在的哲学问题做出了卓有成效的贡献，以至于即使压根没有物理证据，也值得采纳它。确实，哲学家戴维·刘易斯在他的《论多个世界》一书中，仅仅出于哲学上的原因，已经提出了多重宇宙的存在性。

再回到进化论。我可以类似地认为那些批评达尔文进化论的人有一定道理，因为批评的根据是这样复杂的生物适应性似乎“不大可能”在给定时间内进化出来。道金斯的批评者之一说，想想看一大堆零件扔在一起恰好形成一架波音747飞机，这是多么不可思议，生物圈的形成和这同样不可思议！表面看，这个批评者在强行做这样的对比：一方面是整个地球几十亿年里不断地尝试和失败，另一方面是“恰好落在一起”的瞬间巧合。这是故意回避进化解释的整个要点。然而，与道金斯恰恰相反的立场是不是足够作为解释呢？道金斯要我们不必对自发产生的复杂的适应性感到惊奇。换句话说，他宣称他的“自私基因”理论是全面的解释——当然不是解释具体的适应性，而是解释这样复杂的适应性是怎么可能产生出来的。

但是道金斯的解释不是一个全面的解释。它存在一个解释缺陷，而且这一次我们已经对另外三大理论如何填补这个缺陷明白了很多。我们已经看到这些事实：物理变量能够存储信息，它们可以相互作用来传递和复制信息，而且这些过程是稳定的，全都依赖于量子理论的细节。我们进一步看到，高度适应的复制子的存在性依赖于虚拟现实生成和通用性的物理可行性，进而又可以把它理解为一个深刻的原理——图灵原理——的结果，图灵原理把物理学和计算理论联系起来，而且完全没有明确地提及复制子、进化或生物。

在波普尔认识论中存在类似的缺陷。他的批评者感到奇怪，为什么科学方法能行，什么东西能证明我们依赖于最好的科学理论是可靠的。这使他们追求归纳原则或者类似的东西（虽然作为隐归纳主义者，他们通常认识到这样的原则什么也不能解释或者证明）。波普尔主义者如果回答没有证明这回事，或者依赖于理论永远是非理性的，那就等于什么也没解释。波普尔甚至说：“任何关于知识的理论都不应该试图解释为什么我们会在解释事物方面取得成功。”（《客观知识》）但是一旦我们认识到人类知识的增长是一个物理过程，我们就会看到试图解释知识出现的过程和原因就并非不合理了。认识论是一个（涌现）物理理论，是关于一定物理量（即知识）在什么条件下增长或不增长的实在理论。这一理论的原汁原味的断言已经被广泛接受。但是在知识论自身内部，我们不可能找到关于这些断言为什么是正确的解释。在这个狭隘意义上，波普尔是对的。这种解释必然涉及量子物理、图灵原理以及如波普尔本人所强调过的进化论。

在批评者对这些解释缺陷穷追不舍的攻击下，这四大主流理论的倡导者全都不得不长久地处于守势。这经常迫使他们撤退到自己理论的核心地带。用“我就是这个观点，我别无选择”作为最后的回答，这样他们显然非理性地放弃了各自领域内无可匹敌的基础理论。这只会使他们面对批评时显得更加狭隘，而且容易对进一步寻找基本解释的前景产生悲观情绪。

尽管我找到了大量理由原谅那些对核心理论的批评，这四大理论的历史表明，在20世纪的大部分时间里，基础科学和哲学的遭遇非常令人不快。当基础研究的声望、实用性以及经费都创了历史新高的时候，对寻求真正解释的冷漠、不自信以及悲观情绪导致了科学上的实证主义和工具主义思潮大行其道。当然有许多个别人例外，包括本章提到的4位英雄。但是他们的理论既被采纳同时又被忽视，这一前所未有的现象已经说明问题了。这并不是说我对这个现象有了全面的解释，但不管原因是什么，我们现在似乎正在走出这个阴影。

我已经指出一个可能的原因，即这四大理论中的每一个都有解释缺陷，这个缺陷使它们显得狭隘、无情和悲观。但我认为，当把它们综合起来作为真实世界结构的统一解释时，这个不幸的情况就会完全改观。新的世界观非但不否认自由意志，非但不把人的价值置于微不足道的地位，非但不悲观，相反地，它是完全乐观的世界观，把人类思维放在物理宇宙的中心，把解释和理解放在人类目的的中心。我希望我们不必花太长时间回望过去，捍卫这个统一的世界观，反对不存在的竞争者。当我们认真地考虑这个真实世界结构的统一理论，开始进一步发展它时，竞争理论是不会少的。现在是前进的时候了。

术　语

范式：一套思想体系，人们通过它来观察和解释他们经历的一切。托马斯·库恩认为，接受一套范式会使人无视其他范式的优点，阻碍人们转换范式。一个人不能同时理解两套范式。

量子力学的哥本哈根解释：这是一种让人容易逃避量子理论对真实世界本质的寓意的思想。它认为，在观察的瞬间，一个宇宙的输出变为真实的，而所有其他宇宙甚至是为这个输出做出了贡献的那些宇宙注定永远不曾存在。在这个观点下，不允许问在两次有意识的观察之间实际中发生了什么事。

小　结

四大基础理论的发展史有惊人的相似性。所有四大理论既被接受（在实践中使用）同时又被忽视（不被当作真实世界的解释）。原因之一是，这四大理论的每一个孤立地来看都存在解释缺陷，显得冷酷和悲观。如果把它们任一个单独作为世界观的基础，那么从广义上讲就是还原主义。但是当把它们综合起来作为真实世界结构的统一解释时，情况就完全不同了。

下一章讲什么？

第14章　宇宙的终结

尽管历史本身没有意义，我们可以赋给它一个意义。

——卡尔·波普尔《开放社会及其敌人》

在做量子理论基础研究的过程中，我首次认识到量子物理、计算和认识论之间存在的联系，当时我认为这些联系证明了物理学有吞并以前似乎与之无关的其他学科的历史倾向。比如天文学，牛顿定律把它和地球上的物理学联系起来，经过了几个世纪，天文学的大部分被吸收变成了天体物理学。化学，由于法拉第在电化学领域的发现而被归入物理学，而量子理论使得基础化学的相当大部分可以仅凭物理定律直接得到预言。爱因斯坦的广义相对论吞并了几何学，并把宇宙学和时间理论从先前的纯哲学状态中拯救出来，使它们充分整合进物理学。最近，如我讨论过的，时间旅行理论也被整合入物理学。

所以，量子物理不仅要吸收计算理论，而且还要首先吸收证明论（又名“元数学”），这一发展前景在我看来似乎证明了以下两个趋势。首先，人类知识作为一个整体继续呈现出统一的结构，如果它在我所希望的强式意义下是可理解的话，它就必须具有这种结构。其次，这个统一结构本身将由日益深刻普遍的基础物理理论组成。

读者将会知道，我现在对第二点已经不这么认为了。我现在提出的真实世界结构的特征不仅只有基础物理了。例如，发展量子计算理论并非仅从量子物理中导出计算原理，它还包括图灵原理（又名丘奇—图灵假设，早已是计算理论的基础）。它从未在物理学中使用过，但我已经指出，只有把它当作物理原理才能正确地理解它。它与能量守恒定律和其他热力学定律的地位同等重要：就我们所知，图灵原理是所有其他理论都必须遵循的约束条件。但是与现有物理定律不同，它具有涌现的特征，直接涉及复杂机器的性质，仅仅间接地涉及亚原子实体和过程。（可以说，热力学第二定律——熵增加定律——也是这样。）

类似地，如果把知识和适应性理解为跨越大量宇宙的结构，那么我们就可以把认识论和进化论原理直接表达为关于多重宇宙结构的定律。也就是说，它们是物理定律，但却是涌现层面的物理定律。诚然，量子复杂性理论还没有达到这种程度，以至于能用物理术语表达“知识增长只能遵循图 3-3 所示的波普尔模式”这样的命题。但是我恰恰希望这种命题出现在新生的万有之理中，出现在这个综合了四大理论的统一的解释和预言理论中。

所以，量子物理正在吞并其他三大理论的观点仅仅是狭隘的物理学家的观点，也许是受还原主义污染的缘故。其实，其他三大理论中的每一个的内容都相当丰富，足以形成一些人的世界观的全部基础，恰如基础物理学形成了还原论者世界观的基础一样。理查德·道金斯认为，如果来自太空的高级生物造访地球，为了评估我们的文明水平，他们问的第一个问题将是“人类发现进化了吗？”许多哲学家同意笛卡儿的观点，认为认识论是所有知识的基础，如笛卡儿的“我思故我在”这样的论点是我们最基本的解释。许多计算机科学家对最近发现的物理和计算的联系深有感触，甚至断言宇宙就是一台计算机，物理定律是运行在其上的程序。但在真实世界结构方面，这一切都失之偏颇，甚至是误导。客观地讲，新的综合有它自己的特点，本质上与它所统一的四大理论中的任何一个都完全不同。

例如，我曾提到这四大基础理论都曾经被批评为“幼稚”、“狭隘”、“冷酷”等，这是有一定道理的。所以，从还原主义物理学家（如斯蒂芬·霍金）的观点来看，人类仅仅是天体物理上可忽略不计的“化学渣滓”。温伯格认为“对宇宙了解得越多，它就显得越没有意义。如果研究成果中没有什么令人安慰的东西，那么研究本身至少有些安慰”。（《最初的三分钟》），但是没有从事基础物理研究的人一定对此很不理解。

至于计算，计算机科学家托马索•托夫呈曾坦言：“我们从未独立地进行过自己的计算，我们仅仅是搭乘了已经出发的伟大计算这趟便车而已。”对他来讲，这不是绝望的呐喊——恰恰相反。但是计算机科学世界观的批评者并不想看到自己仅仅是运行在别人计算机上的别人的程序。狭隘的进化论把我们看作仅仅是基因或拟子复制自己的“载体”，它拒绝回答这个问题：为什么进化倾向于创造出越来越复杂的适应性？或者这种复杂性在更广阔的万物格局中起到什么作用？类似地，（隐）归纳主义者对波普尔认识论的批评在于：尽管这个理论陈述了科学知识增长的条件，它似乎没有解释为什么科学知识会增长，即为什么它创造出有使用价值的理论。

我解释过，对每一种情况的捍卫都依赖于引用来自其他几大理论的解释。我们不仅仅是“化学渣滓”，因为我们的行星、恒星和星系的总体行为依赖于一个涌现的而基本的物理量：这堆渣滓里的知识。科学所创造出的有用的知识，进化所创造出的适应性，都必须理解为自相似性的涌现现象，这是由图灵原理这个物理原理所规定的，等等。

所以，把这些基本理论中的任何一个单独地作为世界观的基础，其毛病在于它们每一个从广义上讲都是还原主义的，即它们都有一个整体式的解释结构，所有结论都来自于少数几个特别深刻的思想。但是这就使得主题的某些方面完全得不到解释。相反，它们联合起来为真实世界结构提供的解释结构就不是层次的了：四大理论的每一个所包含的某些原理，从其他三大理论的角度看都是“涌现”的，但是却有助于解释这四大理论。

这四大理论中的三个似乎从基本解释层面排除了人类和人类价值。第四个理论——认识论——以知识为主要对象，但是没有解释为什么把认识论本身看成与我们人类的心理没有关系。如果不从多重宇宙的角度考虑的话，知识似乎是一个狭隘的概念。但是如果知识具有基本重要意义，那么我们就可以问：像人类这样创造知识的动物在统一的真实世界结构中扮演何种角色是最自然的？宇宙学家弗兰克·梯普勒研究过这个问题。他的回答是“欧米加点理论”[1]，在本书的意义上，这个理论是关于真实世界结构整体的一个杰出的理论范例。它不是构造在某一个大理论内，而是属于所有四大理论，

[1] 欧米加点（Omega Point）指宇宙的终点。——译注

缺一不可。遗憾的是，梯普勒本人在他的著作《不朽物理学》中对他的理论有些夸大其辞，使得大多数科学家和哲学家本能地拒绝它，从而错过了有价值的核心思想。下面我将解释。

依我之见，通向欧米加点理论的最简单的入口是图灵原理。通用虚拟现实生成器是物理上可能的。这样的机器能够以任意的精度营造任何物理可能的环境，以及一些假想的和抽象的实体。因此，它的计算机对附加内存有无限的潜在需求，可能需要运行无限多步。只要通用计算机被认为是纯抽象的，这在传统计算理论中是很容易安排的。图灵仅仅假定有一条无限长的存储带（具有他认为的自明的性质）和一个完美精确的处理器，既不需要电源也不需要维护，而且有无限的时间可以运行。使这个模型更现实些，允许定期维护，不会产生任何理论问题。而另外三个要求——无限存储量、无限运行时间和无限能量供应——从现有宇宙学观点来看却是成问题的。在当今有些宇宙模型里，宇宙在经过有限长时间后将进入大坍缩，而且空间上也是有限的。它的几何形状是“三维球面”，即类似于二维球面，但却是三维的面。表面上看，这样的宇宙学会认为，在宇宙终结之前，机器的存储量和所能完成的处理步数都是有限的，这会使得通用计算机在物理上成为不可能的，从而违背图灵原理。在另外一些宇宙模型中，宇宙将永远膨胀下去，空间上没有限制，这似乎允许有无限可用资源生产附加存储量。不幸的是，在大多数这样的宇宙模型里，随着宇宙的膨胀，驱动计算机的能量密度将会逐渐减小，必须从更远的地方才能收集。因为物理学对速度有一个绝对极限，即光速，所以计算机的存储访问速度不得不下降，最终的结果仍然是只能执行有限的计算步数。

欧米加点理论的关键是发现了这样一类宇宙模型：虽然宇宙在时间和空间上都是有限的，但是存储量、可能的计算步数和有效的能量供应都是无限的。这种表面上的不可能性能够实现，是由于宇宙在大坍缩的最后时刻极端猛烈的崩塌。像大爆炸和大坍缩这样的时空奇点很少是安静的地方，但是这一次比大多数情况更加猛烈得多。宇宙的形状将从三维球面变成三维的椭球面。变形的程度先是增加，然后减弱，然后沿着另一个轴再一次更快速地变形。随着最后奇点的接近，振荡的幅度和频率将无限增加，以至于尽管宇宙将在有限时间内终结，这种振荡的次数却是无限的。我们所知道的物质将不会存在：所有物质甚至原子本身都会被变形的时空产生的巨大剪力扭断。然而这剪力也提供了无限的能量源泉，理论上可以用作计算机的能源。计算机在这样的条件下怎么能存在呢？剩下可供建造计算机的“材料”只有基本粒子和引力本身了，大概它们正处于某种高度奇异的量子态，因为缺乏充分的量子引力理论，我们目前还不能肯定或否定它的存在。（实验中观察到这种量子态当然是不可能的。）如果存在粒子和引力场的合适的状态，那么它们还将提供无限的存储量，而且宇宙将会收缩得非常快，以至于在宇宙终结之前的有限时间内，无限多次的存储访问是可行的。引力坍缩的终点——本宇宙学说的大坍缩，就是梯普勒所说的欧米加点。

现在，图灵原理意味着物理上可能的计算步数不存在上限，所以，假定欧米加点宇宙学（在合理的假设下）是唯一一种允许发生无限步计算的宇宙学，那么我们可以推断实际的时空一定具有欧米加点形式[1]。由于一旦没有更多的变量能够携带信息，所有计算就会停止，所以我们可以推断必要的物理变量（可能是量子引力变量）的确一直存在，直到欧米加点。

怀疑者可能会说，这样的推理涉及一个巨大的未经证实的外推。我们见过的“通用”计算机仅仅处于最有利的环境中，与宇宙的最后阶段毫不一样；而且我们只见过通用计算机完成有限步计算，利用有限的存储量。从这些有限量外推到无限怎么可能是正确的？换句话说，我们怎么能知道强形式的图灵原理是绝对正确的？有什么证据能证明物理实在不仅仅支持近似通用性？

这些怀疑者当然是归纳主义者，而且这种思维方式（如我在前一章中讨论的）恰恰在阻碍我们理解并改进我们最好的理论。是不是“外推”，这取决于从哪个理论出发。如果有人从一个有关何为“正常”的计算的模糊而狭隘的概念出发，从一个并非由该学科中最好的解释中得到的概念出发，那么对于把理论应用于熟悉的环境以外的任何情况，他都会看作是“未经证实的外推”。但是如果一个人从最好的基础理论的解释出发，那么他会认为模糊的“常态”在极端情况下仍然成立这种想法才是未经证实的外推。要想理解我们最好的理论，我们必须认真地把它们看作真实世界的解释，而不是把它们看作现有观察结果的简单总结。图灵原理是我们最好的计算基础理论。当然我们只知道有限的实例证明它的正确性，但是科学中

[1]　自从本书在1997年写就以来，观测宇宙学的一些非凡的进展已经否定了梯普勒的具体的宇宙模型。与坍缩相反，现在人们认为宇宙正在加速膨胀，而且永不停歇。其物理原因还不得而知，暂时称它为“暗能量”。这就排除了这里描述的在宇宙的寿命内完成无限量计算的机制。幸运的是，暗能量本身似乎是一个取之不竭的能源，可以允许逐渐“减慢”的计算机完成无限量的计算，所以图灵原理以及本章的结论仍然是成立的。

每个理论都是这样。通用性仅仅近似地成立，这种逻辑上的可能性总是存在，而且永远存在。但是目前没有任何对立的计算理论声称这一点。有理由认为，“近似通用性原理”不会有任何解释能力。比如，如果我们想理解为什么这个世界似乎是可理解的，那么其解释可能是世界*就是*可理解的。这样的解释能够而且实际上也确实与其他领域的其他解释相顺应。但是如果一个理论认为世界是*半*可理解的，那么它就什么也不能解释，也不可能与其他领域的解释相顺应，除非*这些理论*能解释它。它仅仅对问题作了重述，并引入了一个未经解释的常数——一半。简而言之，我们只能假设宇宙终结时完整的图灵原理是成立的，因为任何其他假设都会糟蹋我们关于此时此地所发生的一切的优良解释。

现在发现产生欧米加点的这种空间振荡是非常不稳定（在传统混沌的意义上）和异常猛烈的，而且随着欧米加点的迫近，变得越来越剧烈，没有极限。一个微小的形状偏差会迅速放大，破坏后续计算的条件，所以仅经过有限步的计算，大坍缩就会发生。因此，为了满足图灵原理，达到欧米加点状态，宇宙必须不断“调整”，回到正确的轨道。梯普勒通过操纵整个空间的引力场，已经在理论上表明如何做到这一点。大体上（这里又需要量子引力理论才有把握），随着密度和压力无限增高，机械稳定和信息存储的技术必须不断改进，实际上必须无限倍地改进。这就需要不断地创造新知识，波普尔认识论告诉我们，这需要有理性批评，因而需要智能实体的存在。因此，仅仅根据图灵原理和其他一些可独立验证的假设，我们就已经推断出智能将一直存活，知识将不断地被创造出来，直到宇宙终结。

稳定过程和相伴的知识创造过程都必须不断加快，直到在最后的疯狂中，在有限时间内，无限的平衡措施和无限的知识被创造出来。我们现在还没有理由证明物理资源不够做这件事。但有人会问，为什么人非要陷入这么大的麻烦之中呢？为什么他们在宇宙的最后一秒还要继续精心驾驭引力振荡呢？如果你只能再活一秒钟，那为什么不干脆安安稳稳坐好放松，死之泰然呢？但这是对当时情况的一个误解，而且没有比这更大的误解了。因为那些人的思维就像运行在计算机里的程序，而计算机的物理速度在无限增长。他们的思维也像我们的一样是这些计算机完成的虚拟现实营造。的确在最后一秒结束的时候，这整个复杂机器都将被摧毁。但是我们知道，在虚拟现实里的主观体验的时间并不取决于流逝的时间，而取决于在那段时间里能完成多少计算。如果计算步数无限多，那么就有足够时间做无限多思维——足够思想家把自己置于喜欢的虚拟现实环境中，要体验多久全凭自愿。如果他们感到厌倦了，他们可以换到另外的环境中,或者他们精心设计的任何数量的其他环境中去。主观上，他们并非处在生命的最后阶段，而是处在最初阶段。他们并不着急，因为主观上他们将永生。虽然只剩下 1 秒或 1 微秒时间，他们仍然拥有“全世界的所有时间”，可以做更多的事情，体验更多的感觉，创造更多的知识——比多重宇宙中任何人此前所做的一切都多无数倍。他们有充分的动力全神贯注地管理好他们的资源。他们这样做，仅仅是在为自己的未来做准备，一个崭新的无限的未来，他们能够完全掌握，任何时候他们都可以登陆上这个新的未来。

我们可以希望在欧米加点的智能生命由我们的后代组成，即我们的智能后代，因为我们现在的物质形态在欧米加点附近将不可能生存。在某个阶段，人类将不得不把代表他们心智的计算机程序转移到更坚固的硬件上去。实际上，这件事最终必须做无限多次。

“驾驭”宇宙驶向欧米加点的技巧需要整个空间各处都采取行动，因此智慧必须及时遍布整个宇宙，做好第一步必要的调整。这是梯普勒告诉我们必须恪守的一系列截止期限中的一个，而且他还证明，就我们目前所知，满足每一个截止期限在物理上都是可能的。第一个截止期限是（第 8 章中提到过的）距现在大约 50 亿年以后，如果对太阳不加干涉，它将变成一颗红巨星，把我们全部消灭。我们必须在那之前学会控制太阳或离开太阳系，随后我们必须殖民银河系，然后移居到附近的星系群，乃至整个宇宙。这里的每一步都必须足够快，不能错过相应的截止期限，但又不能前进得太快，以至于用尽了所有资源，无法开发下一阶段的技术。

我说“我们必须”完成这一切，但这只是因为假设我们才是在欧米加点存在的智慧生命的祖先。如果我们不愿意扮演这一角色，就可以不干。如果我们决定不干，而图灵原理是正确的，那么可以肯定另外有人将扮演这一角色（也许是某种外星智慧生命）。

同时，在平行宇宙中，我们的副本也面临同样的抉择。他们都能成功吗？换句话说，是否一定有人在我们的宇宙中成功地创建了欧米加点？这依赖于图灵原理的细节。图灵原理说通用计算机是物理上可能的，而“可能的”通常意味着“在本宇宙或某一其他宇宙中是现实的”。那么这个原理是要求通用计算机在所有宇宙中都实现，还是仅在一些或“大多数”宇宙中实现？我们现在还没有完全理解这一原理，无法决定。有些物理原理（例如能量守恒定律）仅在一些宇宙里成立，有可能在个别宇宙的某些情形下不成立。另一些物理原理（例如电荷守恒定律）在所有宇宙中都严格成立。图灵原理的两个最简单的形式是：

（Ⅰ）所有宇宙都存在通用计算机；

（Ⅱ）至少某些宇宙存在通用计算机。

“所有宇宙”的说法似乎太强，不能表达这种计算机是物理上可能的这种直观想法，而“至少某些宇宙”的说法又似乎太弱，因为从表面上看，如果通用性仅在很少的几个宇宙中成立，那么它就丧失了解释能力。但是“大多数宇宙”的说法则要求原理指明具体的比例，如85%，这又似乎非常难以置信。（格言道：物理上没有“自然的”常数，除了零、一、无穷。）因此，梯普勒实际上选择了“所有宇宙”的说法，就我们所知道的那么一点点而言，我同意这是最自然的选择。

这就是欧米加点理论——或更恰当地说是我所捍卫的科学部分——的全部内容。人们在四大理论中的三个中，从几个不同的出发点都可以得到同样的结论。其中一个是认识论原理“真实世界是可理解的”。这一原理奠定了波普尔认识论的基础，同样还是独立可验证的。但是它现有的表达形式都太含糊，无法从中得出明确的结论，如知识的物理表示的无界性这样的结论。所以，我宁愿不直接假定它，而是从图灵原理推导出它来。（这个例子又一次说明，如果将这四大理论联合起来看作基本原则，那么将获得更大的解释能力。）梯普勒本人要么依赖于生命将永远存在这个假定，要么依赖于信息处理将永远进行这个假定。从我们目前角度看，这些假定似乎都不是基本的。图灵原理的优势在于，它已经被看成自然界的基本原理，原因完全与宇宙学无关。诚然，这种强形式并不总是被当成基本原理的，但我已经论证过，如果要把图灵原理整合入物理学，则这种强形式就是必需的。

梯普勒指出，宇宙科学倾向于研究时空的过去（实际上主要是遥远的过去），但是大部分时空存在于从现在开始的未来。现有的宇宙学的确触及了宇宙将来是否重新坍缩的问题，但是除此之外，几乎没有关于那更大一部分时空的理论研究。特别是对于大坍缩起因的研究远远少于对大爆炸后果的研究。梯普勒把欧米加点理论看作填补这个空白。我认为欧米加点理论值得作为关于时空未来的主流理论，除非它在实验上（或者其他方面）被驳倒。（实验驳倒是可能的，因为欧米加点在未来的存在性对宇宙现在的状态施加了一定的约束条件。）

搭起了欧米加点理论框架后，梯普勒做了一些附加的假设，使他能对未来历史添加更多细节。这些假设有的似乎合理，有的不太合理。正是梯普勒对未来历史的类宗教解释，以及他未能把这种解释和基础科学理论区分开，才使得他的科学理论没有被认真对待。梯普勒注意到，在欧米加点时刻之前，无穷多的知识会被创造出来。于是他假设，在这个遥远未来存在的智慧生命会像我们一样，想要（或可能需要）发现除了满足生存的迫切需要以外的知识。的确，他们有潜力发现物理上可知的全部知识，梯普勒假设他们会这样做。

因此，在一定意义上，欧米加点是全知的。

但仅仅是在一定意义上。当梯普勒说欧米加点具有全知性或者具有物理存在性这类性质时，他利用了一些方便的语言技巧，这在数学物理中相当常见，但是如果太教条地理解它，则容易引起误解。这个技巧是把序列的极限点看作和这个序列本身一样。这样，当他说欧米加点“知道”X时，他的意思是欧米加点之前的某个有限实体知道X，而且从此永远不会忘记。他的意思不是在引力坍缩的终点真的存在一个精明的实体,因为那里根本没有物理实体存在。所以，在最较真的意义上，应当是欧米加点一无所知。我们能说它“存在”，仅仅是因为我们对真实世界结构的一些解释涉及物理事件在遥远未来的极限性质。

梯普勒用了一个神学术语“全知”，其用意很快就会明白；但我必须马上指出，这种用法并不包含全部的传统内涵。欧米加点不会知道一切，对于绝大多数抽象真理，如有关康哥图环境这类的真理，欧米加点和我们一样看不到。

既然整个空间都充满了这台智能计算机，它就是无所不在的（虽然只是在某个日子以后）。既然这台智能计算机将不断地重建自己并驾驭引力坍陷，那就可以说它控制了物质宇宙（或多重宇宙，如果所有宇宙都发生欧米加点现象的话）中发生的一切。因此，梯普勒说它是全能的。同样，这个全能也不是绝对的。相反，它严格受限于可用的物质和能量，并遵循物理定律。

既然这台计算机里的智能将能够进行创造性思维，那就必须将它们归类为“人”。梯普勒正确地论证道,任何其他归类都是种族主义。所以他宣称，在欧米加点极限处存在一个全知、全能、无所不在的人类社会。这个社会，梯普勒认为就是上帝。

我已经讲过，梯普勒的“上帝”与大多数宗教信徒信仰的上帝或者神在几个方面不一样，还有更多的不同。比如，欧米加点附近的人即使想要也不能与我们交谈，或者向我们表达他们的愿望，或者创造（今天的）神迹。他们没有创造宇宙，没有发明物理定律，也不能违背这些定律（即使他们想要）。他们可以倾听我们现在的祷告（也许通过探测非常微弱的信号），但是他们不能回应。他们反对宗教信仰（这可以从波普尔认识论推断出来），不希望自己被当作神崇拜，等等。但是梯普勒继续开拓，论证说犹太基督教信仰的上帝的大部分核心特征也是欧米加点的特征。我想，大多数宗教信徒在什么是他们的信仰的核心特征问题上会与梯普勒的看法不一致。

特别地，梯普勒指出足够先进的技术将能起死回生。可以用几种不同方法实现，下面所述的可能是最简单的一种。一旦我们有足够多的计算机能力（记住最后的能力想要多少就有多少），就可以在虚拟现实中营造整个宇宙——实际上是整个多重宇宙，从大爆炸开始，精度可以任意准确。如果对初始状态了解得不够精确，那么可以对所有可能的初始状态任意精细地采样，然后同时营造它们。当被营造的时期距离正在进行营造的实际时间太靠近时，营造可能会因为复杂度的原因不得不暂停。但是随着更多计算机能力源源不断而来，它很快就能恢复运行。对欧米加点计算机来讲，没有什么是难解的，只有“可计算”和“不可计算”之分，而营造真实物理环境绝对属于“可计算”范畴。在这个营造过程中会出现地球和它的很多变种，生命以及最后人类都会进化出来。所有在多重宇宙中生活过的人（即所有那些物理上可能存在的人）都将在这个巨大的营造中出现，所有可能存在过的外星的和人造的智慧生命也会粉墨登场。控制程序会留意这些智慧生命，如果需要的话，会把他们放在更好的虚拟环境中。在这里也许他们不会再死亡，所有愿望都得到满足（或至少是某个超乎想象的高级计算资源可以满足的所有愿望都能实现）。为什么要这样做呢？一个理由可能是道德方面的：按照遥远的未来的标准，我们今天的生存环境实在太恶劣了，简直是在遭罪。不拯救这些人，不给他们更好的生存机会，被认为是不道德的。但是如果让他们在复活的时候马上接触那时的文化，那将起反作用：他们会马上感到迷惑、羞辱以及措手不及。因此梯普勒说，我们可以希望自己在一种基本上很熟悉的环境中复活，只是去掉了所有令人不快的因素，加入了许多使人愉悦的因素。也就是说，天堂。

梯普勒以这种方式继续前进，重构了传统宗教的许多其他方面，把它们重新定义为可以合理地认为在欧米加点附近存在的物理实体或过程。现在暂不考虑这个重建的版本是否忠实于原本的宗教。关于这些遥远未来的智慧生命将做什么不做什么的整个故事，都是基于一连串的假设。即使我们承认这些假设单独地看似乎是合理的，整个结论最多也只是有见识的臆测。虽然值得做这样的臆测，但重要的是把它与对欧米加点本身存在性的论证区分开，把它与关于欧米加点的物理性质和认识论性质的理论区分开，因为这些论证仅仅假设真实世界结构的确与我们最好的理论相符合，这个假设是可以独立证实的。

甚至是有见识的臆测也是不可靠的，作为对此的警告，回顾一下第 1 章中提到的那位古代的熟练建筑师，他具有前科学时代的建筑和工程知识。我们和他之间的文化鸿沟如此巨大，以至于他很难想象我们的文明怎么可能建造起来。但是与我们和最早可能的梯普勒复活时代的巨大鸿沟相比，我们和这位建筑师几乎属于同代人。现在假设这位熟练建筑师正在臆测遥远未来的建筑工业，而且非常侥幸，他对我们当今的技术猜得异常准确。那么他会知道，我们能够建造比他那个时代最大的教堂更为宏大、更为壮观的大型建筑。如果愿意，我们可以建造高达 1 英里的大教堂，而且我们这样做所耗费的财力、时间和人力都远比他盖一座中等教堂要少得多。所以，他会很有信心地预言，到2000年会出现1英里高的大教堂。但他完全错了。虽然我们有技术建造这样大的建筑，但是我们决定不盖。实际上，现在看来人们不太可能盖这样大的教堂了。虽然他对我们的技术的猜想是对的，但是他对我们的喜好的猜想则完全错了。他没搞对的原因在于，仅仅经过几个世纪，他的大部分关于人类动机的毫无疑问的假设就已经过时了。

类似地，对我们来说似乎很自然的是，欧米加点的智能生命出于历史或考古研究的需要，或出于同情心，或出于道德责任感，或仅仅是异想天开，最终会创造关于我们的虚拟现实营造，而且当他们的实验结束后，他们会赏赐给我们微不足道的一点计算资源，足够让我们永远住在“天堂”里。（我自己很乐意逐渐融入他们的文化中。）但是我们不可能知道他们想要什么。实际上，对人类（或超人类）事务在未来的大范围发展的所有预测都不可靠。正如波普尔指出的，人类事务的未来发展进程取决于未来的知识增长，而我们无法预言将来会创造出什么样的新知识，因为如果能预言的话，那么根据定义，我们现在就应该拥有这个知识了。

不仅仅是科学知识影响人们的喜好，决定他们的行为方式，还有诸如道德准则这样的东西给可能的行动打上“正确”与“错误”的标签。这些价值观历来都是难以融入科学世界观的，它们自己似乎形成了一个封闭的解释结构，与物理世界格格不入。正如戴维•休姆指出的，逻辑上不可能从“是”推导出“应该”。然而这些价值观既被用来解释也被用来决定我们的物理行动。

道德有一个穷亲戚——*有用性*。由于理解事物客观上有用与否比起理解它客观上正确与否似乎要容易得多，所以许多人试图用各种形式的有用性来定义道德。例如，道德进化论注意到许多用道德语言解释的行为（例如不杀人、与人合作时不欺骗等）在动物中也有类似的行为。进化论有一个分支——社会生物学——在解释动物行为方面取得了一些成功。许多人因此认为：人类选择行为的道德解释仅仅是装点门面而已，道德完全没有客观基础，“对”和“错”仅仅是我们贴在自己本能上的标签，用来左右我们的行为。这个解释的另一种说法是用拟子代替基因，声称道德语言仅仅是表面词藻，社会调控才是本质。然而所有这些解释都不符合事实。一方面，我们并不想用道德选择解释天生的行为（如癫痫病发作），我们有自愿和非自愿行为的概念，只有自愿行为才有道德解释。另一方面，几乎所有人类的天生行为（如怕疼、性交、贪吃等）都会在某种情形下被人类出于道德的理由而选择放弃。社会调控的行为也是如此，甚至更常见。实际上，既克制本能又放弃社会调控的行为这本身就是典型的人类行为。用道德术语来解释这样的叛逆也是人类行为的特征。这些行为在动物界全然找不到，没有一种情况的道德解释可以用基因或拟子语言重新阐释。这是整个这类理论的致命漏洞。当人想要的时候，可能存在一个基因压制其他基因吗？可能存在促进叛逆的社会调控吗？也许有，但问题仍然存在：我们是如何选择做什么的呢？当我们解释自己的叛逆行为，宣称我们就是对的，基因或者社会规定的行为在这种情况下就是邪恶的时候，那又是什么意思呢？

上述这些基因理论可以看作一类更大的思潮的特例。这类思潮否认道德判断是有意义的，理由是我们其实没有真正地选择自己的行动——自由意志是和物理学不相容的幻觉。但事实上，如第 13 章所讲，自由意志是和物理学相容的，与我所描述的真实世界结构非常自然地吻合着。

功利主义是通过“有用性”把道德解释和科学世界观整合起来的早期尝试。这里“有用性”等同于人类快乐，进行道德选择等同于计算哪种行动能产生最大快乐，可以是一个人的快乐，也可以是“最大多数”人的快乐（该理论在这里变得模糊）。这个理论还有用“享乐”、“爱好”代替“快乐”的各种说法。作为对早期的道德独裁体制的叛逆，功利主义无懈可击。它提倡摒弃教条，提倡应按照成功地经受住理性批判的“择优的”理论采取行动，从这个意义上说，每一个理性的人都是功利主义者。但是要解决我们这里讨论的问题，解释道德判断的意义，它也有致命的缺陷：我们选择自己的偏爱。特别地，我们还改变自己的偏爱，而且我们还给出这么做的道德解释。这样的解释不能用功利主义语言来表达。难道还有一个潜在的主要偏爱来控制偏爱的变化吗？如果存在，那么这个主要偏爱不能变化，这样功利主义就退化成了上面谈到的基因道德论。

那么，道德价值观和本书所提倡的特定的科学世界观之间的关系到底是什么呢？至少我能论证系统阐述这种关系并不存在根本性的障碍。前面所有的“科学世界观”的毛病在于其层次型的解释结构。正如在这种结构中，不可能“证明”科学理论是正确的一样，人们也不可能证明一个行动过程是正确的（因为怎么能证明整个结构是正确的呢？）。我说过，四大理论的每一个都有层次型的解释结构，但整个真实世界结构并不是层次型的。所以，把道德价值解释为物理过程的客观属性时，并不需要把它们从什么东西中推导出来，甚至在理论上也没有这种需要。正如抽象数学实体一样，重要的是看它们能给解释贡献多少——要看不把物理实在归因于这些价值的话，物理实在是否不能被理解。

在这个关系上，我需要指出，标准意义的“涌现性”仅仅是四大理论的解释之间相互联系的方式之一。迄今为止，我其实只考虑了所谓的“预言”涌现性。例如，我们相信进化论的预言可以从物理定律逻辑导出，尽管证明这种联系可能在计算上是难解的，而进化论的解释完全不能从物理学导出。但是，非层次的解释结构能容纳解释的涌现性。为论证方便起见，假设某个道德判断在某种狭隘的功利主义意义上可以解释为正确的，例如“我想要它，这不伤害任何人,所以这是对的”。这个判断可能终究有一天会变成疑问句:“我真的应该要它吗？”或“这真的不会伤害任何人吗？”——因为我判断这个行为会“伤害”谁这个问题本身就取决于道德假设。我安静地坐在自己家里的椅子上，这个行为本身对地球上所有需要我这时走出家门提供帮助的人来说就是一种“伤害”，并且对那些想趁我走出家门之机盗走座椅的小偷来讲也是一种“伤害”，等等。为了解决这些问题，我需要引证进一步的道德理论，对我的道德处境加入新的解释。如果这样的解释看起来满意,我将会暂时用它来判断是非。但是这种解释虽然暂时令我满意，仍然没能高于功利主义层面。

现在假设有人形成了一套关于这类解释的一般性理论，假设他们引进了高层概念，例如“人权”，并且认为引入这个概念将对我刚才描述的那一类道德问题给出新的解释，并在功利主义意义上解决那个问题。进一步假设这个关于解释的理论本身是一个解释性理论。它用其他理论的语言解释了为什么用“人权”这个概念分析问题更

“好”（在功利主义意义上）。例如，它可能根据认识论解释为什么尊重人权有利于知识的进步，而知识进步本身是解决道德问题的前提条件。

如果这一解释看来不错，那么也许就值得采纳这个理论。而且，由于功利主义计算操作起来非常困难，而用人权分析往往可行，所以，或许更值得用“人权”分析，而不是用某个理论来分析某个行动的快乐寓意。如果这一切都是对的，那么有可能“人权”这个概念甚至在理论上都是不能用“快乐”来表达的——它就完全不是功利主义的概念。我们可以称之为道德概念。这二者是通过涌现的解释而非涌现的预言联系起来的。

我并不是特别提倡这一方法，我只是想说明道德价值通过在涌现解释中扮演某个角色，从而可能客观存在的方式。如果这个方法果然奏效，那么就可以把道德解释成一种“涌现的有用性”。

与此类似，“艺术价值”及其他审美概念总是难以用客观术语解释的。它们常常被用文化的随意性或天生的偏好等说法敷衍解释过去。同样，我们看到真实情况并不一定是这样。正如道德与有用性的关系一样，艺术价值有一个地位较低但客观上更容易定义的伙伴——设计。只有给定了设计对象的目的，才可能理解设计特点的价值。但是我们会发现，通过把好的审美标准加入到设计标准中是有可能改进设计的。这样的美学标准是不可能从设计标准中计算出来的，它的用处之一就是改进设计标准本身。二者的关系同样是一种解释涌现性。而艺术价值，或美，是一种涌现的设计。

梯普勒在预言临近欧米加点处的人的动机时过分自信，从而低估了欧米加点理论对于智能在多重宇宙中所起作用的重要意义。智能的存在不仅控制大尺度的物理事件，而且还会选择让什么发生。如波普尔所说，宇宙的结局是由我们选择的。的确，在很大程度上，未来智慧思维的内容就是发生的一切，因为最终整个空间及其内容将是计算机。宇宙最终将完全由智能思维过程组成。这些物质化思维的发展尽头也许就是以物理模式表达的所有物理上可能的知识。

道德和美学的沉思也表达为这些模式，这些沉思的结果也是一样。实际上，无论是否存在欧米加点，只要是多重宇宙中存在知识的地方（横跨许多宇宙的复杂性），就一定存在道德或美学论证的物理痕迹，它决定了这些创造知识的智慧实体选择解决哪些问题。特别地，当事实性知识还没有来得及形成跨宇宙的相似性时，道德和美学方面的判断必定已经呈现出跨宇宙的相似性。所以，在物理的多重宇宙意义上，这种判断也含有客观知识。这证明了将“问题”、“解答”、“推理”和“知识”这些认识论术语应用于伦理学和美学的正确性。这样，如果伦理学和美学是与本书倡导的世界观兼容的话，那么美和正义就一定如科学或数学真理一样客观，而且必定采用类似的方法，通过猜想和理性批评创造出来。

因此，济慈[1]诗言“美即是真，真即是美”时，是很有见地的。美和真不是同一个东西，但却是同一类东西。它们是用同一种方式创造出来的，而且彼此不可分割地紧密联系着。（当然，下面济慈接着说“这就是你所知道的，和该知道的一切”，这就大错特错了。）

由于他的热情，梯普勒忽略了波普尔关于知识增长方式的部分告诫。如果欧米加点存在，如果欧米加点像梯普勒陈述的那样创造出来，那么宇宙晚期将确实由实体化的非凡思想、创造性和纯粹的

[1]　英国浪漫主义诗人（1795—1821）。——译注

数字组成。但是思想就是问题求解，而问题求解意味着相对立的猜想、错误、批评、反驳以及回溯。诚然，在宇宙终结的那一刹那的极限情况下（没人经历过），所有可理解的东西可能都已经被理解到了。但是在未来任何一个有限点处，我们后代的知识都不乏谬误。他们的知识会远比我们能想象的更加伟大、深刻、广博，但是他们所犯的错误也会相应地巨大无比。

他们和我们一样将永远不能掌握确定性或物理的把握性，因为他们的生存像我们一样将取决于他们能否持续不断地创造新知识。如果他们没能在无情的物理规律所规定的时间内发现新知识来提高计算速度，增加存储空间，那么即使只是失败一次，他们也将遭受灭顶之灾。虽然他们的文化可能是非常和平仁爱，远超我们的梦想之外，但却不会是完全平静的。他们将着手解决重大的问题，并且会被激烈的争论所分裂，因此不太可能将这种文化看成“一个人”。相反，将会有大批人在许多层面上以多种不同方式相互影响着，但是意见不一。他们不会异口同声，就像今天研讨会里的科学家们不会异口同声一样。即使当他们偶尔意见一致的时候，他们也通常是错的，而且许多错误在任意长时间（主观上的时间）内得不到纠正。基于同样的理由，他们的文化也不会在道德上变得统一。一切都不是神圣的（无疑，这又是一个和传统宗教不同之处！），人们将不断质疑其他人奉为基本道德信条的假设。当然，既然道德是真实的，那就能够用理性的方法来理解，所以每一条争论最终都能解决。但是取而代之的是更深入、更令人兴奋、更加根本的争论。这样吵吵嚷嚷而不断前进的一组相互重叠的社会，与宗教信徒信奉的上帝完全不同。但是，如果梯普勒是正确的话，那么这个文化或其子文化将是使我们复活的文化。

纵观本书讨论过的所有统一的思想，如量子计算、认识进化论、知识的多重宇宙观、自由意志及时间，我认为目前我们对真实世界的总体理解很明显地在向我小时候希望的那样发展。我们的知识日益广博深入，而且正如我在第 1 章中所说的，深度逐渐占上风。但是本书中我的主张不止于此，我倡导一个统一的世界观，它的基础是四大理论：多重宇宙量子物理学、波普尔认识论、达尔文—道金斯进化论以及加强版的图灵通用计算理论。我认为就科学知识目前状况来看，这似乎是一个很“自然”的世界观。这是一个保守的世界观，不需要对最好的基本解释做出惊人的变革。所以，它应该是主流的世界观，革新思想需要跟它对比得以评判。这是我所倡导的它应该扮演的角色。我并不希望创立一个新的正统世界观，恰恰相反，正如我说过的，我认为现在正是前进的时候。但是只有当我们认真对待现在最好的理论，把它们看成对世界的解释时，才有可能向更好的理论迈进。

参考文献

必读书目

RICHARD DAWKINS，*The Selfish Gene*，Oxford University Press，1976 [revised edition 1989]（中译本：理查德•道金斯 . 自私的基因，卢允中，张岱云译 . 长春：吉林人民出版社 .）

RICHARD DAWKINS，*The Blind Watchmaker*, Longmans 1986；Norton，1987；Penguin Books，1990.（中译本：理查德•道金斯 . 盲眼钟表匠 . 王道还译 . 北京：中信出版社，2014.）

DAVID DEUTSCH，*Comment on "The Many Minds' Interpretation of Quantum Mechanics" by Michael Lockwood*, British Journal for the Philosophy of Science，1996，Vol. 47 No. 2,P.222

DAVID DEUTSCH AND MICHAEL LOCKWOOD，*The Quantum Physics of Time Travel*，Scientific American，March 1994，P68

DOUGLAS R. HOFSTADTER，*Gödel*，*Escher*，*Bach*，*an Eternal Golden Braid*，Harvester，1979；Vintage Books，1980（中译本：侯世达•哥德尔、艾舍尔、巴赫——集异璧之大成 . 郭维德等译 . 北京：商务印书馆，1997.）

JAMES P. HOGAN, *The Proteus Operation*，Baen Books，1986；Century Publishing，1986. [Fiction!]

BRYAN MAGEE，*Popper*，Fontana，1973；Viking Penguin，1995.（中译

本：布赖恩•马吉．波普尔．郭昌辉，郭超译．北京：昆仑出版社，1999.）

KARL POPPER，*Conjectures and Refutations*，Routledge，1963；HarperCollins，1995.（中译本：卡尔•波普尔．科学：猜想和反驳．周煦良，周昌忠译．上海：上海译文出版社，2005.）

KARL POPPER，*The Myth of the Framework*，Mark Notturno(ed.)，Routledge，1994

深入读物

JOHN BARROW AND FRANK TIPLER，*The Anthropic Cosmological Principle*，Clarendon Press，Oxford，1986

CHARLES H. BENNETT，GILLES BRASSARD AND ARTUR K. EKERT *Quantum Cryptography*，Scientific American，October 1992

JACOB BRONOWSKI，*The Ascent of Man*, BBC Publications，1981；Little Brown，1976.（中译本：布洛诺夫斯基．人之上升．任远等译．成都：四川人民出版社，1988.）

JULIAN BROWN，*A Quantum Revolution for Computing*，New Scientist，24 September 1994

PAUL C.W. DAVIES AND JULIAN R. BROWN，*The Ghost in the Atom*，Cambridge University Press，1986（中译本：戴维斯，布朗．原子中的幽灵．长沙：湖南科学技术出版社，1992.）

RICHARD DAWKINS，*The Extended Phenotype*，Oxford University Press，1982

DANIEL C. DENNETT，*Darwin's Dangerous Idea：Evolution and the Meanings of Life*，Allen Lane，1995；Penguin Books，1996

BRYCE S. DEWITT AND NEILL GRAHAM，Eds.，*The Many-Worlds Interpretation of Quantum Mechanics*，Princeton University Press，1973

ARTUR K. EKERT，*Quantum Keys for Keeping Secrets*，New Scientist，16 January 1993；*Freedom and Rationality：Essays in Honour of John Watkins*，Kluwer，1989

LUDOVICO GEYMONAT，*Galileo Galilei：A Biography and Inquiry into his Philosophy of Science*，McGraw-Hill，1965

THOMAS KUHN，*The Structure of Scientific Revolutions*，University of Chicago Press，1971（中译本:库恩．科学革命的结构．金吾伦，胡新和译．北京:北京大学出版社，2012.）

IMRE LAKATOS & ALAN MUSGRAVE，eds.，*Criticism and the Growth of Knowledge*，Cambridge University Press，1979

SETH LLOYD，*Quantum-Mechanical Computers*，Scientific American，October 1995

MICHAEL LOCKWOOD，*Mind，Brain and the Quantum*，Basil Blackwell，1989

MICHAEL LOCKWOOD，*"Many Minds" Interpretation of Quantum Mechanics*，British Journal for the Philosophy of Science，Vol.47 No.2，1996

DAVID MILLER，ed.，*A Pocket Popper*，Fontana 1983；released in USA as Popper Selections，Princeton University Press，1985

DAVID MILLER，*Critical Rationalism：A Restatement and Defence*，Open Court，1994

ERNST NAGEL AND JAMES R NEWMAN，*Gödel's Proof* Routledge，1976

ANTHONY O’ HEAR, *Introduction to the Philosophy of Science*，Oxford University Press，1991

ROGER PENROSE，*The Emperor's New Mind*：*Concerning Computers*，*Minds*，*and the Laws of Physics*，Oxford University Press，1989（中译本：彭罗斯 . 皇帝新脑——有关电脑、人脑及物理定律 . 许明贤，吴忠超译 . 长沙：湖南科学技术出版社，2007.）

KARL POPPER，*Objective Knowledge*：*An Evolutionary Approach*，Clarendon Press，1972（中译本：卡尔 • 波普尔 . 客观知识：一个进化论的研究 . 舒炜光等译 . 上海：上海译文出版社，2015.）

RANDOLPH QUIRK，SIDNEY GREENBAUM，GEOFFREY LEECH AND JAN SVARTVIK，*A Comprehensive Grammar of the English Language*，7th EDN，Longman，1989

DENNIS SCIAMA，*The Unity of the Universe*，Faber & Faber，1967

IAN STEWART，*Does God Play Dice?: The Mathematics of Chaos*，Basil Blackwell，1989; Penguin Books，1990.（中译本:斯图尔特 . 上帝掷骰子 . 潘涛译 . 上海：上海远东出版社，1995.）

L.J. STOCKMEYER AND A.K. CHANDRA，*Intrinsically Difficult Problems*，Scientific American，May 1979

FRANK TIPLER，*The Physics of Immortality*，Doubleday，1995

ALAN TURING，*Computing Machinery and Intelligence*，Mind 1950[Reprinted in The Mind’s I，edited by Douglas Hofstadter and Daniel C. Dennett，Harvester，1981]

STEVEN WEINBERG，*Gravitation and Cosmology*，John Wiley and Sons，1972（中译本:温伯格 . 引力论和宇宙论:广义相对论的原理和应用 . 邹

振隆，张历宁等译.北京：科学出版社，1980.）

STEVEN WEINBERG，*The First Three Minutes*，Basic Books，1977（中译本：温伯格.最初三分钟：宇宙起源的现代观点.冼鼎钧译.北京：科学出版社，1981.）

STEVEN WEINBERG，*Dreams of a Final Theory*，Vintage 1993；Random，1994.

JOHN ARCHIBALD WHEELER，*A Journey into Gravity and Spacetime*，Scientific American Library，1990

LOUIS WOLPERT，*The Unnatural Nature of Science*，Faber & Faber 1992；HUP，1993

BENJAMIN WOOLLEY，*Virtual Worlds*，Basil Blackwell，1992；Penguin Books，1993

索　引

推荐阅读

《真实世界的脉络：平行宇宙及其寓意（第2版）》描述了我们当前知识中最深刻的4条支线——进化、量子物理学、知识和运算，以及它们带来的世界观。在此基础上，戴维·多伊奇在《无穷的开始：世界进步的本源》这本书中将这种世界观应用于许多不同的话题和未解问题，涉及自由意志、创造力与自然规律、人类的未来与起源、现实与表象、解释与无穷。这本书是一次大胆的、包罗万象的智力探险。

在《无穷的开始：世界进步的本源》这本书中，戴维·多伊奇秉持坚定的理性和乐观态度，对人类选择、科学解释和文化进化的性质得出了惊人的新结论。他的立场并非来自充满希望的格言，而来自关于现实世界怎样运转的事实。他的核心结论是，“解释”在宇宙中有着基础性的地位。解释的范围和造成改变的能力是无穷无尽的。它们唯一的创造者—诸如人类这样能够思考的生物—是宇宙万物中最重要的实体。一切事物都在理性的延伸范围内，不仅是科学和数字，还有道德哲学、政治哲学和美学。在通用物理规律允许的情况下，进步没有限制。

这是一本改变思维模式的书，必定会成为同类书籍之中的经典之作。

专业书评：

科学从未有过像多伊奇这样的支持者……他的论述是如此清晰，阅读他的作品是在体验地球上最高水平的讨论带来的兴奋……多伊奇是当代的伏尔泰，用极为清楚的思维撕碎了错误观念。

——华威写作奖得主彼得·福布斯，《独立报》

多伊奇是如此睿智，如此非同寻常，如此富有创造力，有着如此无穷无尽的求知欲，其思想如此活跃，以至于不管怎样，在他的头脑里花时间都是一种独特的优遇。

——物理学家、哥伦比亚大学哲学教授戴维·阿尔伯特，《纽约时报》

这本书确实能以一种难以媲美的方式给人带来强烈感受：它深入到了我们如何掌握宇宙真正奥秘这一问题的核心。

——PD. 史密斯，《卫报》

一种闪闪发光的乐观主义……（多伊奇）又一次写出一本非凡著作，其中充满伟大的思想，表达的清晰程度无与伦比。他论述说，解释的力量已经改变、能够改变并将继续改变我们的世界。这些宇宙级的思想非常了不起，带来的乐趣也是宇宙级的。

——记者蒂姆·拉福德，《卫报》

多伊奇讲述了一个条理清晰、引人注目的故事，谈及多种多样的话题。你一旦接触到他那非同寻常地新颖的世界观——或者也许是多重宇宙观，就无法再用原来的方式看待这些问题以及许多其他话题了。

——小说家、《走出围墙》和《编码宝典》的作者尼尔·史蒂芬森

多伊奇教我们怎样理解反直觉的东西可能是真实的，他教得如此成功，以至于这些反直觉的东西甚至可能变成直觉的。

——小说《大气干扰》的作者里夫卡·加尔亨，《纽约客》